책 머리에

전기자기학은 전기, 전자, 정보통신 분야를 전공하는 공학도에게 가장 기본이 되는 필수 과목이다. 그러나 전기·전자계열의 기초 학습에 중심이 되는 이 과목은 전기자기학의 여러 현상을 직접 눈으로 관찰할 수 없고 추상적으로 이해하여야 하기 때문에 복잡하고 어렵게 느껴진다. 또한 구체적으로 해석하려는 물체를 수학적 수식으로 해석해야 하기 때문에 더욱 어렵고 난해한 학문이다.

따라서 본서는 학생들의 눈높이에 맞춰 혼자서도 공부할 수 있도록 내용을 간편하고 이해하기 쉽게 단계별로 구성하였다.

첫째, 각 단원별로 이론과 법칙을 자세히 설명하였으며, 그 예제를 적용하여 기본 개념을 쉽게 이해할 수 있도록 하였다.

둘째, 전기 및 전기현상에 관련된 기초 지식과 법칙의 개념을 이해할 수 있도록 최소한의 수학을 도입하여 물리적인 의미를 명확히 이해시키고 수식을 알기 쉽게 설명하였다.

셋째, 각 장마다 본문 내용의 이해를 돕기 위해 연습문제를 제시하였고, 본인이 풀이한 결과가 정확한가를 비교할 수 있도록 문제마다 해설을 달아 주었다.

넷째, 전기관련 공학에서 자주 사용하는 용어, 그리스 문자, 단위 등과 수학 공식 등을 부록에 수록하였다.

본 교재를 끝내면서 필자는 최선을 다하였으나 그래도 부족한 점을 찾아서 앞으로 지속적인 수정·보완을 약속드리며, 공학도 여러분들에게 많은 도움이 되길 바란다. 끝으로 이 책이 나오도록 도와주신 **일진사** 직원 여러분께 감사를 표한다.

저자 씀

차례

제 **3** 장 ‖ 정 전 계

제 **4** 장 ‖ 진공 중의 도체계

제 **5** 장 ⫴

유 전 체

제 **6** 장 ⫴

전 류

제 7 장 | 정 자 계

제 **8** 장 · 전류의 자기현상

제 **9** 장 · 전자 유도

제 *10* 장 | 자성체와 자기회로

제 *11* 장 | 전 자 계

부 록

1 전기 자기학

CHAPTER

전기 · 전자 통신공학에서 기본이 되는 전기자기학을 이해하기 어려운 이유는 전기현상이나 자기현상을 직접 눈으로 관찰할 수 없고 추상적으로 이해하여야 하기 때문이다. 또한 구체적으로 해석하려는 물체를 이론적으로 해석하는 것보다 수학적 수식으로 해석하기 때문에 더욱 어려운 학문이다. 따라서 전기자기학은 전기나 자기에 대한 물리적 현상이므로 수학적 개념보다 여러 가지 물리적인 현상을 이해하여야 한다.

1. 전기자기학의 역사

전기와 자기의 용어는 기원전 600년에 그리스의 철학자 탈레스(Thales)가 호박 (electron)을 견직물에 마찰시키면 가벼운 종이나 털 깃 같은 것을 흡인하는 현상을 발견하여 전기자기학의 역사가 시작되었다.

1−1 전기의 용어

① 전기(electricity)는 호박(琥珀)의 그리스 용어인 electron에서 유래되었으며 호박화하는 원인이 되는 것을 전기(電氣)라 한다.
② 자기(magnetism)는 자철광을 발견한 장소인 magnesia에서 유래되었다.

1−2 전기의 발전사

전기자기학에 대한 관심이 실용적인 것이 아니고 철학적인 것으로 과학적으로 연구되기 시작한 것은 최근의 일이다.

표 1-1 전기자기 관련 분야의 주요 개척자

이 름	활동기간	업 적	단 위
탈레스(Thales)	B.C 636~546	전기와 자기의 개척자	
길버트(Gilbert)	1544~1603	지구가 거대한 자석임을 확인	길버트(Gb)
뉴턴(Newton)	1642~1727	운동법칙과 만유인력을 공식화	뉴턴(N)
프랭클린(Franklin)	1706~1790	전하의 보전 법칙 발견	
쿨롱(Coulomb)	1736~1806	전기력과 자기력 측정	쿨롱(C)
와트(Watt)	1736~1819	증기력의 응용분야를 개척	와트(W)
볼타(Volta)	1745~1827	볼타 전지 발명	볼트(V)
가우스(Gauss)	1771~1855	전속에 대한 발산 정리 발표	가우스(G)
앙페르(Ampere)	1775~1836	솔레노이드 발명	암페어(A)
에르스텟(Oersted)	1777~1851	전기가 자기를 생성함을 발견	에르스텟(Oe)
옴(Ohm)	1787~1854	옴의 법칙을 세움	옴(Ω)
패러데이(Faraday)	1791~1867	자기가 전기를 생성함을 입증	패럿(F)
헨리(Henry)	1797~1878	전자 유도 실험, 전신기와 중계장치 발명	헨리(H)
베버(Weber)	1804~1891	지구 자기에 대한 선구적 연구	웨버(Wb)
줄(Joule)	1818~1889	열이 전류의 제곱에 비례함을 입증	줄(J)
맥스웰(Maxwell)	1831~1879	전기자기학의 일반 이론을 세움	맥스웰(Mx)
에디슨(Edison)	1847~1931	백열 전구 발명, 최초의 발전소를 세움	
테슬라(Tesla)	1857~1943	전력을 교류 송전함, 유도 전동기를 발명	테슬라(T)
헤르츠(Hertz)	1857~1894	라디오 전파의 송신 및 수신 실험	헤르츠(Hz)
마르코니(Marconi)	1874~1937	대서양을 횡단하는 라디오 신호를 전송	
아인슈타인(Einstein)	1879~1955	상대성 이론으로 맥스웰 방정식을 일반화함	

① **길버트(William Gilbert ; 1554~1603)** : 영국의 과학자 길버트는 마찰전기에 정·부의 두 종류 전기가 있는 것과 지구가 하나의 큰 자석인 것을 발표하였다.

② **궤리퀘(Guericke ; 1602~1686)** : 독일의 궤리퀘는 정전 유도작용을 발견하였고 유황구를 회전시켜서 마찰전기를 발생시키는 기계를 발명하였다.

③ **프랭클린(Benjamin Franklin ; 1706~1790)** : 미국의 정치가 프랭클린은 번개가 마찰전기의 일종임을 알고 피뢰침을 발명하여 번개에 대한 피해 예방을 일상생활에 적용하였다.

④ **쿨롱(Coulomb ; 1736~1806)** : 프랑스의 쿨롱은 정전기와 자석의 흡인력과 반발력을 측정하는 쿨롱의 법칙을 발견하였다.

⑤ **볼타(Volta ; 1745~1829)** : 이탈리아의 볼타는 전지를 발명하여 연속적인 전류를 발생할 수 있는 전원장치를 발명하였다.

⑥ **가우스(Karl Friedrich Gauss ; 1771~1855)** : 독일의 가우스는 체적과 표면에 관계되는 발산의 정리를 발표하였다.

⑦ **앙페르(Hndre Marie Ampere ; 1775~1836)** : 프랑스의 앙페르는 자장을 발생시키는 솔레노이드 코일을 발명하였으며 자석 내의 원자가 주위를 순환하는 미소전류에 의해 자화된다는 것을 발표하였다.

⑧ **에르스텟(Hans Christian Oersted ; 1777~1851)** : 덴마크의 에르스텟은 전류가 흐르는 도선이 나침반 바늘을 움직이는 현상을 관찰하여 전기가 자기를 발생시킨다는 것을 발표하였다.

⑨ **옴(Georg Simon Ohm ; 1789~1854)** : 독일의 옴은 전압, 저항, 전류에 관한 옴의 법칙을 발표하였다.

⑩ **패러데이(Micheal Faraday ; 1791~1867)** : 영국의 패러데이는 전자 유도법칙을 발견하여 발전기와 변압기의 원리를 발표하였다.

⑪ **헨리(Joseph Henry ; 1797~1878)** : 미국의 헨리는 자기가 전기를 발생시킨다는 것을 발표하였다.

⑫ **맥스웰(James Clerk Maxwell ; 1831~1879)** : 영국의 맥스웰은 전자파의 기본방정식을 세워 전자파의 존재를 예언하였다.

⑬ **에디슨(Tomas Alva Edison ; 1847~1931)** : 미국의 에디슨은 전기와 자기를 전신, 전화, 조명 등에 응용하였으며, 특히 백열 전구를 발명하였다.

⑭ **테슬라(Nikola Tesla ; 1857~1943)** : 미국의 테슬라는 전류의 교류송전과 유도전동기를 발명하였다.

⑮ **헤르츠(Heinrich Hertz ; 1857~1894)** : 독일의 헤르츠는 라디오파의 분극 반사와 굴절이 빛과 같다는 것을 증명하였다.

⑯ **마르코니(Guglielmo Marconi ; 1874~1937)** : 이탈리아의 마르코니는 라디오 신호를 전송하는 선박용 라디오를 발명하였다.

⑰ **아인슈타인(Albert Einstein ; 1879~1955)** : 아인슈타인은 상대성 이론을 통해서 맥스웰(Maxwel) 방정식을 보편화시켰다.

이런 전기자기학의 원리를 이용하여 인류의 문명이 발전되고 있으므로 현대 사회를 석기시대와 철기시대를 걸쳐 전기시대라 한다.

2. 단위와 차원

2−1 단 위

단위(unit)는 무엇을 측정하여 숫자로 표현할 수 있도록 하는 표준 또는 기준이 된다.

(1) 기본 단위

단위(unit)는 무엇을 측정하여 숫자로 표현할 수 있도록 하는 표준 또는 기준이 된다. 물리량을 측정하는 기본으로 길이, 질량, 시간이 기본 단위이다.

(2) 유도 단위

기본 단위로부터 일정한 관계로 유도되는 속도, 힘, 일 등이 유도 단위이다.

2−2 단위의 접두어

단위에 곱해지는 접두어는 다음 표와 같이 접두어의 기호와 명칭을 나타내고 있다.

표 1-2 SI 단위의 접두어

단위의 승 수	SI 접두어		기 호	단위의 승 수	SI 접두어		기 호
	명 칭				명 칭		
10^{24}	요 타	yotta	Y	10^{-1}	데 시	deci	d
10^{21}	제 타	zetta	Z	10^{-2}	센 티	centi	c
10^{18}	엑 사	exa	E	10^{-3}	밀 리	mili	m
10^{15}	페 타	peta	P	10^{-6}	마이크로	micro	μ
10^{12}	테 라	tera	T	10^{-9}	나 노	nano	n
10^{9}	기 가	giga	G	10^{-12}	피 코	pico	p
10^{6}	메 가	mega	M	10^{-15}	펨 토	femto	f
10^{3}	킬 로	kilo	k	10^{-18}	아 토	atto	a
10^{2}	헥 토	hexto	h	10^{-21}	젭 토	zepto	z
10^{1}	데 카	deca	da	10^{-24}	욕 토	yocto	y

2−3 차 원

차원이란 길이를 L, 질량을 M, 시간을 T로 나타낸 것이고, 이 세 개의 기호를 조합하여 역학적인 여러 양의 단위, 기본 단위 및 유도 단위의 관계를 나타내는 것을 차원식이라 한다.

(1) 속도

$$LM^0 T^{-1} = \frac{L}{T} \ [\text{m/s}]$$

(2) 힘

$$LMT^{-2} = \frac{LM}{T^2} \ [\text{kg}\cdot\text{m/s}^2]$$

(3) 면적

$$L^2 M^0 T^0 = L^2 \ [\text{m}^2]$$

3. 단위계

국제 도량형 총회에서 실용적인 측정 단위계인 국제 단위계(International System of units ; SI 단위계)를 제정하였다.

3-1 국제 단위계

국제 단위계의 기본인 미터법의 변천과정은 다음과 같다.

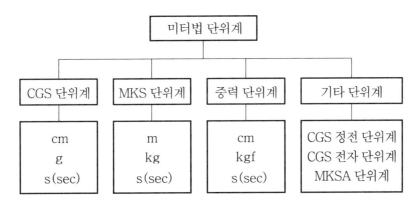

그림 1-1 단위계의 분류

(1) CGS 단위계

CGS 단위계는 물리학 분야에서 가장 많이 사용되는 단위계로 세 개의 기본단위 cm, g, s를 사용한다.

(2) MKS 단위계

MKS 단위계는 m, kg, s를 기본 단위로 사용하며 SI 단위계로 발전하였다.

(3) 중력 단위계

중력 단위계는 질량에 중력 가속도 f를 곱한 무게를 기준으로 한다.

3-2 전기·자기의 단위계

전기자기학을 학습하는 데 있어서 단위계를 이해하는 것은 복잡한 일이다. 최근에는 단위를 MKS 단위계로 통일하고 있으며 각 단위계 사이의 관계를 알아두는 것이 필요하다.

(1) CGS 정전 단위계

세 개의 기본 단위 cm, g, s를 사용하고 또 다른 하나의 독립된 단위로 유전율 ε를 사용하며 진공의 유전율 ε_0를 1로 정한다. 진공 중에 서로 같은 크기의 전하가 1 cm 떨어져서 서로 간에 미치는 힘이 1 dyn일 때 1 CGS 정전 단위의 전하라 한다.

(2) CGS 전자 단위계

세 개의 기본 단위 cm, g, s를 사용하고 또 다른 하나의 독립된 단위로 투자율 μ을 사용하며 진공의 투자율 μ_0를 1로 정한다. 진공 중에 서로 같은 크기의 자하가 1 cm 떨어져서 서로 간에 미치는 힘이 1 dyn일 때 1 CGS 전자 단위의 자하라 한다.

(3) MKS 단위계

세 개의 기본 단위 m, kg, s를 사용하며 또 다른 하나의 독립된 단위로 진공의 투자율 μ_0를 사용한다. 진공 중에 간격 1 m인 평행도선에 전류를 흘렸을 경우 두 전선의 단위 길이마다 전자력이 2×10^7 [N]일 때 전류의 크기를 1 A로 정하여 전류의 단위로 사용한다.

① **MKSA 단위계** : 기본 단위로 m, kg, s, A 4개를 사용하므로 MKSA 단위계라 한다.

② **MKS 유리 단위계** : 진공의 투자율 $\mu_0 = 4\pi \times 10^{-7}$ [H/m]를 정하여 4π 개념을 계산식에서 제외하도록 한 것을 MKS 유리 단위계라 하며 전기자기학에서는 MKS 유리 단위계를 사용한다.

표 1-3 MKS 단위와 CGS 단위의 비교표

양		MKS 단위	CGS 전자 단위	CGS 정전 단위
역학적량	길 이	1 m	$= 10^2$ cm	
	질 량	1 kg	$= 10^3$ g	
	시 간	1 s	$= 1$ s	
	힘	1 N	$= 10^5$ dyn	
	일, 에너지	1 J	$= 10^7$ erg	
	전 력	1 W	$= 10^7$ erg/s	
전기적량	기전력, 전위	1 V	$= 10^8$ emu	$= \dfrac{1}{(3 \times 10^2)}$ [esu]
	전계의 세기	1 V/m	$= 10^6$ emu	$= \dfrac{1}{(3 \times 10^4)}$ [esu]
	전 류	1 A	$= 10^{-1}$ emu	$= \dfrac{1}{(3 \times 10^9)}$ [esu]
	전류밀도	1 A/m^2	$= 10^{-5}$ emu	$= 3 \times 10^5$ [esu]
	저 항	1 Ω	$= 10^9$ emu	$= \dfrac{1}{(9 \times 10^{11})}$ [esu]
	저 항 률	1 Ω·m	$= 10^{11}$ emu	$= \dfrac{1}{(9 \times 10^9)}$ [esu]
	도 전 율	1 ℧/m	$= 10^{-11}$ emu	$= \dfrac{9}{10^9}$ [esu]
	전하, 전기량	1 C	$= 10^{-1}$ emu	$= \dfrac{3}{10^9}$ [esu]
	전속밀도	1 C/m^2	$= \dfrac{4\pi}{10^5}$ [emu]	$= 4\pi \times 3 \times 10^5$ [esu]
	정전용량	1 F	$= 10^{-9}$ emu	$= 9 \times 10^{11}$ [esu]
	유 전 율	1 F/m	$= \dfrac{4\pi}{10^{11}}$ [emu]	$= 4\pi \times 9 \times 10^9$ [esu]
자기적량	기자력, 자위	1 AT	$= \dfrac{4\pi}{10}$ [Gb]	$= 12\pi \times 10^9$ [esu]
	자계의 세기	1 AT/m	$= \dfrac{4\pi}{10^3}$ [Oe]	$= 12\pi \times 10^7$ [esu]
	자 속	1 Wb	$= 10^3$ [Mx]	$= \dfrac{1}{(3 \times 10^2)}$ [esu]
	자속밀도	1 Wb/m	$= 10^4$ [G]	$= \dfrac{1}{(3 \times 10^6)}$ [esu]
	자하, 자극의 세기	1 Wb	$= \dfrac{4\pi}{10^8}$ [emu]	$= \dfrac{1}{(4\pi \times 3 \times 10^2)}$ [esu]
	자화의 세기	1 Wb/m^2	$= \dfrac{10^4}{4\pi}$ [emu]	$= \dfrac{1}{(4\pi \times 3 \times 10^6)}$ [esu]
	인덕턴스	1 H	$= 10^9$ [emu]	$= \dfrac{1}{(9 \times 10^{11})}$ [esu]
	자기저항	1 AT/Wb	$= \dfrac{4\pi}{10^9}$ [emu]	$= \dfrac{1}{(4\pi \times 9 \times 10^{11})}$ [esu]
	투 자 율	1 H/m	$= \dfrac{4\pi}{10^9}$ [emu]	$= \dfrac{1}{(4\pi \times 9 \times 10^{13})}$ [esu]

⤳ 연습문제 ⤳

1. 900 V의 전위차는 CGS 정전 단위는 몇 esu의 전위차인가?

解說 3 esu

2. CGS 전자 단위인 $4\pi \times 10^4$ [G]를 MKS 단위계로 환산하면 얼마인가?

解說 4π [Wb/m]

3. 다음의 단위를 N (newton)으로 환산하면 얼마인가?

① 1 dyn

② 1 kg의 중량

③ 1 dyn/cm²의 압력

④ 1 dyn·m의 회전력

解說 ① $1 \, dyn = 10^{-5} \, N$

② $1 \, kgf = 9.8 \, N$

③ $1 \, dyn/cm^2 = 10^{-5} \, N/m^2 = 10^{-1} \, N/m^2$

④ $1 \, dye \cdot m = 10^{-7} \, N \cdot m$

4. 다음의 단위를 MKS 단위계로 환산하면 얼마인가?

① $\dfrac{4\pi}{10}$ [Gb]

② 4×10^5 [Mx]

③ $\dfrac{8\pi}{10^3}$ [Oe]

④ 2×10^4 [G]

解說 ① $1 \, AT = \dfrac{4\pi}{10}$ [Gb]　　　　$\therefore \dfrac{4\pi}{10}$ [Gb] $= 1 \, AT$

② $1 \, Wb = 10^3 \, Mx$　　　　$\therefore 4 \times 10^5$ [Mx] $= 4 \times 10^2$ [Wb]

③ $1 \, AT/m = \dfrac{4\pi}{10^3}$ [Oe]　　　　$\therefore \dfrac{8a}{10^3}$ [Oe] $= 2 \, AT/m$

④ $1 \, Wb/m = 10^4 \, G$　　　　$\therefore 2 \times 10^4$ [G] $= 2 \, Wb/m$

2 수학적 기초

CHAPTER

전기자기학의 분석 및 연구에는 응용 수학이 사용된다. 자연현상의 해석 및 설계는 실질적인 문제를 다루어야 하므로 전기자기학에 필요한 수학적 기초 분야에 대하여 살펴보도록 한다.

1. 원주율

1-1 원

수학에서 원을 공부하는 과정에서 원의 지름을 알 때 원둘레의 길이와 원의 넓이를 구할 수 있다. 모든 사각형과 모든 원은 닮은꼴이므로 원주와 지름의 비가 일정하다.

(1) 원주율

원주(원둘레)를 지름으로 나눈 값을 원주율이라 하고 π로 나타내며, 실험에 의하여 3.14에 가까운 수임을 알 수 있다.

$$\pi = 3.14159265358979322846\cdots$$

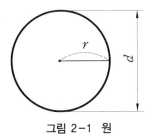

그림 2-1 원

(2) 원둘레

원둘레는 지름에 원주율 π를 곱한 값이다.

$$원둘레 = 지름 \times \pi = 2 \times 반지름 \times \pi$$
$$L = \pi \cdot d = 2\pi r$$

여기서, d는 지름, r은 반지름을 나타낸다.

(3) 원의 면적

$$원면적 = 반지름 \times 반지름 \times \pi$$
$$S = \pi r^2$$

1−2 구

반지름이 r인 구의 면적과 체적을 구한다.

(1) 구의 표면적

$$S = 4\pi r^2$$

(2) 구의 체적

$$V = \frac{4}{3}\pi r^3$$

그림 2−2 구

1−3 원기둥

원의 반지름이 r이고 높이가 h인 원기둥의 면적과 체적을 구한다.

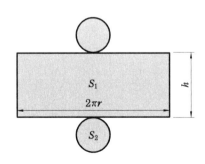

(a) 입체도   (b) 전개도

그림 2−3 원기둥

(1) 원기둥의 면적

① **옆넓이** : 밑면의 원둘레×원기둥의 높이

$$S_1 = 2\pi r \times h$$

② **밑넓이** : $S_2 = \pi r^2$

③ **겉넓이** : $S_1 + 2S_2 =$ 옆넓이 $+ (2 \times$ 밑넓이$)$

$$S_3 = 2\pi r^2 + 2\pi rh = 2\pi r(r+h)$$

(2) 원기둥의 체적

원기둥 체적 = 밑넓이×원기둥의 높이

$$V = \pi r^2 \times h$$

1-4 추

밑면적이 S이고 높이가 h인 각추와 원추의 체적 V는 밑면적×높이÷3이 된다.

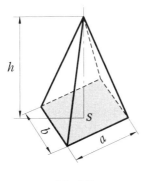 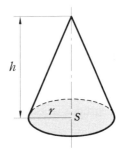

(a) 각추   (b) 원추

그림 2-4 각추와 원추

(1) 각추의 체적

$$V_1 = \frac{Sh}{3} = \frac{abh}{3}$$

(2) 원주의 체적

$$V_2 = \frac{Sh}{3} = \frac{\pi r^2 h}{3}$$

1-5 각도법

각도를 나타내는 방법으로는 일상생활에서 가장 많이 사용하는 도수법과 회전 길이를 원호로 나타내는 호도법이 있다.

(1) 호도법

원둘레를 반지름으로 나눈 것을 2π 라디안(radian)으로 나타내며 자동제어의 회전각을 나타낼 때 사용하는 각도법이다.

$$1회전 = \frac{원둘레}{반지름} = \frac{2\pi r}{r} = 2\pi \ [\text{rad}]$$

(2) 도수법

원을 360등분한 것을 1도(°)로 나타내며 일반적으로 가장 많이 사용하는 각도법이다.

$$1회전 = 360°$$

(3) 도수법과 호도법과의 관계

원 1회전은 도수법으로는 360°, 호도법으로는 2π [rad]이므로 다음 관계가 성립된다.

$$2\pi \ [\text{rad}] = 360°$$
$$1 \ \text{rad} = 57.29°$$

2. 복소수

복소수 Z 는 실수부와 허수부로 구성되어 있으며 R을 실수부, jX를 허수부라 한다. 복소수를 표현하는 방법에는 직교좌표식, 삼각함수식, 극좌표식, 지수함수식 등이 있으며 복소수를 나타내는 방법은 Z, $\vec{Z}$, $\overline{Z}$, $\dot{Z}$ 등이 있다.

$$Z = R + jX$$

2-1 복소수의 표현법

(1) 직교좌표식

복소수 Z의 횡축을 실수부 R, 종축을 허수부 jX로 그림 2-5와 같이 나타내는 방법을 직교좌표식이라 하며 이 좌표면을 복소평면 또는 P 평면이라고 한다.

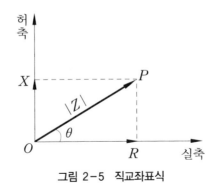

그림 2-5 직교좌표식

① **절댓값** : 복소수 Z의 절댓값은 OP의 길이로 $|Z|$로 나타내며 크기는 다음과 같다.

$$|Z| = \sqrt{R^2 + X^2}$$

② **편각(위상각)** : 실수축과 선분 $\overline{OP}$ 사이의 각을 편각(위상각)이라 하며 절댓값과 다음
과 같은 관계가 성립한다.

$$\theta = \tan^{-1} \frac{X}{R}$$
$$R = |Z| \cos \theta$$
$$X = |Z| \sin \theta$$

③ **허수의 연산** : 허수는 j로 나타내며 크기는 $\sqrt{-1}$이다. 수학에서 $\sqrt{-1}$을 기호 i(ima-
ginary number)로 표시하나 전기 분야에서는 전류의 기호 i와 혼동되므로 i 대신
에 j를 사용한다. 허수의 연산관계는 다음과 같다.

$$j = \sqrt{-1}$$
$$j^2 = (\sqrt{-1})^2 = -1$$
$$j^3 = -\sqrt{-1} = -j$$
$$j^4 = -j^2 = 1$$

(2) 삼각함수식

복소수의 실수부분을 $\cos\theta$, 허수부분을 $\sin\theta$로 나타내는 방법으로 다음과 같다.

$$Z = |Z|(\cos\theta + j\sin\theta)$$

(3) 극좌표식

극좌표식은 길이 $|Z|$를 실수축으로부터 편각(위상각) θ만큼 이동시킨 점 Z라는 의
미를 나타낸다. $|Z| \times \angle\theta$가 아니라는 것을 주의한다.

$$Z = |Z| \angle\theta$$

(4) 지수함수식

복소수를 지수형태로 나타내는 방법으로 다음과 같다.

$$Z = |Z| \, e^{j\theta}$$

예제 1. 직교좌표식으로 $Z = 3 + j4$와 같이 표시되는 복소수를 벡터로 표시하고, 이 복소수의 극좌표식과 지수함수식을 구하시오.

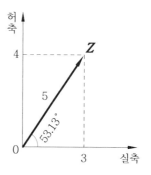

[해설] $Z = 3 + j4$ 복소수를 벡터로 표시하면 그림과 같이 된다.

이 때 벡터의 크기는 다음과 같이 구한다.

$$|Z| = \sqrt{R^2 + X^2}$$
$$= \sqrt{3^2 + 4^2} = 5$$

실축과 이루는 각은 다음과 같다.

$$\theta = \tan^{-1} \frac{X}{R} = \tan^{-1} \frac{4}{3} = 53.13° = 0.93 \text{ rad}$$

극좌표식으로 표시하면 $Z = 5 \underline{/53°}$ (도수법),

$\quad Z = 5 \quad 0.93 \text{ rad}$ (호도법)

지수식으로 표시하면 $Z = 5e^{j0.93}$

2−2 복소수의 연산

(1) 복소수의 덧셈

복소수 P, Q의 합을 R이라고 하면 그림 2−6과 같이 P, Q 두 성분 벡터를 두 변으로 하는 평행사변형의 대각선 $\overline{OR}$을 나타낼 수 있다. 이것을 벡터 연산에서 평행사변형의 법칙이라 하고 합성 벡터 R의 실수부는 성분 벡터 P, Q의 실수부의 합이며, 합성 벡터 R의 허수부는 성분 벡터 P, Q의 허수부의 합으로 나타낸다.

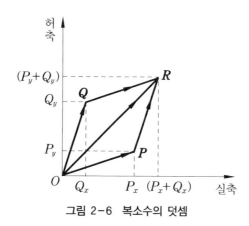

그림 2−6 복소수의 덧셈

성분 벡터 P, Q가 다음과 같으면

$$P = P_x + jP_y$$

$$Q = Q_x + jQ_y$$

두 성분 벡터의 합성 벡터 R은 다음과 같다.

$$R = P + Q$$
$$= (P_x + jP_y) + (Q_x + jQ_y)$$
$$= (P_x + Q_x) + j(P_y + Q_y)$$

(2) 복소수의 뺄셈

복소수 P, Q의 차이를 $R_1 = P - Q$, $R_2 = Q - P$이라고 하면 그림 2-7과 같이 P와 Q의 합성 벡터를 구한다.

$$P = P_x + jP_y$$

$$Q = Q_x + jQ_y$$

$$R_1 = P + (-Q)$$
$$= (P_x + jP_y) + (-Q_x - jQ_y)$$
$$= (P_x - Q_x) + j(P_y - Q_y)$$

$$R_2 = (-P) + Q$$
$$= (-P_x - jP_y) + (Q_x + jQ_y)$$
$$= -(P_x - Q_x) - j(P_y - Q_y)$$

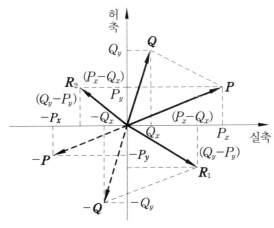

그림 2-7 복소수의 뺄셈

(3) 복소수의 곱셈(승산)

① 복소수 계산

$$\boldsymbol{P} = P_x + jP_y$$

$$\boldsymbol{Q} = Q_x + jQ_y$$

$$\boldsymbol{R} = \boldsymbol{P} \times \boldsymbol{Q} = (P_x + jP_y) \times (Q_x + jQ_y)$$

$$= P_x Q_x + jP_y Q_x + jP_x Q_y + j^2 P_y Q_y$$

$$= (P_x Q_x - P_y Q_y) + j(P_x Q_y + P_y Q_x)$$

② 지수함수식 계산

$$\boldsymbol{P} = |P| e^{j\theta_1}$$

$$\boldsymbol{Q} = |Q| e^{j\theta_2}$$

$$\boldsymbol{R} = \boldsymbol{P} \times \boldsymbol{Q} = |P|^{j\theta_1} \times |Q|^{j\theta_2}$$

$$= |P| \times |Q| e^{j(\theta_1 + \theta_2)} = |R| e^{j\theta}$$

③ 극좌표식 계산

$$\boldsymbol{P} = |P| \quad \theta_1$$

$$\boldsymbol{Q} = |Q| \quad \theta_2$$

$$\boldsymbol{R} = \boldsymbol{P} \times \boldsymbol{Q}$$

$$= |P| \quad \theta_1 \times |Q| \quad \theta_2$$

$$= |P| \times |Q| \quad \theta_1 + \theta_2$$

$$= |R| \quad \theta$$

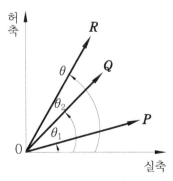

그림 2-8 복소수의 곱셈

(4) 복소수의 나눗셈(제산)

① 복소수 계산

$$\boldsymbol{P} = P_x + jP_y$$

$$\boldsymbol{Q} = Q_x + jQ_y$$

나눗셈에서 분모의 허수 j를 없애기 위하여 대수공식 $(a+b)(a-b) = a^2 - b^2$을 적용하여 분자와 분모에 분모의 공액 복소수를 곱해주면 분모의 j가 없어진다. 두 성분 벡터의 합성 벡터 $\boldsymbol{R}$은 다음과 같다.

$$\boldsymbol{R} = \frac{\boldsymbol{P}}{\boldsymbol{Q}}$$

$$= \frac{P_x + jP_y}{Q_x + jQ_y} \times \frac{Q_x - jQ_y}{Q_x - jQ_y}$$

$$= \frac{P_x Q_x + jP_y Q_x - jP_x Q_y - j^2 P_y Q_y}{Q_x^2 + Q_y^2}$$

$$= \frac{P_x Q_x + P_y Q_y}{Q_x^2 + Q_y^2} + j\frac{P_y Q_x - P_x Q_y}{Q_x^2 + Q_y^2}$$

② 지수함수식 계산

$$\boldsymbol{P} = |P|e^{j\theta_1}$$

$$\boldsymbol{Q} = |Q|e^{j\theta_2}$$

$$\boldsymbol{R} = \frac{\boldsymbol{P}}{\boldsymbol{Q}} = \frac{|P|e^{j\theta_1}}{|Q|e^{j\theta_2}}$$

$$= \frac{|P|}{|Q|}e^{j(\theta_1 - \theta_2)} = |R|e^{j\theta}$$

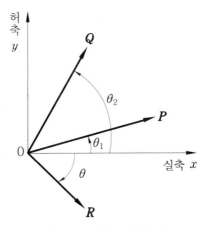

그림 2-9 복소수의 나눗셈

③ 극좌표식 계산

$$\boldsymbol{P} = |P|\ \underline{/\theta_1}$$

$$\boldsymbol{Q} = |Q|\ \underline{/\theta_2}$$

$$\boldsymbol{R} = \frac{\boldsymbol{P}}{\boldsymbol{Q}} = \frac{|P|}{|Q|}\ \underline{/\theta_1} - \underline{/\theta_2}$$

$$= |R|\ \underline{/\theta}$$

(5) 공액 복소수

그림 2-10의 $\boldsymbol{P}_1$, $\boldsymbol{P}_2$와 같이 실수부와 허수부의 크기는 같으나 허수부의 등호만 서로 다른 2개의 복소수를 공액 복소수

$$\boldsymbol{P}_1 = P_x + jP_y$$

$$= |P_1|\ \underline{/\theta}$$

$$= |P_1|e^{j\theta}$$

$$\boldsymbol{P}_2 = P_x - jP_y$$

$$= |P_2|\ \underline{/-\theta}$$

$$= |P_2|e^{-j\theta}$$

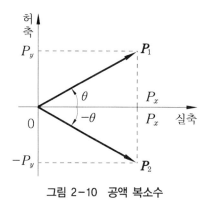

그림 2-10 공액 복소수

① **공액 복소수 더하기** : 허수부는 없어지고, 실수부만 더한다.

$$\boldsymbol{P}_1 + \boldsymbol{P}_2 = 2P_x$$

② **공액 복소수 곱하기** : 편각은 없어지고, 크기는 절댓값의 제곱이 된다.

$$\boldsymbol{P}_1 \times \boldsymbol{P}_2 = |P|\ \underline{\theta} \times |P|\ \underline{-\theta}$$

$$= |P|^2\ \underline{0}$$

$$= |P|^2$$

예제 **2.** 다음 두 복소수의 가감승제에 대하여 계산하시오.
$$Z_1 = 3 + j4, \qquad Z_2 = 5 + j6$$

해설 ① 가산 : $Z_1 + Z_2 = (3+j4) + (5+j6) = 8 + j10$

② 감산 : $Z_1 - Z_2 = (3+j4) - (5+j6) = -2 - j2$

$\qquad Z_2 - Z_1 = (5+j6) - (3+j4) = 2 + j2$

③ 승산 : $Z_1 \times Z_2 = (3+j4) \times (5+j6) = 15 + j18 + j20 + j^2 24 = -9 + j38$

④ 제산 : $\dfrac{Z_1}{Z_2} = \dfrac{(3+j4)}{(5+j6)} \times \dfrac{(5-j6)}{(5-j6)}$

$$\qquad\qquad = \frac{15 + 24 + j20 - j18}{25 + 36} = \frac{39}{61} + j\frac{2}{61}$$

$$\frac{Z_2}{Z_1} = \frac{(5+j6)}{(3+j4)} \times \frac{(3-j4)}{(3-j4)}$$

$$\qquad = \frac{15 + 24 + j18 - j20}{9 + 16} = \frac{39}{25} - j\frac{2}{25}$$

3. 벡터의 해석

자연계의 현상에서 시간, 온도, 질량 등의 물리량들은 단위를 가진 하나의 수로 나타낼 수 있지만 속도, 힘 등은 크기와 함께 방향을 지니고 있으므로 하나의 수로 나타낼 수가 없다. 이러한 크기와 방향을 나타낼 수 있는 것이 벡터이다.

3-1 벡터와 스칼라

(1) 스칼라(scalar)

시간(s), 온도(℃), 질량(kg), 길이(m), 부피(m³), 전위(V) 등과 같이 크기를 나타내는 물리량을 스칼라량이라 한다.

(2) 벡터(vector)

속도(m/s), 가속도(m/s²), 중력(kgf), 힘(N), 전계(V/m), 자계(AT/m) 등과 같이 크기와 방향을 나타내는 물리량을 벡터량이라 한다. 전기자기학에서 다루는 전기장과 자기장은 방향성을 갖는 벡터량이기 때문에 기본적인 벡터 해석을 이해하여야만 전기장과 자기장에서 일어나는 여러 가지 현상을 이해할 수 있다.

표 2-1 벡터와 스칼라의 비교

구 분	설 명	예
스칼라(scalar)	크기만을 갖는 양	길이, 속력, 질량, 전력, 전압, 저항 등
벡터(vector)	크기와 방향을 갖는 양	변위, 가속도, 중력, 전기력, 자기력 등
계(field)	공간의 상태를 결정하는 양	스칼라계, 벡터계 등

3-2 벡터의 표시

(1) 벡터의 표시

방향성을 가진 벡터를 스칼라와 구별하기 위하여 그림 2-11과 같이 공간에 임의의 점 O를 가정한다.

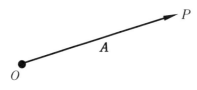

그림 2-11 벡터의 표시

O점으로부터 정해진 벡터의 방향인 직선길이 OP는 벡터의 크기이며 화살표의 방향은 벡터의 방향을 나타낸다.

① 벡터의 크기 : $|A| = \overline{OP}$

② 벡터의 방향 : 화살표의 방향

③ 벡터의 표시 : $A = \vec{A} = \overline{A} = \dot{A}$

(2) 단위 벡터(unit vector)

벡터의 크기는 1 unit이고 방향만을 갖는 벡터를 단위 벡터라 하며 벡터 A의 단위 벡터를 a_0로 나타낸다.

$$A = A a_0$$

$$a_0 = \frac{A}{A}$$

(3) 기본 벡터(fundamental vector)

공간 내에서 벡터를 표시하기 위하여 그림 2-12와 같은 직각좌표계에서 x, y, z축의 축방향 단위 벡터 i, j, k를 기본 벡터라 한다.

각 축의 방향 관계는 x축에서 y축 방향으로 회전할 때 z축 방향을 정(正)으로 취하는 우수계 직각좌표계를 원칙으로 한다.

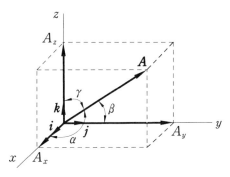

그림 2-12 **직각좌표계**

① **위치 벡터**

$$A = A_x \boldsymbol{i} + A_y \boldsymbol{j} + A_z \boldsymbol{k}$$

② **벡터의 크기**

$$|A| = \sqrt{A_x{}^2 + A_y{}^2 + A_z{}^2}$$

③ **단위 벡터**

$$a_0 = \frac{A}{|A|} = \frac{A_x}{|A|}\boldsymbol{i} + \frac{A_y}{|A|}\boldsymbol{j} + \frac{A_z}{|A|}\boldsymbol{k}$$

④ **방향 여현**(directional cosine) : 벡터 A가 x, y, z축과 이루는 각을 α, β, γ라 하면 벡터 A의 방향 여현은 다음과 같다.

$$\cos\alpha = l = \frac{A_x}{A}$$

$$\cos\beta = m = \frac{A_y}{A}$$

$$\cos\gamma = n = \frac{A_z}{A}$$

⑤ **방향 성분** : 축방향 성분 A_x, A_y, A_z는 벡터 A의 x, y, z 방향의 스칼라 성분 또는 방향 성분이라 한다.

$$A_x = A\cos\alpha$$

$$A_y = A\cos\beta$$

$$A_z = A\cos\gamma$$

(4) 법선 벡터(normal vector)

그림 2-13과 같이 폐곡면으로 둘러싸인 S에 대한 수직방향으로 벡터의 크기가 1unit인 벡터를 법선 벡터라 한다.

일반적으로 법선 벡터의 방향은 폐곡면의 회전방향이 오른나사의 회전방향일 때 오른나사의 진행방향을 정방향으로 정한다.

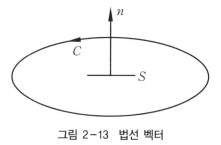

그림 2-13 법선 벡터

3-3 벡터의 가감법

벡터의 합성은 기하학적으로 평행사변형법과 삼각형법으로 구한다.

(1) 평행사변형법

임의의 두 벡터 A, B 중 한 벡터 B의 시점을 평행 이동시켜 벡터 A의 시점에 일치시킨 후, 두 벡터 A와 B로 만드는 평행사변형의 일치된 시점에서 대각선이 두 벡터의 합성 벡터이다.

① 벡터의 덧셈 : $C = A + B$
② 벡터의 뺄셈 : $D = A - B$

(a) 임의 벡터   (b) 합성 벡터

그림 2-14 평행 사변형법

(2) 삼각형법

임의의 두 벡터 A, B 중 한 벡터 B의 시점을 평행 이동시켜 벡터 A의 종점에 일치시킨 후, 벡터 A의 시점과 벡터 B의 종점을 연결한 벡터가 두 벡터의 합성 벡터이다.

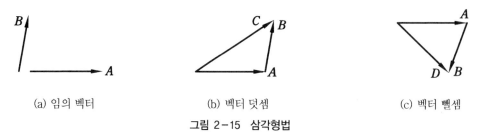

(a) 임의 벡터   (b) 벡터 덧셈   (c) 벡터 뺄셈

그림 2-15 삼각형법

(3) 벡터의 합성

$$A = A_x \, \boldsymbol{i} + A_y \, \boldsymbol{j} + A_z \, \boldsymbol{k} \qquad\qquad B = B_x \, \boldsymbol{i} + B_y \, \boldsymbol{j} + B_z \, \boldsymbol{k}$$

$$A \pm B = (A_x \pm B_x) \, \boldsymbol{i} + (A_y \pm B_y) \, \boldsymbol{j} + (A_z \pm B_z) \, \boldsymbol{k}$$

$$= C_x \, \boldsymbol{i} + C_y \, \boldsymbol{j} + C_z \, \boldsymbol{k}$$

3-4 스칼라와 벡터의 곱

스칼라량인 전하 Q[C]와 벡터양인 전계의 세기 $\boldsymbol{E}$[V/m]와의 곱을 정전력 $\boldsymbol{F}$[N]이라 한다. 정전력은 전계의 세기가 Q배가 되고 방향은 변하지 않는다.

$$\boldsymbol{F} = Q\boldsymbol{E} \ [\text{N}]$$

예제 3. 전계 $\boldsymbol{E}$(3, 4, 2)[V/m] 내에서 전하 5 C이 받는 힘을 구하시오.

해설 전계의 세기 $\boldsymbol{E} = 3\,\boldsymbol{i} + 4\,\boldsymbol{j} + 2\,\boldsymbol{k}$, 정전력 $\boldsymbol{F} = Q\boldsymbol{E} = 5(3\,\boldsymbol{i} + 4\,\boldsymbol{j} + 2\,\boldsymbol{k}) = 15\,\boldsymbol{i} + 20\,\boldsymbol{j} + 10\,\boldsymbol{k}$ [N]

3-5 벡터의 곱

두 벡터양의 곱에는 스칼라 곱과 벡터 곱이 있다.

(1) 스칼라 곱(scalar product)

그림 2-16과 같이 힘 $\boldsymbol{F}$[N]과 각 θ방향으로 l[m] 변위하였을 때 변위에 대한 힘의 유효 성분은 $F\cos\theta$[N]이 되고, 힘이 행한 일 $W = Fl\cos\theta$[J]이 된다.

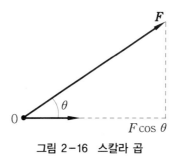

그림 2-16 스칼라 곱

① **수학적 표시** : 힘과 일의 물리현상을 수학적으로 표시하는 방법은 그림 2-17과 같이 두 벡터 $\boldsymbol{AB}$의 크기는 AB이고 사이의 각을 θ이라 할 때, $AB\cos\theta$를 두 벡터의 내적(內積 ; inner product)이라 하며 다음과 같이 나타낸다.

$$\boldsymbol{A} \cdot \boldsymbol{B} = (\boldsymbol{AB}) = AB\cos\theta$$

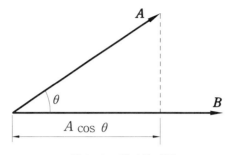

그림 2-17 벡터의 내적

② **기본 벡터의 내적** : 그림 2-18과 같은 직각좌표상의 x축, y축, z축이 이루는 각이 90°이므로 기본 벡터의 내적은 다음과 같다.

$$\boldsymbol{i} \cdot \boldsymbol{i} = \boldsymbol{j} \cdot \boldsymbol{j} = \boldsymbol{k} \cdot \boldsymbol{k} = 1 \times 1 \times \cos 0° = 1$$

$$\boldsymbol{i} \cdot \boldsymbol{j} = \boldsymbol{j} \cdot \boldsymbol{k} = \boldsymbol{k} \cdot \boldsymbol{i} = 1 \times 1 \times \cos 90° = 0$$

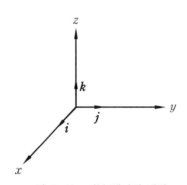

그림 2-18 기본 벡터의 내적

③ **내적 연산** : $\boldsymbol{A} \cdot \boldsymbol{B}$ 두 벡터를 위치 벡터로 표시하면 다음과 같다.

$$\boldsymbol{A} = A_x \boldsymbol{i} + A_y \boldsymbol{j} + A_z \boldsymbol{k}$$

$$\boldsymbol{B} = B_x \boldsymbol{i} + B_y \boldsymbol{j} + B_z \boldsymbol{k}$$

두 벡터 $\boldsymbol{A}\,\boldsymbol{B}$의 내적 $\boldsymbol{A} \cdot \boldsymbol{B}$는 다음과 같이 스칼라량이 된다.

$$\boldsymbol{A} \cdot \boldsymbol{B} = (A_x \boldsymbol{i} + A_y \boldsymbol{j} + A_z \boldsymbol{k}) \cdot (B_x \boldsymbol{i} + B_y \boldsymbol{j} + B_z \boldsymbol{k})$$

$$= A_x B_x + A_y B_y + A_z B_z$$

예제 4. 힘 $F = 5\boldsymbol{i} + 3\boldsymbol{j} - 2\boldsymbol{k}$ [N]에 의해 물체가 점 $P(2, -3, 1)$에서 점 $Q(4, 2, 3)$으로 이동하였을 때의 일을 구하시오.

[해설] 두 점 간의 이동 거리에 대한 변위 벡터 $\boldsymbol{l}$을 구한다.

$$\boldsymbol{l} = \boldsymbol{Q} - \boldsymbol{P}$$

$$= (4\boldsymbol{i} + 2\boldsymbol{j} + 3\boldsymbol{k}) - (2\boldsymbol{i} - 3\boldsymbol{j} + 2\boldsymbol{k})$$
$$= (2\boldsymbol{i} + 5\boldsymbol{j} + 2\boldsymbol{k}) \ [\mathrm{m}]$$
$$|\boldsymbol{l}| = \sqrt{2^2 + 5^2 + 2^2} = 5.74 \ \mathrm{m}$$

스칼라량인 일 W는 힘 F과 변위 벡터 $\boldsymbol{l}$의 내적이다.

$$W = F \cdot \boldsymbol{l}$$
$$= (5\boldsymbol{i} + 3\boldsymbol{j} - 2\boldsymbol{k}) \cdot (2\boldsymbol{i} + 5\boldsymbol{j} + 2\boldsymbol{k})$$
$$= 10 + 15 - 4 = 21 \ \mathrm{J}$$

(2) 벡터의 곱(vector product)

그림 2-19와 같이 물체가 힘 F [N]으로 회전운동을 할 때 회전에 대한 힘의 유효성분은 $F \sin \theta$ [N]이 되고, 회전축에서 힘의 작용점까지의 거리 r [m]일 때 회전력의 크기 $T = Fr \sin \theta$ [N·m]이 된다.

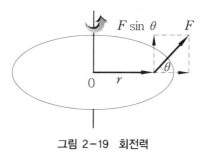

그림 2-19 회전력

① **수학적 표시** : 회전운동을 하는 회전력(torque)의 물리현상을 수학적으로 표시하는 방법은 그림 2-20과 같이 두 벡터 $\boldsymbol{A}$, $\boldsymbol{B}$가 이루는 각을 θ라고 하면 $\boldsymbol{A}$를 회전시킬 때 회전축의 방향은 오른나사가 진행하는 방향이고, 크기는 $\boldsymbol{A}$와 $\boldsymbol{B}$를 변으로 하는 평행사변형의 면적 $AB \sin \theta$를 두 벡터의 외적(外積 ; outer product)이라 한다.

$$\boldsymbol{A} \times \boldsymbol{B} = [\boldsymbol{A} \ \boldsymbol{B}] = AB \sin \theta$$

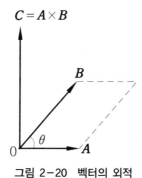

그림 2-20 벡터의 외적

② **기본 벡터의 외적** : 그림 2 − 21과 같은 직각좌표상의 x축, y축, z축이 이루는 각이 90° 이므로 기본 벡터의 외적은 다음과 같다.

$$i \times i = j \times j = k \times k = 1 \times 1 \times \sin 0° = 0$$
$$i \times j = 1 \times 1 \times \sin 90° = k$$
$$i \times j = -j \times i = k$$
$$j \times k = -k \times j = i$$
$$k \times i = -i \times k = j$$

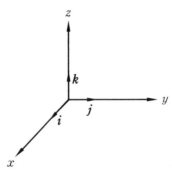

그림 2−21 기본 벡터의 외적

③ **외적의 연산** : 두 벡터 $\boldsymbol{A}$, $\boldsymbol{B}$의 위치 벡터를 표시하면 다음과 같다.

$$\boldsymbol{A} = (A_x i + A_y j + A_z k)$$
$$\boldsymbol{B} = (B_x i + B_y j + B_z k)$$

두 벡터 $\boldsymbol{A}$, $\boldsymbol{B}$의 외적 $\boldsymbol{A} \times \boldsymbol{B}$는 다음과 같다.

$$\begin{aligned}
\boldsymbol{A} \times \boldsymbol{B} &= (A_x i + A_y j + A_z k) \times (B_x i + B_y j + B_z k) \\
&= (A_x i \times B_x i) + (A_x i \times B_y j) + (A_x i \times B_z k) \\
&\quad + (A_y j \times B_x i) + (A_y j \times B_y j) + (A_y j \times B_z k) \\
&\quad + (A_z k \times B_x i) + (A_z k \times B_y j) + (A_z k \times B_z k) \\
&= (A_y B_z - A_z B_y) i + (A_z B_x - A_x B_z) j + (A_x B_y - A_y B_x) k
\end{aligned}$$

벡터의 외적을 행렬식으로 나타내면 다음과 같다.

$$\begin{aligned}
\boldsymbol{A} \times \boldsymbol{B} &= \begin{vmatrix} \boldsymbol{i} & \boldsymbol{j} & \boldsymbol{k} \\ A_x & A_y & A_z \\ B_x & B_y & B_z \end{vmatrix} \\
&= (A_y B_z - A_z B_y)\boldsymbol{i} + (A_z B_x - A_x B_z)\boldsymbol{j} + (A_x B_y - A_y B_x)\boldsymbol{k}
\end{aligned}$$

예제 **5.** 벡터 $\boldsymbol{A}=2\,\boldsymbol{i}+3\,\boldsymbol{j}+4\,\boldsymbol{k}$, $\boldsymbol{B}=3\,\boldsymbol{i}+4\,\boldsymbol{j}+5\,\boldsymbol{k}$일 때 $\boldsymbol{A}\times\boldsymbol{B}$를 구하시오.

해설
$$\boldsymbol{A}\times\boldsymbol{B}=\begin{vmatrix} \boldsymbol{i} & \boldsymbol{j} & \boldsymbol{k} \\ 2 & 3 & 4 \\ 3 & 4 & 5 \end{vmatrix}=\boldsymbol{i}\begin{vmatrix}3&4\\4&5\end{vmatrix}-\boldsymbol{j}\begin{vmatrix}2&4\\3&5\end{vmatrix}+\boldsymbol{k}\begin{vmatrix}2&3\\3&4\end{vmatrix}=-\,i+2\,j-k$$

$$|A\times B|=\sqrt{1^2+2^2+1^2}=\sqrt{6}$$

3-6 벡터의 미분연산

(1) 벡터의 미분

스칼라 변수가 t인 벡터를 A라 할 때 $A(t)$를 t의 벡터함수라 한다.

$$\frac{d}{dt}\boldsymbol{A}(t)=\lim_{t\to 0}\frac{\boldsymbol{A}(t+\Delta t)-\boldsymbol{A}(t)}{\Delta t}$$
$$=\frac{dA_x}{dt}i+\frac{dA_y}{dt}j+\frac{dA_z}{dt}k$$
$$=\left(\frac{d}{dt}i+\frac{d}{dt}j+\frac{d}{dt}k\right)\boldsymbol{A}$$

① 편미분계수 : 벡터 A가 좌표의 함수 $A(x,\ y,\ z)$와 같이 나타낼 때 $\boldsymbol{A}$의 $x,\ y,\ z$에 관한 편미분계수는 다음과 같다.

$$\frac{d}{dx}\boldsymbol{A}=\frac{\partial A_x}{\partial x}i+\frac{\partial A_y}{\partial x}j+\frac{\partial A_z}{\partial x}k$$
$$\frac{d}{dy}\boldsymbol{A}=\frac{\partial A_x}{\partial y}i+\frac{\partial A_y}{\partial y}j+\frac{\partial A_z}{\partial y}k$$
$$\frac{d}{dz}\boldsymbol{A}=\frac{\partial A_x}{\partial z}i+\frac{\partial A_y}{\partial z}j+\frac{\partial A_z}{\partial z}k$$

② 벡터 미분

$$d\boldsymbol{A}=\frac{d\boldsymbol{A}}{dt}dt=\frac{\partial \boldsymbol{A}}{\partial x}dx+\frac{\partial \boldsymbol{A}}{\partial y}dy+\frac{\partial \boldsymbol{A}}{\partial z}dz$$

③ 벡터의 미분연산자 : 그림 2-22와 같이 스칼라 함수 V가 좌표 $P(x,y,z)$에 의해서 결정되는 것을 스칼라량이라 하고 P점의 좌표 $P(x,y,z)$에 있어서 값을 $V(x,y,z)$라 하면 dl만큼 변위에 대한 V의 변화량 dV는 다음과 같다.

$$dV=\frac{\partial V}{\partial x}dx+\frac{\partial V}{\partial y}dy+\frac{\partial V}{\partial z}dz$$
$$=\left(\frac{\partial V}{\partial x}i+\frac{\partial V}{\partial y}j+\frac{\partial V}{\partial z}k\right)\cdot(idx+jdy+kdz)$$

$$= \left(\frac{\partial}{\partial x}\, i + \frac{\partial}{\partial y}\, j + \frac{\partial}{\partial z}\, k \right) V \cdot dl = \triangledown V \cdot dl$$

여기서, $dl = i\,dx + j\,dy + k\,dz$, $\triangledown = \dfrac{\partial}{\partial x}\, i + \dfrac{\partial}{\partial y}\, j + \dfrac{\partial}{\partial z}\, k$이다.

$\triangledown$를 해밀턴의 연산자(hamilton's operator)라 하고, 델(del) 또는 나블라(nabla)로 읽으며 스칼라의 기울기, 벡터의 발산, 벡터의 회전을 구할 때 이용된다.

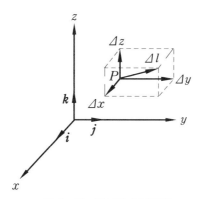

그림 2-22 벡터의 증분변화

(2) 벡터의 적분

스칼라 변수 t의 벡터함수 $\boldsymbol{A}(t)$에 대하여 $\dfrac{d}{dt}\boldsymbol{B}(t) = \boldsymbol{A}(t)$로 되는 벡터함수 $\boldsymbol{B}(t)$가 있을 때, $\boldsymbol{B}(t) = \displaystyle\int \boldsymbol{A}(t)\,dt$를 $\boldsymbol{A}(t)$의 부정적분이라 한다.

$$\int A(t)\,dt = i \int A_x(t)\,dt + j \int A_y(t)\,dt + k \int A_z(t)\,dt$$

(3) 스칼라의 기울기

스칼라 함수 V가 좌표 $(x,\ y,\ z)$로 정해지는 각 방향 x, y, z 길이에 대한 변화율을 스칼라의 기울기(구배, 경사도 ; gradient)라 한다.

$$\triangledown V = \left(\frac{\partial}{\partial x}\, i + \frac{\partial}{\partial y}\, j + \frac{\partial}{\partial z}\, k \right) V$$

$$= \frac{\partial V}{\partial x}\, i + \frac{\partial V}{\partial y}\, j + \frac{\partial V}{\partial z}\, k = grad\ V$$

여기서, V는 스칼라량이지만 $\triangledown V$는 벡터양이다.

예제 6. 함수 $V = xyz$가 점 $(1,\ 2,\ 3)$일 때 $\triangledown V = grad\ V$를 구하시오.

해설 $\triangledown V = grad\ V = \left(\dfrac{\partial}{\partial x}\, i + \dfrac{\partial}{\partial y}\, j + \dfrac{\partial}{\partial z}\, k \right)(x\,y\,z)$

$$= \frac{\partial}{\partial x}(x\,y\,z)\,i + \frac{\partial}{\partial y}(x\,y\,z)\,j + \frac{\partial}{\partial z}(x\,y\,z)\,k$$

$$= yzi + xzj + xyk$$

$$= 6i + 3j + 2k$$

(4) 벡터의 발산

① **발산의 개념** : 그림 2−23과 같은 미소체적에 출입하는 자속을 구하여 보자. 임의의 자속밀도 A가 x축에 직각일 때, 면 $oabc$에 유입되는 자속수는 다음과 같다.

$$\int oabc \, A \cdot n \, ds = A_x \, \Delta y \, \Delta z$$

면 $defg$에 유출되는 자속수는 다음과 같다.

$$\int defg\, A \cdot n \, ds = \left(A_x + \frac{\partial A_x}{\partial x}\,\Delta x\right)\Delta y \Delta z$$

$$= A_x \Delta y \Delta z + \frac{\partial A_x}{\partial x}\,\Delta x \Delta y \Delta z$$

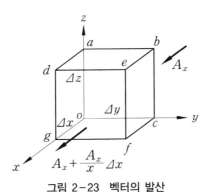

그림 2−23 벡터의 발산

x축 방향으로 자속밀도의 변화량은 다음과 같으며 x축에 수직인 면에 대한 $A \cdot n$의 적분이 된다.

$$\Delta A_x = Ax\,\Delta y\,\Delta z + \frac{\partial A_x}{\partial x}\,\Delta x\,\Delta y\,\Delta z - Ax\,\Delta y \Delta z$$

$$= \frac{\partial A_x}{\partial x}\,\Delta x\,\Delta y\,\Delta z$$

동일한 방법으로 y축, z축에 수직인 면에 대한 자속밀도의 변화량은 다음과 같다.

$$\Delta A_y = \frac{\partial A_y}{\partial y}\,\Delta x\,\Delta y\,\Delta z$$

$$\Delta A_z = \frac{\partial A_z}{\partial z}\,\Delta x\,\Delta y\,\Delta z$$

미소체적 ΔV의 총 변화량은 다음과 같다.

$$\int_s \boldsymbol{A} \cdot n\, ds = \varDelta A_x + \varDelta A_y + \varDelta A_z$$

$$= \frac{\partial A_x}{\partial x}\varDelta x\,\varDelta y\,\varDelta z + \frac{\partial A_y}{\partial y}\varDelta x\,\varDelta y\,\varDelta z + \frac{\partial A_z}{\partial z}\varDelta x\,\varDelta y\,\varDelta z$$

$$= \left(\frac{\partial A_x}{\partial x} + \frac{\partial A_y}{\partial y} + \frac{\partial A_z}{\partial z} \right)\varDelta x\,\varDelta y\,\varDelta z$$

미소체적 $\varDelta V$을 0으로 하는 극한값을 취하면 다음과 같다.

$$\lim_{v \to 0}\int_s \frac{\boldsymbol{A} \cdot n\, ds}{\varDelta V} = \frac{\partial A_x}{\partial x} + \frac{\partial A_y}{\partial y} + \frac{\partial A_z}{\partial z}$$

$$= \left(\frac{\partial}{\partial x}\boldsymbol{i} + \frac{\partial}{\partial y}\boldsymbol{j} + \frac{\partial}{\partial z}\boldsymbol{k} \right) \cdot (A_x\boldsymbol{i} + A_y\boldsymbol{j} + A_z\boldsymbol{k})$$

$$= \triangledown \cdot \boldsymbol{A}$$

② **발산정리** : 벡터 $\boldsymbol{A}$의 발산(divergence)은 다음과 같이 정의한다.

$$div\ \boldsymbol{A} = \triangledown \cdot \boldsymbol{A}$$

$$= \frac{\partial A_x}{\partial x} + \frac{\partial A_y}{\partial y} + \frac{\partial A_z}{\partial z}$$

벡터의 발산은 미소체적의 크기를 0으로 할 때 그 폐곡면으로부터 유출되는 단위 체적당 자속수의 극한값과 같다는 것을 의미한다.

예제 7. $\boldsymbol{A} = 4xy\boldsymbol{j} - 2y^2\boldsymbol{j} + xz^2\boldsymbol{k}$일 때, $div\ \boldsymbol{A}$를 구하시오.

[해설] $div\ V = \left(\frac{\partial}{\partial x}\boldsymbol{i} + \frac{\partial}{\partial y}\boldsymbol{j} + \frac{\partial}{\partial z}\boldsymbol{k} \right) \cdot (4xy\boldsymbol{i} - 2y^2\boldsymbol{j} + xz^2\boldsymbol{k})$

$= (4y - 4y + 2xz) = 2xz$

(5) 벡터의 회전

① **회전의 개념** : 벡터 $\boldsymbol{A}$에 대하여 다른 벡터 $\boldsymbol{P}$가 있을 때 $\boldsymbol{P} = rot\ A$의 관계가 성립되면 $\boldsymbol{A}$를 $\boldsymbol{P}$의 벡터 퍼텐셜(vector potential)이라 하고, $\boldsymbol{P}$는 벡터 퍼텐셜 $\boldsymbol{A}$를 갖는다고 하며, $rot\ \boldsymbol{A}$의 성분은 $(rot\ \boldsymbol{A})x$, $(rot\ \boldsymbol{A})y$, $(rot\ \boldsymbol{A})z$으로 이루어진다.

그림 2-24와 같이 한 점 P를 통하는 yz평면의 평행한 평면상에 y축과 z축에 나란한 변을 가지고 P를 중심으로 하는 미소한 장방형 $ABCD$를 생각하고, 미소 장방형 $ABCD$ 각 변의 중점을 P_1, P_2, P_3, P_4라 한다.

장방형의 2변 AB, BC의 각을 각각 $\varDelta z$, $\varDelta y$라 할 때 점 P에 있어서 $(rot\ \boldsymbol{A})x$의 성분은 다음과 같다.

$$(rot\,A)x = \lim_{y,\,z \to 0} \frac{A(P_1)\overline{AB} + A(P_2)\overline{BC} + A(P_3)\overline{CD} + A(P_4)\overline{DA}}{\varDelta y\,\varDelta z}$$

$$= \lim_{y,\,z \to 0} \frac{AP_1 k - AP_2 j - AP_3 k + AP_4 j}{\varDelta y\varDelta z}$$

$$= \lim_{y,\,z \to 0} \frac{k(AP_1 - AP_3) + j(AP_4 - AP_2)}{\varDelta y\varDelta z}$$

$$= \frac{\partial A_x}{\partial z} j - \frac{\partial A_x}{\partial y} k$$

같은 방법으로 xz평면과 xy평면에 대한 $(rot\,A)y$, $(rot\,A)z$의 성분을 구하면 다음과 같다.

$$(rot\,A)y = \frac{\partial A_y}{\partial x} k - \frac{\partial A_y}{\partial z} i$$

$$(rot\,A)z = \frac{\partial A_z}{\partial y} i - \frac{\partial A_z}{\partial x} j$$

$$rot\,A = (rot\,A)x + (rot\,A)y + (rot\,A)z$$

$$= \left(\frac{\partial A_z}{\partial y} - \frac{\partial A_y}{\partial z} \right) i + \left(\frac{\partial A_x}{\partial z} - \frac{\partial A_z}{\partial x} \right) j + \left(\frac{\partial A_y}{\partial x} - \frac{\partial A_x}{\partial y} \right) k$$

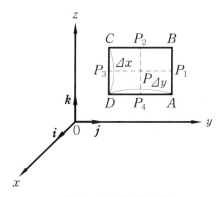

그림 2-24 벡터의 회전

② **벡터의 회전정리** : 벡터의 미분연산자 ∇와 벡터 $\boldsymbol{A}$와의 벡터 곱을 벡터 $\boldsymbol{A}$의 회전 (rotation, curl)이라 하고 다음과 같이 나타낸다.

$$\nabla \times \boldsymbol{A} = rot\,\boldsymbol{A} = curl\,\boldsymbol{A} = \begin{vmatrix} i & j & k \\ \dfrac{\partial}{\partial x} & \dfrac{\partial}{\partial y} & \dfrac{\partial}{\partial z} \\ A_x & A_y & A_z \end{vmatrix}$$

$$= \left(\frac{\partial A_z}{\partial y} - \frac{\partial A_y}{\partial z} \right) i + \left(\frac{\partial A_x}{\partial z} - \frac{\partial A_z}{\partial x} \right) j + \left(\frac{\partial A_y}{\partial x} - \frac{\partial A_x}{\partial y} \right) k$$

$$= \left(\frac{\partial}{\partial x} i + \frac{\partial}{\partial y} j + \frac{\partial}{\partial z} k \right) \times (A_x i + A_y j + A_z k)$$

(6) Stokes의 정리

그림 2-25와 같이 곡선 C로 둘러싸인 곡면 S를 미소면적 $\varDelta S$로 분할하고 각 미소면적에 대하여 화살표 방향으로 선적분하여 합하면 서로 인접한 면의 선분은 서로 상쇄되므로 최후에 남는 것은 주변의 곡선 C에 따른 선적분 값이 된다.

$$\oint_c A \cdot dr = \int_s rot\, A\, dS = \int_s (\triangledown \times A) \cdot dS$$

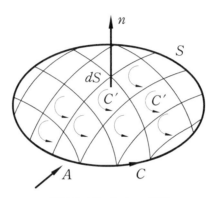

그림 2-25 Stokes 정리

(7) 라플라스 방정식

① **라플라스 연산자**(Laplace operator) : 미분연산자 $\triangledown$을 두 번 곱한 스칼라 곱을 라플라스 연산자 또는 라플라시안(Laplacian)이라 한다.

$$\triangledown^2 = \triangledown \cdot \triangledown$$

$$= \left(\frac{\partial}{\partial x} i + \frac{\partial}{\partial y} j + \frac{\partial}{\partial z} k \right) \cdot \left(\frac{\partial}{\partial x} i + \frac{\partial}{\partial y} j + \frac{\partial}{\partial z} k \right)$$

$$= \frac{\partial^2}{\partial x^2} + \frac{\partial^2}{\partial y^2} + \frac{\partial^2}{\partial z^2}$$

② 라플라스 연산 $\triangledown^2$을 스칼라계 V에 적용시키면 다음과 같다.

$$\triangledown^2 V = div\, grad\, V$$

$$= \frac{\partial^2 V}{\partial x^2} + \frac{\partial^2 V}{\partial y^2} + \frac{\partial^2 V}{\partial z^2}$$

③ 라플라스 연산 $\triangledown^2$을 벡터계 $\boldsymbol{A}$에 적용시키면 다음과 같다.

$$\triangledown^2 \boldsymbol{A} = div\, grad\, A$$

$$= \frac{\partial^2 A}{\partial x^2} + \frac{\partial^2 A}{\partial y^2} + \frac{\partial^2 A}{\partial z^2}$$

(8) 미분 연산자의 공식

a, b는 scalar, $\boldsymbol{A}$, $\boldsymbol{B}$는 vector일 때 미분 연산자의 관계식은 다음과 같다.

$$grad(a+b) = \triangledown(a+b)$$
$$= \triangledown a + \triangledown b$$

$$grad(ab) = \triangledown(ab)$$
$$= a\triangledown b + b\triangledown a$$

$$grad(\boldsymbol{A} \cdot \boldsymbol{B}) = \triangledown(\boldsymbol{A} \cdot \boldsymbol{B})$$
$$= (\boldsymbol{A}\cdot\triangledown)\boldsymbol{B} + (\boldsymbol{B}\cdot\triangledown)\boldsymbol{A} + \boldsymbol{A}\times(\triangledown\times\boldsymbol{B}) + \boldsymbol{B}\times(\triangledown\times\boldsymbol{A})$$

$$div(\boldsymbol{A}+\boldsymbol{B}) = \triangledown(\boldsymbol{A}+\boldsymbol{B})$$
$$= \triangledown\cdot\boldsymbol{A} + \triangledown\cdot\boldsymbol{B}$$

$$div(a\boldsymbol{B}) = \triangledown\cdot(a\boldsymbol{B}) = \boldsymbol{B}\cdot\triangledown a + a\triangledown\cdot\boldsymbol{B}$$
$$= \boldsymbol{B}\,grad\,a + a\,div\,\boldsymbol{B}$$

$$rot(a\boldsymbol{B}) = \triangledown\cdot(a\boldsymbol{B})$$
$$= \triangledown a\times\boldsymbol{B} + a\triangledown\times\boldsymbol{B}$$
$$= grad\,a\times\boldsymbol{B} + a\,rot\,\boldsymbol{B}$$

$$rot(\boldsymbol{A}\times\boldsymbol{B}) = \triangledown\times(\boldsymbol{A}\times\boldsymbol{B})$$
$$= \boldsymbol{A}(\triangledown\cdot\boldsymbol{B}) - \boldsymbol{B}(\triangledown\cdot\boldsymbol{A}) + (\boldsymbol{B}\cdot\triangledown)\boldsymbol{A} - (\boldsymbol{A}\cdot\triangledown)\boldsymbol{B}$$

$$rot\,rot\,A = \triangledown\times(\triangledown\times\boldsymbol{A})$$
$$= \triangledown(\triangledown\cdot\boldsymbol{A}) - \triangledown^2\boldsymbol{A}$$

$$rot\,grad\,a = \triangledown\times\triangledown a$$
$$= 0$$

$$div\,rot\,\boldsymbol{A} = \triangledown\cdot(\triangledown\times\boldsymbol{A})$$
$$= 0$$

∽ 연습문제 ∽

1. 900 $A = 2i - 5j + 3k$일 때 벡터 A의 크기와 단위 벡터를 구하시오.

해설 $|A| = \sqrt{2^2 + (-5)^2 + 3^2} = \sqrt{38} = 6.16$

2. $A = -7i - j$, $B = -3i - 4j$의 두 벡터가 이루는 각은 몇 도인가 ?

해설 $45°$

3. 어떤 물체의 $F_1 = -3i + 4j - 5k$와 $F_2 = 6i + 3j + 2k$의 힘이 작용하고 있다. F_3을 가하였을 때 세 힘이 평형이 되기 위한 F_3은 얼마인가 ?

해설 $F_3 = -3i - 7j + 7k$

4. $A = 10i - 10j + 5k$, $B = 4i - 2j + 5k$인 두 벡터가 평행사변형의 두 변을 나타내고 있을 때 평행사변형의 면적 크기를 구하시오.

해설 $10\sqrt{29}$

5. $V(x, y, z) = 2x^2 y - y^3 z^2$에 대하여 $grad\ V$의 점$(1, -2, -1)$에서의 값을 구하시오.

해설 $-8i - 10j - 16k$

6. $A = x^2 zi - 2y^2 z^2 j + x^2 y^2 zk$에서 $div\ A$의 점$(1, -1, -1)$에서의 값을 구하시오.

해설 $div\ A = \bigtriangledown \cdot A = 2xz - 4yz^2 + x^2 y^2 = 3$

7. $A = xz^3 i - 2xy^2 j + 2yz^2 k$에 대하여 $rot\ A$의 점$(1, -1, 2)$에 있어서의 값을 구하시오.

해설 $rot\ A = \bigtriangledown \times A = 2z^2 i - 3xz^2 j - 2y^2 k = 8i + 12j - 2k$

8. $A = x^2 yi - 2xzj + 2yz^3 k$에서 $rot\ rot\ A$를 구하시오.

해설 $rot\ rot\ A = \bigtriangledown \times (\bigtriangledown \times A) = (2x + 6z^2)j$

9. $r = xi + yj + zk$일 때 $\bigtriangledown^2 \left(\dfrac{1}{r}\right)$를 구하시오.

해설 b $\bigtriangledown^2 \left(\dfrac{1}{r}\right) = \bigtriangledown \cdot \left(\bigtriangledown \cdot \dfrac{1}{r}\right) = -\left[\dfrac{3r^3 - 3r^3}{r^6}\right] = 0$

10. $V = x^2 yz$일 때, 점$(2, 1, 2)$에서 $grad\ V$의 크기를 구하시오.

해설 $grad\ V = \bigtriangledown V = 2xyzi + x^2 zj + x^2 yk = 8i + 8j + 4k$

3 정 전 계

CHAPTER

전기는 기원전 6세기경 그리스의 철학자 탈레스가 마찰전기를 발견하면서 인간이 관심을 갖게 되었다. 과학적으로는 1784년 프랑스의 쿨롱(Charles Coulomb)이 두 전하 사이에 작용하는 전기력에 관한 법칙을 발견함으로써 전기의 기본 개념이 성립되었다.

1. 정전기

서로 다른 두 물체를 마찰하면 물체 상호 간 또는 주위의 가벼운 물체가 끌리는 힘을 받는다. 이러한 현상을 마찰전기(frictional electricity)라 하고 마찰에 의하여 물체에 전기(electricity)가 발생하는 전기의 양을 전기량 혹은 전하(electric charge)라 하며 전기를 띠는 전하의 발생을 대전(electrification)이라 한다. 이때 전기라는 말은 희랍어의 호박(electron)에서 유래된 것이다.

1-1 전기의 본질

(1) 원자의 구조

모든 물질은 분자(molecule)로 구성되며 분자는 원자의 모임으로 되어 있다. 각 원자는 그 중심에 한 개의 원자핵(atomic nucleus)이 있고, 원자핵 주위에 전자(electron)를 가지고 있다.

또한 원자핵은 몇 개의 양자(proton)와 중성자(neutron)로 구성되어 있다.

① 원자번호 = 전자의 수 = 양자의 수

② 질량
- 전자의 질량 : $m_e = 9.1093897 \times 10^{-31}$ [kg]
- 양자의 질량 : $m_p = 1.6726231 \times 10^{-27}$ [kg]
- 중성자의 질량 : $m_n = 1.6749286 \times 10^{-27}$ [kg]

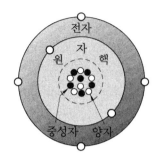

그림 3-1 원자의 구조(탄소 원자의 예)

③ 전하량

- 전자의 전하량 : -1.60219×10^{-19} [C]
- 양자의 전하량 : $+1.60219 \times 10^{-19}$ [C]

(2) 전자의 종류

① **구속전자** : 원자핵의 내부 궤도에 있는 전자
② **자유전자** : 원자핵의 구속에서 벗어난 가전자
③ **가 전 자** : 원자핵의 최외곽 궤도에 있는 전자

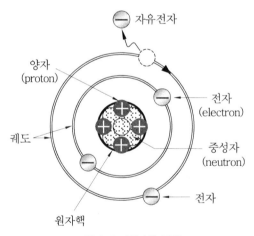

그림 3-2 전자의 종류

(3) 전기의 본질

금속과 같은 도체에는 각 원자에 있는 전자 중 일부는 핵의 구속으로부터 벗어나서 자유로이 움직일 수 있는 전자가 있다. 이러한 전자를 자유전자 또는 전도전자라 한다.

① **대전상태** : 그림 3-3 (a)와 같이 전기적으로 중성인 물체에 외부에서 자유전자가 주어지면 그림 3-3 (b)와 같이 물체는 음(陰, -)으로 대전한다. 반대로 그림 3-3 (c)와 같이 자유전자를 제거하면 양(陽, +)으로 대전된다.

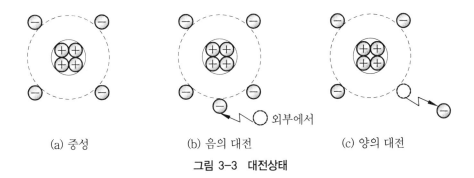

(a) 중성　　　　　(b) 음의 대전　　　　　(c) 양의 대전

그림 3-3　대전상태

② **전하량** : 전하량의 기본 단위인 쿨롱(C)은 전자 1개의 전하량 $q = 1.602 \times 10^{-19}$ [C]이 므로 전하 1 C은 1.602×10^{-19}의 역수인 6.25×10^{18}개의 전자가 갖는 전하량이다.

(4) 전기의 발생

① **마찰에 의한 전기 발생** : 두 물질을 마찰시키면 마찰전기가 발생한다.

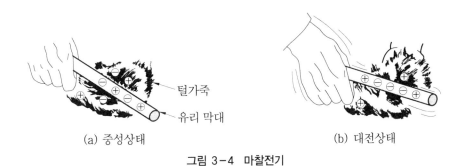

(a) 중성상태　　　　　　　　　　(b) 대전상태

그림 3-4　마찰전기

② **압력에 의한 전기 발생** : 피에조-크리스털(수정) 발진기에 압력을 가하면 압전기현상 에 의해 전기가 발생한다.

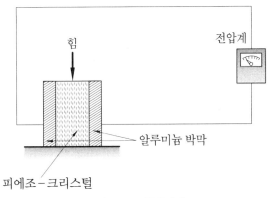

그림 3-5　압력전기

③ **열에 의한 전기 발생** : 열전대에 열을 가하면 열전효과에 의해 전기가 발생한다.

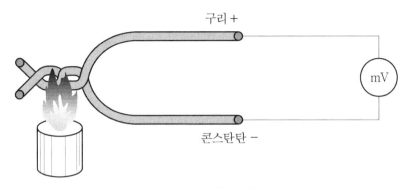

그림 3-6 열전전기

④ **빛에 의한 전기 발생** : 광도전체에 빛을 가하면 광전효과에 의해 전기가 발생한다.

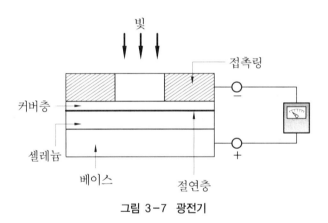

그림 3-7 광전기

⑤ **화학작용에 의한 전기 발생** : 화학물질의 화학반응에 의해 전기가 발생하는 볼타전지의 원리이다.

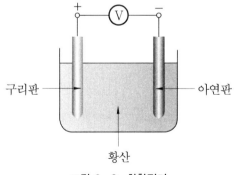

그림 3-8 화학전기

⑥ **자기작용에 의한 전기 발생** : 코일 주변에 전자석을 움직이면 자기의 변화에 의해 전기가 발생하는 발전기의 원리이다.

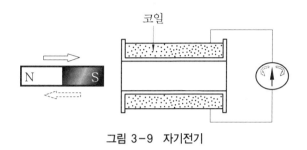

그림 3-9 자기전기

1-2 대전현상

(1) 마찰전기

두 물체를 서로 마찰시키면 정전기(static electricity)가 발생한다. 정전기가 발생되는 원인은 전하 때문이며 전하가 나타나는 현상을 대전이라 한다.

① **대전현상** : 일반적으로 물질은 전기적으로 중성이지만 두 개의 물체를 서로 마찰시키면 전기적으로 정·부로 분리되는데 이를 대전현상이라 한다. 예를 들어 유리 막대로 비단 천을 마찰시키면 유리 막대는 정(正)으로 대전되고, 비단 천은 부(負)로 대전된다.

그림 3-10과 같이 금속 도금한 두 개의 가볍고 작은 공을 매달고 양쪽에 대전된 유리 막대를 접촉시키면 두 개의 작은 공은 서로 반발하여 멀어지게 되며, 또 비단 천을 접촉시키면 두 개의 공은 서로 흡인하여 가까이 접근하게 됨을 알 수 있다.

(a) 반발력 (b) 흡인력

그림 3-10 대전현상

② **대전열** : 마찰에 의하여 발생하는 전하의 크기와 종류는 물질의 종류와 마찰조건에 따라 다르다.

그림 3-11에서 마찰 대전 서열에서 모피 쪽이 정(+)전하, 에보나이트 쪽이 부(-)전하로 대전된다. 또한 서열의 순서는 온도, 습도 등의 영향을 받아 바뀌는 경우도 있다.

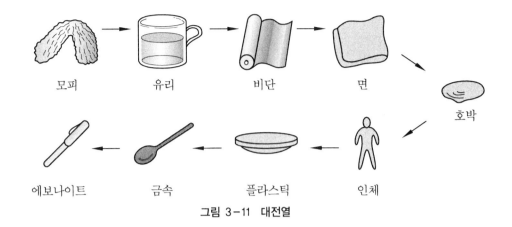

모피	유리	비단	면

호박

에보나이트	금속	플라스틱	인체

그림 3-11 대전열

(2) 정전 유도(electrostatic induction)

금속과 같은 도체는 많은 자유전자를 갖고 있으므로 그림 3−12와 같이 처음부터 전기적으로 중성인 도체 A 옆에 양(+)으로 대전된 물체 B 를 가까이 하면, 금속 내의 자유전자는 대전체 B 의 양전하에 끌려서 B 에 가까운 부분에 모이게 된다. 따라서 상대적으로 A 에는 B 에 가까운 쪽에는 음전하, B 로부터 먼 쪽에는 양전하가 나타나게 된다.

만약, B 의 전하가 음(−)일 때는 A 에 나타나는 전하의 부호는 반대로 된다. 이와 같이 대전체의 접근으로 물질 내의 전하 분포가 변화하는 현상을 정전 유도라 한다. 정전 유도현상은 금속과 같은 도체뿐만 아니라 모든 물체에도 일어난다.

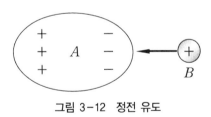

그림 3-12 정전 유도

1−3 쿨롱의 법칙

두 개의 대전체 사이에 작용하는 힘을 정량적으로 측정하기 위하여 쿨롱은 자신이 고안한 비틀림 저울을 이용하여 쿨롱의 법칙을 증명하였다.

(1) 쿨롱의 법칙

대전체 상호 간의 거리를 정확히 측정하기 위하여 거리에 비해 극히 미소한 대전체로 가정하고 전하는 점전하(point charge)로 한다. 두 점전하 Q_1, Q_2 사이에 작용하는 힘 F 는 전하량에 비례하고 상호 간의 거리의 제곱에 반비례한다.

$$F = k \frac{Q_1 Q_2}{r^2} \ [\text{N}]$$

여기서, k 는 비례상수로 쿨롱(coulomb)상수라 한다.

MKS 단위계에서 진공 중에 같은 양의 두 점전하를 1 m 거리에 놓았을 때 작용하는 힘이 9×10^9 [N]일 때 전하의 크기를 1 C으로 정의하였다.

$$F = k \frac{Q_1 Q_2}{r}$$
$$= 9 \times 10^9 \cdot \frac{1\text{C} \cdot 1\text{C}}{1 \text{ m}} \ [\text{N}]$$

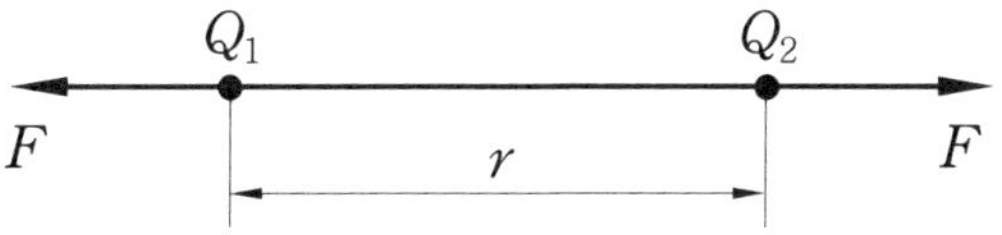

그림 3-13 쿨롱의 법칙

(2) 비례상수

쿨롱 법칙의 비례상수 k는 전하 Q, 거리 r, 힘 F에 대하여 사용되는 단위와 대전체 사이에 존재하는 매질에 의해 정해진다. 지금 대전체 사이의 매질을 진공(vacuum)이라 가정하고 각 단위는 SI 단위계, 즉 Q [C], r [m], F [N]을 사용하면 비례상수 k는 다음과 같다.

$$k = \frac{1}{4\pi\varepsilon_0} = 8.988 \times 10^9 \fallingdotseq 9 \times 10^9$$

비례상수 k는 진공에서의 빛의 속도와 밀접한 관계가 있다. 진공 중의 빛의 속도 $C_0 = 3 \times 10^8$ [m/s]라 하면 다음 식과 같다.

$$k = \frac{1}{4\pi\varepsilon_0} = \frac{{C_0}^2}{10^7} = 9 \times 10^9 \ [\text{N} \cdot \text{m}^2/\text{C}^2]$$

(3) 진공 중의 유전율(permitivity)

진공 중의 유전율 ε_0는 다음과 같다.

$$\varepsilon_0 = \frac{10^7}{4\pi {C_0}^2} = \frac{1}{4\pi k} = 8.855 \times 10^{-12} \ [\text{F/m}]$$

여기서, 4π 인자를 붙인 것은 전자기 현상을 합리적으로 표현하기 위해서이다. 점전하는 구형으로 전하의 전하량에 원주율 π가 포함되기 때문이다. 이러한 단위계를 MKS 합리화 단위계라 한다.

(4) 힘의 방향

그림 3-13과 같이 점전하 Q_1 [C], Q_2 [C]가 거리 r [m] 만큼 떨어져 있을 때 두 점전하 사이에 작용하는 힘 F은 쿨롱의 법칙에 의해 벡터로 표현하면 다음과 같다.

$$F = \frac{1}{4\pi\varepsilon_0} \frac{Q_1 Q_2}{r^2} \gamma_0$$

$$= 9 \times 10^9 \frac{Q_1 Q_2}{r^2} \gamma_0 \text{ [N]}$$

여기서, γ_0는 힘 방향의 단위 벡터이다.

힘 F의 방향은 거리의 연직선상에 있으며 두 점전하가 같은 부호의 전하를 가지면 반발력이 작용하고, 두 점전하가 다른 부호의 전하를 가지면 흡인력이 작용한다.

2. 전기장

대전체 주위에 점전하를 놓으면 이 점전하에 쿨롱의 법칙에 따른 힘이 작용한다. 만일 대전체가 없으면 점전하에는 힘이 작용하지 않을 것이다. 이와 같이 전하에 힘이 작용하는 공간을 전기장(電氣場 ; electric field), 전계(電界), 전장(電場)이라 한다. 특히 정전기학에서 취급하는 정지상태의 전하에 의한 전계를 정전계(靜電界 ; electrostatic field)라 한다.

2−1 전계의 세기

전계 내 임의의 한 점에 단위전하 1 C을 놓았을 때 단위전하에 작용하는 힘을 그 점의 전계의 세기(intensity of electric field)라 한다.

여기서 단위전하를 갖는 전하가 전계 내에 들어오면 단위전하에 의한 전계 때문에 최초의 전계분포가 변화하게 된다. 그러므로 이러한 최초의 전계 분포가 변화없이 전계의 세기를 정의하려면 미소전하에 의해 작용하는 단위 전하량으로 환산해야 한다.

전계 내의 단위전하 ΔQ [C], 단위 전하에 작용하는 전기력 ΔF [N]이라 하면 전계의 세기는 다음과 같다.

$$E = \lim_{\Delta Q \to 0} \frac{\Delta F}{\Delta Q} \text{ [N/C]}$$

힘(전기력) F은 벡터양이므로 전계의 세기 E도 크기와 방향을 갖는 벡터양이다. 전계의 세기를 벡터로 표현하면 다음과 같다.

$$E = \lim_{\varDelta Q \to 0} \frac{\varDelta F}{\varDelta Q}$$

(1) 전계의 방향

전계 내의 한 점에 초기의 전계의 세기 E를 변화시키지 않을 정도의 미소 전하 Q[C]을 가져 왔을 때 작용하는 힘(전기력) F는 다음과 같으며 힘의 방향과 전계의 방향은 같다.

$$F = QE \text{ [N]}$$

$$E = \frac{F}{Q} \text{ [N/C], [V/m]}$$

예제 1. 두 개의 점전하 $Q_1 = 25\text{ nC}$, $Q_2 = -75\text{ nC}$가 3 cm만큼 떨어져 있을 때, Q_1에 미치는 전기력 F_1과 Q_2에 미치는 전기력 F_2의 크기의 방향을 구하시오.

[해설] ① 점전하 Q_1가 점전하 Q_2로부터 받는 힘

$$F_1 = k\frac{Q_1 Q_2}{r^2} = \frac{1}{4\pi\varepsilon_0}\frac{Q_1 Q_2}{r^2}$$

$$= 9\times 10^9 \frac{(25\times 10^{-9})(-75\times 10^{-9})}{(0.03)^2}$$

$$= -0.019 \text{ N}$$

② 점전하 Q_2가 점전하 Q_1로부터 받는 힘

$$F_2 = k\frac{Q_1 Q_2}{r^2} = \frac{1}{4\pi\varepsilon_0}\frac{Q_1 Q_2}{r^2}$$

$$= 9\times 10^9 \frac{(25\times 10^{-9})(75\times 10^{-9})}{(0.03)^2}$$

$$= +0.019 \text{ N}$$

예제 2. 진공 중의 점 $A(1, 2, 3)$ [m]에 2×10^{-4} [C], 점 $B(2, 0, 5)$ [m]에 1×10^{-4} [C]의 전하가 있을 때, 작용하는 힘의 크기(N)를 구하시오.

[해설] 그림에서 두 점 A, B 시이의 거리 벡터 R_{AB}는 다음과 같다.

$$R_{AB} = R_B - R_A$$

$$= (2-1)i + (0-2)j + (5-3)k$$

$$= i - 2j + 2k$$

거리 R_{AB}의 크기

$$|R_{AB}| = \sqrt{1^2 + (-2)^2 + 2^2}$$

$$= 3 \text{ m}$$

두 점 사이에 작용하는 힘 F는 다음과 같이 구한다.

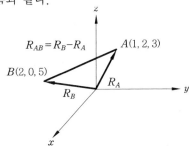

$$F = \frac{Q_1 Q_2}{4\pi\varepsilon_0 \, r^2}$$

$$= 9 \times 10^9 \frac{(2 \times 10^{-4})(1 \times 10^{-4})}{3^2} = 20 \text{ N}$$

(2) 전계의 단위

전계의 세기는 단위 전하 1 C에 작용하는 힘 F [N]의 전계의 세기 E이므로 단위는 다음과 같이 사용한다.

$$\text{N/C} = \text{J/cm} = \text{V/m}$$

(3) 한 개의 점전하에 의한 전계

그림 3−14와 같이 점전하 Q [C]으로부터 r [m] 떨어진 점 P에 위치한 단위전하 1 C에 작용하는 전기력 F는 쿨롱의 법칙에 의해 다음과 같이 구한다.

$$F = \frac{1}{4\pi\varepsilon_0} \cdot \frac{Q_1 Q_2}{r^2}$$

$$= \frac{1}{4\pi\varepsilon_0} \cdot \frac{Q \cdot 1}{r^2}$$

$$= \frac{Q}{4\pi\varepsilon_0 \, r^2} \text{ [N]}$$

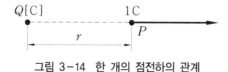

그림 3−14 한 개의 점전하의 관계

따라서 점전하 Q [C]으로부터 r [m] 떨어진 점 P에서의 전계의 세기 E [V/m]는 진공 중 유전율 ε_0에서 다음과 같이 구한다.

$$E = \frac{F}{Q_2} = \frac{Q_1}{4\pi\varepsilon_0 r^2} = 9 \times 10^9 \frac{Q}{r^2} \text{ [V/m]} \rightarrow (Q_1 = Q)$$

$$F = \frac{Q}{4\pi\varepsilon_0 \, r^2} \text{ [N]}$$

$$E = \frac{Q}{4\pi\varepsilon_0 \, r^2} \text{ [V/m]}, \text{ [N/C]}$$

(4) 여러 개 점전하에 의한 전계

그림 3−15와 같이 Q_1, Q_2로 인한 점 P의 전계의 세기를 $\boldsymbol{E}_1$, $\boldsymbol{E}_2$라 하면 점 P의 전

계의 세기 $\boldsymbol{E}$는 $\boldsymbol{E}_1$과 $\boldsymbol{E}_2$의 합성 벡터이다.

$$\boldsymbol{E}_1 = \frac{Q_1}{4\pi\varepsilon_0 r_1^2}$$

$$\boldsymbol{E}_2 = \frac{Q_2}{4\pi\varepsilon_0 r_2^2}$$

$$\boldsymbol{E} = \boldsymbol{E}_1 + \boldsymbol{E}_2$$

전계의 세기 E의 절대값은 다음과 같이 구한다.

$$|\boldsymbol{E}| = \sqrt{\boldsymbol{E}_1 + \boldsymbol{E}_2} = \frac{1}{4\pi\varepsilon_0}\sqrt{\left(\frac{Q_1}{r_1^2}\right)^2 + \left(\frac{Q_2}{r_2^2}\right)^2}\ [\text{V/m}]$$

전기장에 n개의 점전하(point change)가 존재할 때 임의의 점 P에 생기는 전계의 세기는 각 점전하로부터 받는 전계의 세기를 벡터적으로 합한 것이 된다.

$$\boldsymbol{E} = \boldsymbol{E}_1 + \boldsymbol{E}_2 + \boldsymbol{E}_3 \cdots\cdots \boldsymbol{E}_n = \sum_{i=1}^{n} \boldsymbol{E}_i$$

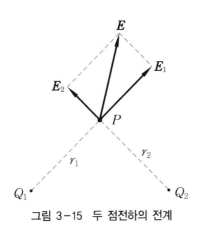

그림 3-15 두 점전하의 전계

예제 3. $+1\,\mu\text{C}$ 및 $+2\,\mu\text{C}$의 두 점전하가 진공 중에서 2 m 떨어져 있을 때 두 점전하의 중간 점 P의 전계의 세기 $E\,[\text{V/m}]$를 구하시오.

해설 중간 점 P에 작용하는 전계 E_P는 E_A와 E_B가 반대방향이므로

$$
\begin{aligned}
E_P &= E_B - E_A \\
&= \frac{1}{4\pi\varepsilon_0 r^2}\,(Q_2 - Q_1) \\
&= 9\times10^9 \times \frac{1}{1^2}\,(2\times10^{-6} - 1\times10^{-6}) \\
&= 9\times10^3\ [\text{V/m}]
\end{aligned}
$$

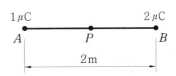

예제 4. 원점에 10^{-8} C의 전하가 있을 때 점$(1,~2,~2)$ [m]에서의 전계의 세기 E는 몇 V/m인가 ?

[해설] $E = \dfrac{Q}{4\pi\varepsilon_0\, r^2} = 9 \times 10^9\, \dfrac{Q}{r^2} = 9 \times 10^9 \times \dfrac{10^{-8}}{(1^2 + 2^2 + 2^2)} = 10$ V/m

2-2 전기력선

(1) 전기력선의 정의

전계 내의 전계의 세기 E [V/m]를 알면 그 점에 대한 전기력이 작용하는 모양을 알 수 있다. 그런데 전계 E [V/m]의 수치적 해석만으로는 그 모양을 판단하기 곤란하다. 이를 시각적으로 표현하여 전계상태를 보다 쉽게 이해하기 위해 패러데이(Faraday)가 가상적인 전기력선을 제안하였다.

즉, 전기력선은 전계 내에서 단위 정전하가 아무런 저항 없이 전기력선을 따라 이동할 때 그려지는 선(궤적)으로 정의하며 정전하에서 부전하로 향한다.

(2) 전기력선의 수

전기력선의 수는 전기력선에 수직되는 단위면적 $1~m^2$을 지나는 전기력선 수가 그 점에서의 전계의 세기 E [V/m]와 같도록 하였다. 즉, 전기력선 밀도 D [개/m^2]를 그 점에 대한 전계의 세기와 같도록 정의하였다.

그림 3-16 (a)에서 전기력선에 수직되는 미소면적 ΔS [m^2]를 지나가는 전기력선 수를 ΔN [개]라 할 때 전기력선 밀도는 다음과 같다.

$$\lim_{\Delta S \to 0} \frac{\Delta N}{\Delta S} = \frac{dN}{dS} = E\,[\text{개}/\text{m}^2]$$

따라서 전계 E [V/m]인 점에서 전계에 수직이 되는 면적 dS [m^2]를 지나는 전기력선은 다음과 같다.

$$dN = E \cdot dS\,[\text{개}]$$

또한 그림 3-16 (b)와 같이 dS [m^2]가 E [V/m]에 대하여 각 θ만큼 기울어졌을 경우에는 dS [m^2]를 통과하는 전기력선의 유효 성분은 $E\cos\theta$ [개/m^2]가 되므로 전기력선 수는 다음과 같다.

$$dN = E\cos\theta\,dS\,[\text{개}]$$

따라서 폐곡면 전체를 관통하는 전기력선 수 N은 다음과 같다.

$$N = \int_s E \cdot dS\,[\text{개}]$$

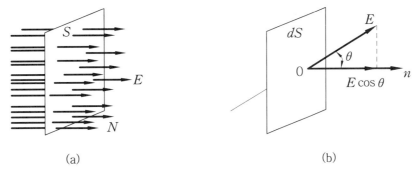

그림 3-16 전기력선

(3) 전기력선의 성질

전기력선은 다음과 같은 성질이 있다.

① 전기력선은 양전하에서 나와 음전하로 들어간다.

② 전기력선상의 임의의 점에서 그어진 접선은 그 점에서 전계의 방향을 나타낸다.

③ 전하가 존재하는 경우 두 개의 전기력선은 서로 교차하지 않는다.

④ 전계 내 어떤 점의 전기력선 밀도는 그 점에서 전계의 세기를 나타낸다. 즉, 단위 전계의 세기가 1 V/m인 점에 있어서의 전기력선 밀도는 1 개/m²이다.

⑤ 전기력선은 자기 자신만으로는 폐곡선이 되지 않는다.

⑥ 전기력선은 등전위면과 직교한다.

⑦ 전하가 없는 곳에서는 전기력선의 발생과 소멸이 없다. 즉, 전기력선이 연속이다.

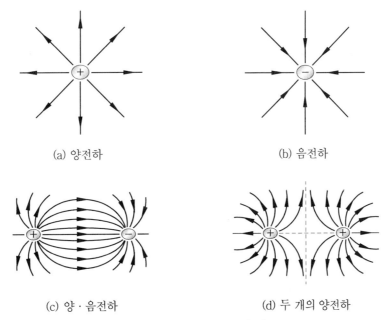

(a) 양전하 (b) 음전하

(c) 양·음전하 (d) 두 개의 양전하

그림 3-17 전기력선의 형태

⑧ 도체 내부에서는 전기력선이 없다. 즉, 전계가 0이다.

⑨ 서로 다른 매질의 경계면에서는 굴절한다.

⑩ Q [C]의 전하로부터 $\dfrac{Q}{\varepsilon_0}$ 개의 전기력선이 나온다.

예제 5. 그림과 같이 양의 점전하 Q [C]에서 반지름 1 m의 단위구면상의 전기력선 수 N [개]를 구하시오.

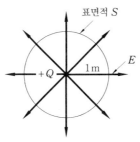

표면적 S

E

1 m

+Q

[해설] 단위구면상의 전계는 다음과 같다.

$$E = \frac{Q}{4\pi\varepsilon_0 \times 1^2} = \frac{Q}{4\pi\varepsilon_0}$$

단위구의 표면적은 다음과 같다.

$$S = 4\pi \cdot r^2 = 4\pi \cdot 1^2$$

단위구면 밖으로 나오는 전기력선 수는 다음과 같다.

$$N = E \times S = \frac{Q}{4\pi\varepsilon_0} \times 4\pi = \frac{Q}{\varepsilon_0} \ [\text{개}]$$

(4) 전기력선 방정식

일반적으로 전기력선 수를 수식적으로 구하는 것은 복잡하지만 전기력선 방정식을 이용하면 간단하게 구할 수 있다.

그림 3−18과 같이 x, y 평면상에 전계 E [V/m]가 분포되어 있다면 전기력선상의 점 P에서 전계 $\boldsymbol{E}$와 미소길이 dl는 다음과 같다.

$$\boldsymbol{E} = E_x i + E_y j \ [\text{V/m}]$$

$$dl = d_x i + d_y j \ [\text{m}]$$

전계 $\boldsymbol{E}$의 방향여현은 다음과 같다.

$$l_1 = \frac{E_x}{\boldsymbol{E}}, \ m_1 = \frac{E_y}{\boldsymbol{E}}$$

미소길이 dl의 방향여현은 다음과 같다.

$$l_2 = \frac{d_x}{dl}, \ m_2 = \frac{d_y}{dl}$$

전기력선의 정의에 의하면 전기력선의 방향과 전계의 방향은 일치하므로 전계 E와 미소길이 dl의 방향여현은 평형관계에 있으므로 $l_1 = l_2$, $m_1 = m_2$ 관계가 성립되어 다음 식과 같이 나타낼 수 있다.

$$\frac{E_x}{E} = \frac{d_x}{dl}$$

$$\frac{E_x}{E} = \frac{d_y}{dl}$$

여기서, 미소길이 dl를 무한히 짧게 취하면 다음과 같이 전기력선 방정식을 얻을 수 있다.

$$\frac{d_l}{E} = \frac{d_x}{E_x} = \frac{d_y}{E_y}$$

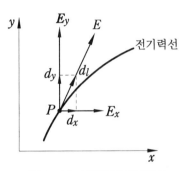

그림 3-18 좌표상의 전기력선

예제 6. 전계의 세기 $E = 5xi - 5yj$ [V/m]일 때 평면의 P점 (3, 4) [m]을 지나는 전기력선의 방정식을 구하라.

[해설] 전기력선 방정식은 다음과 같다.

$$\frac{d_x}{E_x} = \frac{d_y}{E_y}$$

$E_x = 5x$, $E_y = -5y$이므로

$$\frac{d_x}{5x} = \frac{d_y}{-5y}$$

양변을 적분을 취하면

$$\ln x = -\ln y + C_0$$

$$xy = C_1$$

여기서 C_0와 C_1는 상수이다.

점 (3, 4)를 통과하는 전기력선 방정식은 다음과 같이 구한다.

$$C_1 = xy = 12$$

2-3 전속과 전속밀도

진공 중의 점전하 Q [C]로부터 나오는 전기력선 수는 $\dfrac{Q}{\varepsilon_0}$ 개이다.

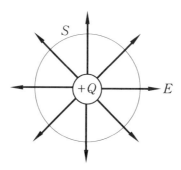

그림 3-19 단위구의 전기력선 수

(1) 전계의 세기

점전하 Q [C]을 중심으로 반지름 r [m]인 구면상의 전계의 세기는 다음과 같다.

$$E = \frac{Q}{4\pi\varepsilon_0\, r^2}\ [\text{V/m}]$$

(2) 전 속

전속 Ψ(psi)은 폐곡면에서 나오는 전하 Q와 같다.

$$\Psi = Q\ [\text{C}]$$

(3) 전속밀도

단위 면적당 전속의 선 수를 전속밀도 D [C/m²]이라 한다.

$$D = \frac{\Psi}{S} = \frac{Q}{S}\ [\text{C/m}^2] = \frac{E \cdot 4\pi\varepsilon_0\, r^2}{4\pi r^2} = \varepsilon_0 E\ [\text{C/m}^2]$$

여기서, 구의 면적 $S = 4\pi r^2$이다.

(4) 전기력선의 수

$$N = \frac{Q}{\varepsilon_0}\ [\text{개}]$$

(5) 상호 관계

$$E = \frac{N}{S} = \frac{D}{\varepsilon_0} = \frac{Q}{S\varepsilon_0} = \frac{\Psi}{S\varepsilon_0}\ [\text{V/m}]$$

3. 전 위

　두 전하 사이에는 전기력이 작용하는데 두 전하를 연결하는 선을 따라 작용하여 힘의 크기는 두 전하 사이의 거리의 제곱에 반비례한다. 전기력은 중력과 마찬가지로 보존력이므로 전위에너지 함수가 존재하며 전하량에 비례한다.

3-1 전 위(electric potential)

　전하분포에 의한 전계의 벡터계를 보다 쉽게 풀이하기 위하여, 에너지 개념을 도입한 전계 내의 전하가 갖는 전기적 위치에너지인 전위를 이용한다.

(1) 중력장

　그림 3-20과 같이 중력 F [N]이 작용하는 중력장에서 질량(M)을 중력에 반하여 Δl [m]만큼 상승시키기 위해 필요한 일은 $-F\Delta l$ [J]이 되며 이로 인해 M의 위치 에너지는 ΔW만큼 증가한다.

$$\Delta W = W_2 - W_1 = -F\Delta l \ [\text{J}]$$

(2) 전기장

　그림 3-21과 같이 전계 E [V/m]가 작용하는 전기장에서 단위전하 $+1\,\text{C}$을 전계에 대하여 Δl [m]만큼 운반할 때 소요되는 일은 $-E \cdot dl$ [J/C]이 되며, 이로 인하여 이 전하의 전기적 위치에너지가 ΔV [J/C]만큼 증가한다.

$$\Delta V = E \cdot dl \ [\text{J/C}]$$

　이와 같이 전계 내에서 단위전하가 가진 전기적 위치에너지를 전위라 하며 전위는 스칼라계이다.

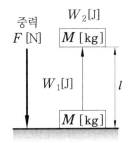

그림 3-20 중력장의 위치에너지

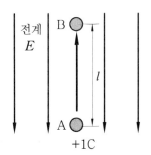

그림 3-21 전기장의 위치에너지

3-2 전위차(potential difference)

(1) 상대전위

전계 E [V/m] 내에서 단위정전하 $+1\,C$를 점 A에서 점 B까지 운반하는 데 소요되는 일은 다음과 같다.

$$V_{AB} = V_A - V_B$$

$$= \int_{\infty}^{A} -E\,dl - \int_{\infty}^{B} -E\,dl$$

$$= -\int_{B}^{A} E\,dl \,[\text{V}]$$

계산결과가 $V_{AB} > 0$이면 A점의 전위가 B점보다 V_{AB}만큼 높다고 하며, V_{AB}를 점 A, B 사이의 전위차라 한다. 그리고 위 식에서 ($-$)부호는 단위전하를 전계의 방향과 반대방향으로 이동시키는 것을 의미한다. 두 점 사이의 전위차 V_{AB}를 A점에 대한 B점의 상대전위라 한다.

(2) 절대전위

전계가 0이 되는 무한 원점을 기준점으로 하고 특정한 점 P의 전위를 나타낸 것을 절대전위라고 하며, 다음과 같이 나타낸다.

$$V_P = -\int_{\infty}^{P} E \cos \theta\, dl = -\int_{\infty}^{P} E \cdot dl \,[\text{V}]$$

(3) 단 위

전위 및 전위차의 단위는 J/C 또는 V이지만 주로 V를 사용한다. 따라서 $1\,C$의 전하를 운반하는 데 요하는 일이 $1\,J$일 때 두 점 간의 전위차는 $1\,V$이다. 전위의 기준은 무한 원점의 전위를 0으로 하고 있으며 실용상 대지의 전위를 0으로 하여 대지의 전위를 기준으로 하고 있다.

예제 7. 점전하 Q [C]에서 r [m] 떨어진 점 P의 전위를 구하시오.

해설 점 P의 전계 $E = \dfrac{Q}{4\pi\varepsilon_0 r^2}$ [V/m]

점 P의 전위를 구하려면 전계에 거슬러 $1\,C$의 점전하를 무한원점에서 점 P까지 운반하는 일을 구한다.

$$V_P = -\int_\infty^r E \cdot dl = -\int_\infty^r E \cos\theta\, dl$$

여기서 $\theta = 0$이므로 $\cos\theta = 1$, $dl = dr$이라 놓으면

$$V_P = -\int_\infty^r E \cos dl = -\frac{Q}{4\pi\varepsilon_0}\int_\infty^r \frac{dr}{r^2}$$

$$= -\frac{Q}{4\pi\varepsilon_0}\left[-\frac{1}{r}\right]_\infty^r = -\frac{Q}{4\pi\varepsilon_0}\left(-\frac{1}{r}+\frac{1}{\infty}\right)$$

$$= \frac{Q}{4\pi\varepsilon_0\, r}\ [\text{V}]$$

예제 8. 공기 중에서 5×10^{-7} [C]인 전하로부터 $1\,\text{m}$ 떨어진 점의 전위는 몇 V인가?

[해설] $V = 9\times10^9 \times \dfrac{5\times10^{-7}}{1} = 45\times10^2 = 4.5\times10^3$ [V]

3-3 보존장(conservation field)

전위차 V_{AB}에 대해서 반드시 생각해야 할 것은 그림 3-22와 같이 전하를 A에서 B까지 C_1경로를 통해서 운반하고, 다음에 B에서 A까지 C_2경로를 통해서 되돌아온다고 할 때 C_1경로를 통해 운반하는 일과 C_2경로를 통해서 운반하는 일은 같다.

그림 3-22 보존장

결국 단위전하를 임의의 폐곡선을 따라 일주시키는 데 필요한 일은 0이 된다.

$$\left(-\int_A^B E\cdot dl\right)C_1 + \left(-\int_B^A E\cdot dl\right)C_2 = 0$$

$$\left(-\int_A^B E\cdot dl\right)C_1 = \left(-\int_B^A E\cdot dl\right)C_2$$

C_1, C_2의 경로는 임의로 취해도 관계가 없으므로, 어떠한 경로에 대해서도 A, B를 일주하면 전계가 하는 일은 항상 0이 된다. 이와 같이 0이 되는 장을 보존장이라 하며 보존적인 전계를 정전계라 한다.

$$\int_B^A -E\cos\theta\, dr = \text{일정}$$

$$\oint E \cdot dl = 0$$

보편적인 전계를 벡터로 표현되는 스토크스(Stokes) 정리는 다음과 같다.

$$\oint_c E \cdot dl = \int_s rot\ E \cdot dS$$
$$rot\ E = \bigtriangledown \times E = 0$$

3-4 등전위면

(1) 등전위면(eguipotential surface)

전계 내에서 전위가 같은 점을 연결하여 만들어진 면을 등전위면이라 한다. 지형을 살펴볼 때 등고선의 분포로 지형의 고저를 판단하는 것과 같이 등전위면의 분포상황으로 전계의 크기를 판단할 수 있다.

(2) 전위 기울기

그림 3-23 (b)는 전위 V와 등전위면을 축으로 한 것으로 등전위면의 간격이 좁을수록 전위의 기울기가 급하고 등전위면의 간격이 넓을수록 전위의 기울기가 완만하다.

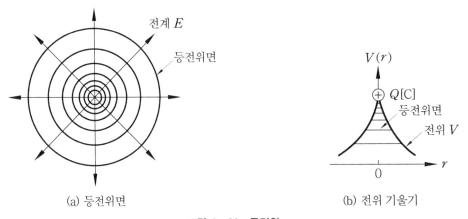

(a) 등전위면 (b) 전위 기울기

그림 3-23 등전위

(3) 전위경도(potential gradient)

물은 높은 곳에서 낮은 곳으로 흐르며 경사가 급할수록 물의 흐름도 세어진다. 이와 마찬가지로 어느 두 지점 사이에 전위차가 있으면 전위가 높은 곳에서 낮은 곳으로 전계가 가해지고 그 전위차가 크면 클수록 전계의 세기가 커진다.

그러므로 전위의 경사진 정도를 구하면 전계의 세기를 구할 수 있다. 그림 3-24와 같이 평등전계 E [V/m] 속에 두 점 P_1, P_2가 있고 각각의 전위가 V_1, V_2일 때 두 점의 전위차를 $\varDelta V = V_2 - V_1$ [V], 점 P_1으로부터 점 P_2까지의 변위를 $\varDelta r = r_2 - r_1$ [m]로 하면 전계의 세기는 다음 식으로 나타낸다.

$$E = \frac{\varDelta V}{\varDelta r} \ [\text{V/m}]$$

여기서, $\dfrac{\varDelta V}{\varDelta r}$ 을 전위경도라고 한다.

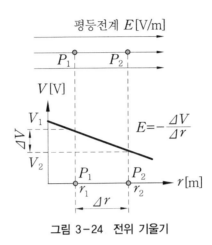

그림 3-24 전위 기울기

예제 9. 평등전계 중에서 5 m 떨어진 두 점의 전위차가 각각 2 V와 10 V일 때 두 점 사이의 전계의 세기와 방향을 구하시오.

해설 $E = \dfrac{\varDelta V}{\varDelta r} = \dfrac{10-2}{5} = \dfrac{8}{5}$

$\quad\quad = 1.6 \ \text{V/m}$

전계의 방향은 전위가 큰 10 V로부터 2 V 점으로 향하는 방향이다.

(4) 전계의 세기

전계의 세기 E의 x, y, z방향 성분은 다음과 같다.

$$E_x = -\frac{\partial V}{\partial x} \ [\text{V/m}]$$

$$E_y = -\frac{\partial V}{\partial y} \ [\text{V/m}]$$

$$E_z = -\frac{\partial V}{\partial z} \ [\text{V/m}]$$

여기서 편미분으로 표시한 것은 전위경도는 전위의 변화율을 각 방향으로, 전위 V는 x, y, z의 함수 $V_{(x, y, z)}$로 나타내기 때문이다. 이것을 벡터로 나타내면 다음과 같다.

$$E_{(x,\,y,\,z)} = E_x i + E_y j + E_z k$$

$$= -\left(\frac{\partial V}{\partial x} i + \frac{\partial V}{\partial y} j + \frac{\partial V}{\partial z} k \right)$$

$$= -\left(\frac{\partial}{\partial x} i + \frac{\partial}{\partial y} j + \frac{\partial}{\partial z} k \right) V_{(x,\,y,\,z)}$$

$$= -\bigtriangledown V$$

$$= -grad\ V\ [\text{V/m}]$$

전계는 부($-$)의 전위경도로 주어지며, 여기서 부($-$)의 의미는 전계의 방향이 전위 기울기의 방향과 반대방향인 것을 의미한다. 이러한 해석은 열역학, 유체역학 등 벡터 해석이 적용되는 모든 분야에서 서로 관련되는 스칼라량과 벡터양 사이의 양적 관계를 구할 때 이용된다.

> **예제 10.** 전위 분포가 $V = 12x + 7y^2$로 주어질 때 $x=5$, $y=3$인 점의 전계의 세기를 구하시오.

해설 $E = -grad\ V$

$$E = -\left(\frac{\partial}{\partial x} i + \frac{\partial}{\partial y} j + \frac{\partial}{\partial z} k \right)(12x + 7y^2)$$

$$E = -(12\,i + 14y j)$$

$x = 5$, $y = 3$을 대입하면

$$E = -12\,i - (14 \times 3)\,j = -12\,i - 42\,j\ [\text{V/m}]$$

3−5 전기 쌍극자(electric dipole)

크기가 같고 부호가 반대인 두 점전하 $+Q$ [C]와 $-Q$ [C]가 극히 미소거리 δ [m] 떨어져 있는 한 쌍의 전하계를 전기 쌍극자라 한다. $Q \cdot \delta$ [C·m]를 전기 쌍극자 모멘트라 하며, $-Q$에서 $+Q$로 향하는 선을 쌍극자 축이라 한다. 전기 쌍극자에 의한 전계의 개념은 고체 절연재료 또는 반도체 내의 전계를 구할 때 이용된다.

(1) 전기 쌍극자에 의한 전위

그림 3−25와 같이 두 전하에서 r_1, r_2의 거리에 있는 점 P의 전위는 다음과 같다.

$$V = \frac{Q}{4\pi\varepsilon_0}\left(\frac{1}{r_1} - \frac{1}{r_2} \right)\ [\text{V}]$$

전기 쌍극자의 중심으로부터 점 P까지의 거리를 r [m], 거리 r과 쌍극자 축이 이루는 각을 θ라 하면 $r \gg \delta$이므로 r_1, r_2는 근사적으로 다음과 같이 구할 수 있다.

$$r_1 \fallingdotseq r - \frac{\delta}{2}\cos\theta, \qquad r_2 \fallingdotseq r + \frac{\delta}{2}\cos\theta$$

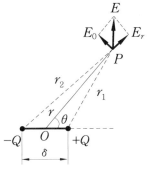

그림 3-25 전기 쌍극자

그러므로 전위 V는 다음과 같다.

$$V = \frac{Q}{4\pi\varepsilon_0}\left(\frac{1}{r_1} - \frac{1}{r_2}\right)$$

$$= \frac{Q}{4\pi\varepsilon_0}\left(\frac{1}{r - \dfrac{\delta}{2}\cos\theta} - \frac{1}{r + \dfrac{\delta}{2}\cos\theta}\right)$$

$$= \frac{Q}{4\pi\varepsilon_0}\left\{\frac{2\delta\cos\theta}{r^2 + \left(\dfrac{\delta}{2}\cos\theta\right)^2}\right\}$$

$$= \frac{Q\delta}{4\pi\varepsilon_0} \cdot \frac{\cos\theta}{r^2}$$

$$= \frac{M}{4\pi\varepsilon_0} \cdot \frac{\cos\theta}{r^2}$$

여기서 전기 쌍극자 모멘트 M은 다음과 같다.

$$M = Q\delta \ [\text{C·m}]$$

점 P의 전위는 다음과 같다.

$$V = \frac{1}{4\pi\varepsilon_0} \cdot \frac{M\cos\theta}{r^2}$$

$$= \frac{1}{4\pi\varepsilon_0} \cdot \frac{Q\delta_{r_0}}{r^2}$$

$$= \frac{1}{4\pi\varepsilon_0} \cdot \frac{M_{r_0}}{r^2} \ [\text{V}]$$

여기서, r_0는 OP방향의 단위 벡터이다.

(2) 전기 쌍극자에 의한 전계

전기 쌍극자에서 P점의 전계는 전위경도에 의하여 구할 수 있다. 그림 3-25에서 OP

방향의 전위경도는 $\dfrac{dV}{dr}$로 주어지므로 전계의 OP 방향 성분 E_r은 다음과 같이 구한다.

$$E_r = -\frac{\partial V}{\partial r}$$

$$= -\frac{\partial}{\partial r} \cdot \frac{M}{4\pi\varepsilon_0} \cdot \frac{\cos\theta}{r^2}$$

$$= \frac{1}{4\pi\varepsilon_0} \cdot \frac{2M\cos\theta}{r^3} \text{ [V/m]}$$

r에서 직각인 방향 성분 E_θ는 r이 일정하고 θ가 변할 때 전위경도에 의해 정해지므로 θ가 $d\theta$만큼 변화하면 $rd\theta$만큼의 위치가 변화되므로 전위경도는 $\dfrac{dV}{rd\theta}$이다.

$$E_\theta = \frac{\partial V}{r\partial\theta}$$

$$= -\frac{1}{r} \cdot \frac{\partial}{\partial\theta}\left(\frac{1}{4\pi\varepsilon_0} \cdot \frac{M\cos\theta}{r^2}\right)$$

$$= \frac{1}{4\pi\varepsilon_0} \cdot \frac{M\sin\theta}{r^2} \text{ [V/m]}$$

P점의 합성 전계의 세기 E는 다음과 같다.

$$E = \sqrt{E_r^2 + E_\theta^2}$$

$$= \frac{M}{4\pi\varepsilon_0 r^3}\sqrt{(2\cos\theta)^2 + \sin^2\theta}$$

$$= \frac{M}{4\pi\varepsilon_0 r^3}\sqrt{1 + 3\cos^2\theta} \text{ [V/m]}$$

일반적으로 단일 전하에 의한 전위는 거리에 반비례하고 전계는 거리의 제곱에 반비례하지만, 쌍극자에 의한 전위는 거리의 제곱에 반비례하고 전계는 거리의 3제곱에 반비례함을 알 수 있다.

예제 11. 공기 중에서 쌍극자 모멘트 $4\pi\varepsilon_0$ [C·m]인 전기 쌍극자에 의한 전위 V를 구하시오. (단, 전기 쌍극자의 거리는 1 cm이며, 쌍극자를 이루는 각은 $60°$이다.)

해설 $M = 4\pi\varepsilon_0,\ r = 1\times10^{-2},\ \theta = 60°$

$$V = \frac{1}{4\pi\varepsilon_0} \cdot \frac{M\cos\theta}{r^2}$$

$$= \frac{1}{4\pi\varepsilon_0} \times \frac{4\pi\varepsilon_0\cos 60°}{(10^{-2})^2}$$

$$= \frac{\dfrac{1}{2}}{10^{-4}} = 5000 \text{ V}$$

3-6 전기 이중층(electric double layer)

그림 3-26과 같이 극히 얇은 판의 양면에 +, -의 전하가 분포되어 있는 것을 전기 이중층이라 한다.

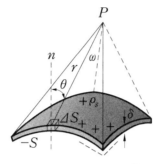

그림 3-26 전기 이중층

(1) 전기 이중층에 의한 전위

전기 이중층의 표면 전하밀도 $\pm\rho_s$ [C/m²], 미소면적 ΔS [C/m²]에 의한 P의 전위 ΔV [V]는 다음과 같다.

$$\Delta V = \frac{1}{4\pi\varepsilon_0} \cdot \frac{\rho_s \Delta S \,\delta \cos\theta}{r^2}$$

$$= \frac{\rho_s \,\delta}{4\pi\varepsilon_0} \cdot \frac{\Delta S \cos\theta}{r^2}$$

$$= \frac{\rho_s \,\delta}{4\pi\varepsilon_0} \Delta\omega$$

여기서, $\dfrac{\Delta S \cos\theta}{r^2}$ 는 ΔS가 점 P에 대하여 갖는 입각체 $\Delta\omega$이다.

표면 전하밀도 ρ_s가 면 전체에 걸쳐서 일정하다고 가정하면 전기 이중층의 단위 면적당 모멘트 M을 전기 이중층의 세기라 하고 그 식은 다음과 같다.

$$M = \rho_s \delta \ [\text{C·m}]$$

점 P에서 전기 이중층을 본 입체각을 ω, 단위 면적당 모멘트를 M이라고 하면 점 P의 전위는 다음과 같다.

$$V = \frac{M}{4\pi\varepsilon_0} \,\omega \ [\text{V}]$$

입체각은 주변이 정해지면 면의 모양에 관계없이 2π [sr]로 일정하므로 주변이 동일하면 면의 어떤 모양이라도 전위는 동일하다.

(2) 전기 이중층의 전위차

전기 이중층의 양전하면은 +, 음전하면은 − 로 이루어진다. 그림 3−27과 같이 점 P 가 양전하면에 있을 때는 양(+)이고, 음전하면에 있을 때는 음(−)이 된다.

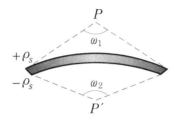

그림 3−27 전기 이중층의 전위차

① **양전하일 때 점 P 의 전위**

$$V_P = \frac{M}{4\pi\varepsilon_0}\,\omega_1 \ [\mathrm{V}]$$

② **음전하일 때 점 P' 의 전위**

$$V_{P'} = -\,\frac{M}{4\pi\varepsilon_0}\,\omega_2 \ [\mathrm{V}]$$

③ **두 점 간의 전위차** : 점 P, P' 이중층 양측에서 각 면에 무한히 접근하면 입체각의 크 기는 각각 $\omega_1 = 2\pi$, $\omega_2 = 2\pi$ 가 된다.

$$V = V_P - V_{P'}$$

$$= \frac{M}{4\pi\varepsilon_0}(\omega_1 + \omega_2) = \frac{M}{\varepsilon_0} \ [\mathrm{V}]$$

4. 가우스 법칙

쿨롱의 법칙은 점전하에 의한 전계를 구할 수 있지만 점이 아닌 구, 선, 면적, 체적 등 의 전하에 의한 전계는 쿨롱의 법칙으로 구할 수 없다. 일반적인 전하 분포에 의한 전계 를 간단하게 풀이하기 위하여 제시된 것이 가우스 법칙이다.

4−1 입체각

(1) 평면각

① **도수법** : 원을 360등분한 것을 1°로 나타내며 일반적으로 많이 사용하는 각도법이다.

$$1회전 = 360°$$

② **호도법** : 원 둘레를 반지름으로 나눈 것을 2π [rad]으로 나타내는 방법이다.

$$1회전 = \frac{원둘레}{반지름} = \frac{2\pi r}{r} = 2\pi \text{ [rad]}$$

(2) 입체각(solid angle)

그림 3-28과 같이 반지름 r [m]인 구면상의 임의의 면적 S [m²]와 중심 O가 이루는 원추의 꼭지점 주위로 이루어진 원추각을 입체각이라 하며 거리의 제곱에 반비례하고 면적 S에 비례한다.

$$\omega = k\frac{S}{r^2}$$

면적 $S = r^2$일 때의 원추각을 1입체 라디안(sr ; steradian)으로 정리한다.

$$\omega = \frac{S}{r^2} \text{ [sr]}$$

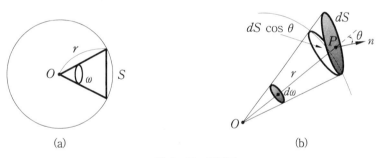

(a)　　　　　　　　(b)

그림 3-28　입체각

① **전구면의 입체각(전공간)**

$$\omega_1 = \frac{구\ 전면적}{r^2} = \frac{4\pi r^2}{r^2} = 4\pi \text{ [sr]}$$

② **반구면의 입체각(반공간)**

$$\omega_2 = \frac{구\ 반면적}{r^2} = \frac{2\pi r^2}{r^2} = 2\pi \text{ [sr]}$$

그림 3-28 (b)와 같이 미소면적 dS가 점 O에 대하여 이루는 입체각 $d\omega$는 점 O를 중심으로 임의의 길이 r [m]를 반지름으로 하는 구면 위의 dS를 투영시킨 면적을 dS' 라 하면 $dS' = dS\cos\theta$이 된다.

$$d\omega = \frac{dS'}{r^2} = \frac{dS\cos\theta}{r^2}$$

$$= \frac{n \cdot r_0}{r^2} \cdot dS \text{ [sr]}$$

여기서, n : dS에 세운 단위 벡터, r_0 : r 방향의 단위 벡터, θ : n과 r 방향이 이루는 각을 나타낸다.

4−2 가우스 법칙(Gauss's law)

(1) 가우스 법칙의 정의

가우스 법칙은 전계를 전하에서 발산하는 전기적선 밀도로 취급하여 전하와 전계를 수식화한 것이다.

가우스 법칙은 그림 3−29와 같이 진공 중의 점전하 Q [C]에 의한 전계 내에서 점전 하를 포위하고 있는 임의의 폐곡선(가우스 표면) S를 취하고 폐곡면 S 위의 한 점의 전 계를 E라 할 때 미소면적 dS [m²]를 통과하는 전기력선 수는 다음과 같다.

$$dN = E \cdot n \, dS = \frac{Q}{4\pi\varepsilon_0} \, d\omega$$

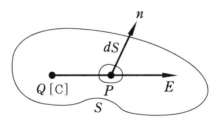

그림 3−29 가우스 법칙

전체 폐곡면 S을 통과하는 전기력선 수는 폐곡면 내에 존재하는 전하의 $\frac{1}{\varepsilon_0}$과 같다.

$$N = \int_s E \cdot n \, dS = \frac{Q}{\varepsilon_0} \text{ [개]}$$

(2) 전하량

폐곡면 내 전하 분포가 점전하 ρ_n [C], 선전하밀도 ρ_l [C/m], 면전하밀도 ρ_s [C/m²], 체적전하밀도 ρ_v [C/m³] 등의 연속 분포인 경우 각 전하는 다음과 같다.

① 점전하

$$Q_n = \sum \rho_n \text{ [C]} \qquad \rightarrow \text{점전하 } \rho_n \text{ [C]}$$

② 선전하

$$Q_l = \int_l \rho_l \, dl \text{ [C]} \qquad \rightarrow \text{선전하밀도 } \rho_l \text{ [C/m]}$$

③ **면전하**

$$Q_s = \int_s \rho_s \, dS \; [\mathrm{C}] \qquad \rightarrow 면전하밀도 \;\; \rho_s \; [\mathrm{C/m^2}]$$

④ **체적전하**

$$Q_v = = \int_v \rho_v \, dV \; [\mathrm{C}] \qquad \rightarrow 체적전하밀도 \;\; \rho_v \; [\mathrm{C/m^3}]$$

(3) 폐곡 내에 전하가 없을 경우

폐곡면 내에 전하 분포가 없다면 폐곡면 S를 통하여 전기력선이 없다.

$$\int_s E \cdot n \, dS = 0$$

4-3 가우스 법칙의 계산

(1) 구도체

그림 3-30과 같이 반지름 a [m]의 구에 전하 Q [C]이 중심 O에 대해 대칭으로 분포되어 있다면 전기력선은 대칭적 또는 방사상으로 발산할 것이다.

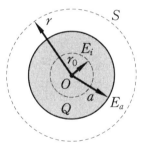

그림 3-30 구도체

① **구도체 외부의 전계** : 구 대전체 외부에 반지름 r [m]인 동심 구면에서 전계의 세기를 구하기 위해서 점선 구면을 가우스의 폐곡면으로 취하면 점선 구면을 통과하는 전기력선 수는 $\dfrac{Q}{\varepsilon_0}$ 개이다.

$$N = \oint E \cdot n \, dS = \frac{Q}{\varepsilon_0} \; [개]$$

반지름 r인 점선 구면의 표면적 $4\pi r^2$을 대입하면 전계의 세기 E는 다음과 같이 구한다.

$$N = \oint E \cdot n \, dS = E \cdot 4\pi r^2 = \frac{Q}{\varepsilon_0} \; [개]$$

$$E = \frac{Q}{4\pi\varepsilon_0 r^2} \ \text{[V/m]}$$

중심 O에 점전하 Q [C]가 있고 거리 r [m] 떨어진 점의 전위는 다음과 같다.

$$V = -\int_{\infty}^{r} E \cdot dl = -\int_{\infty}^{r} \frac{Q}{4\pi\varepsilon_0 r^2}$$

$$= -\frac{\theta}{4\pi\varepsilon_0}\left[-\frac{1}{r}\right]_{\infty}^{r} = -\frac{\theta}{4\pi\varepsilon_0}\left(-\frac{1}{r}\right)$$

$$= \frac{Q}{4\pi\varepsilon_0 r} \ \text{[V]}$$

② **구도체 표면의 전계** : 구 대전체 표면의 전계와 전위는 $r = a$ [m]이므로 다음과 같다.

$$E_a = \frac{Q}{4\pi\varepsilon_0 r^2} = \frac{Q}{4\pi\varepsilon_0 a^2} \ \text{[V/m]}$$

$$V_a = \frac{Q}{4\pi\varepsilon_0 r} = \frac{Q}{4\pi\varepsilon_0 a} \ \text{[V]}$$

③ **구도체 내부의 전계** : 도체구 외부로 발산하는 전기력선은 내부의 전하로부터 발생한다. 내부의 전하가 균일하게 분포되어 있는 경우에는 내부로 들어갈수록 적어질 것이다. 구도체 내부에 반지름 r [m] ($r < a$)인 구면을 고려하면, 이 면을 통해 발산하는 전기력선은 구면 내부에 있는 전하로부터 발산하는 것이다.

따라서 구면 내부의 전하를 Q'라고 하고, 반지름 r_0인 구면에서의 전계의 세기는 다음과 같이 구한다.

$$N = \oint E_i \cdot n \, dS = E_i \cdot 4\pi r_0^2 = \frac{Q'}{\varepsilon_0} \ \text{[개]}$$

$$E_i = \frac{Q'}{4\pi\varepsilon_0 r_0^2} \ \text{[V/m]}$$

이와 같이 전하가 구 중심에 대해서 점대칭으로 분포하고 있는 경우에는 반지름 r인 점이 구 내부에 있거나, 구 외부에 있더라도 반지름 r 내에 있는 전체 전하가 중심에 모여 있다고 생각되는 점전하에 의한 전계와 같다. 구면 내부의 전하 Q' [C]는 구 내부의 전하가 균일하게 분포되어 있을 때 반지름 r_0 내에 있는 전하이다.

$$Q' = \frac{4\pi r_0^3}{4\pi a^3} Q = \frac{r_0^3}{a^3} Q \ \text{[C]}$$

여기서, $Q' = \rho_v \cdot \frac{4}{3}\pi a^3, \quad Q' = \rho_v \cdot \frac{4}{3}\pi r_0^3$

그러므로 전계의 세기 E_i는 다음과 같다.

$$E_i = \frac{r_0 Q}{4\pi\varepsilon_0 a^3} \ [\text{V/m}]$$

④ **전계 분포** : 그림 3-31은 전계의 분포를 나타내는 것으로 전하가 구 대전체에 균일하게 분포되어 있을 때는 그림 3-31 (a)와 같이 전계는 거리 r에 비례하며 모든 전하가 구 표면에만 존재한다면 내부의 전하 $Q=0$이 되므로 그림 3-31 (b)와 같이 구 내부의 전계의 세기 $E=0$이 된다.

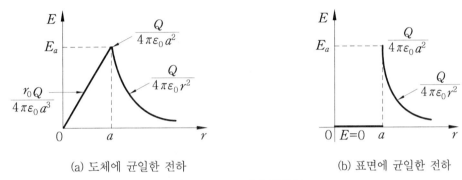

(a) 도체에 균일한 전하   (b) 표면에 균일한 전하

그림 3-31 구도체의 전계 분포

(2) 직선도체

선전하밀도 ρ_l [C/m]로 분포된 무한장 직선도체에 의한 전속은 축 대칭에 의해 직선도체에 수직으로 방사상 분포를 갖는다.

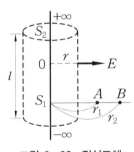

그림 3-32 직선도체

① **전기력선 수** : 그림 3-32에서 반지름 r, 길이 l인 직선도체의 가우스면에서 폐곡면 내부의 전하 $Q=\rho_l l$ [C]이라면 가우스 법칙에 의하여 전기력선 수는 $\dfrac{\rho_l}{\varepsilon_0}$개이다.

$$N = \oint_s E \cdot n\, dS = \frac{\rho_l l}{\varepsilon_0} \ [\text{개}]$$

② **전계의 세기** : 직선도체의 반지름은 기본값으로 직선도체의 표면적 $2\pi l$을 대입하면 전계의 세기 E는 다음과 같다.

$$N = \oint_s E \cdot n\, dS = E \cdot 2\pi r \cdot l = \frac{\rho_l l}{\varepsilon_0}\ \text{[개]}$$

$$E = \frac{\rho_l}{2\pi r \varepsilon_0}\ \text{[V/m]}$$

③ **전위차** : 직선도체로부터 거리 r_1 및 r_2 떨어진 직선도체 외부의 두 점 사이의 전위차 V_{AB}는 다음과 같다.

$$V_{AB} = -\int_{r_2}^{r_1} E\, dr = -\int_{r_2}^{r_1} \frac{\rho_l}{2\pi\varepsilon_0 r}\, dr = -\frac{\rho_l}{2\pi\varepsilon_0}\int_{r_2}^{r_1}\frac{1}{r}\, dr$$

$$= -\frac{\rho_l}{2\pi\varepsilon_0}\Big[\ln r\Big]_{r_2}^{r_1} = -\frac{\rho_l}{2\pi\varepsilon_0}\Big[\ln r\Big]_{r_2}^{r_1}$$

$$= \frac{\rho_l}{2\pi\varepsilon_0}\ln\frac{r_2}{r_1}\ \text{[V]}$$

(3) 원통도체

그림 3-33과 같이 반지름 a [m]의 원형 단면인 무한장 원통축과 대칭인 방향으로 전하밀도 ρ_l [C/m]인 전하가 균일하게 분포되어 있을 때, 전기력선은 축에 대해서 방사상으로 발산한다.

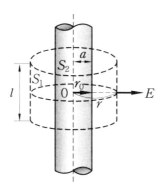

그림 3-33 원통도체

① **원통도체 외부의 전계** : 원통축에서 r [m]만큼 떨어진 원통 외부의 전계의 세기를 구하기 위해서 반지름 r [m], 길이 l [m]인 원통면을 가우스 표면으로 취하면 원통 내부의 전하 $Q = \rho_l l$이므로 전기력선 수는 $\dfrac{\rho_l l}{\varepsilon_0}$ 개 이다.

$$N = \oint_s E \cdot n\, dS = \frac{\rho_l l}{\varepsilon_0}\ \text{[개]}$$

반지름 r인 원통의 표면적 $2\pi r l$을 대입하면 전계의 세기 E는 다음과 같다.

$$N = \oint_s E \cdot n\, dS$$

$$= E \cdot 2\pi r \cdot l = \frac{\rho_l l}{\varepsilon_0} \ [\text{개}]$$

$$E = \frac{\rho_l}{2\pi\varepsilon_0 r} \ [\text{V/m}]$$

원통축으로부터 거리 r_1 및 r_2 떨어져 있는 원통 외부의 두 점 사이의 전위차 V_{AB}는 다음과 같다.

$$V_{AB} = -\int_{r_2}^{r_1} E \cdot dr = -\int_{r_2}^{r_1} \frac{\rho_l}{2\pi r \varepsilon_0} \ dr$$

$$= \frac{\rho_l}{2\pi\varepsilon_0} \ln \frac{r_2}{r_1}$$

② **원통도체 표면의 전계** : 원주형 대전체 표면상에서의 전계의 세기 E_a는 $r = a$이므로 전계의 세기는 다음과 같다.

$$E_a = \frac{\rho_l}{2\pi\varepsilon_0 a} \ [\text{V/m}]$$

③ **원통도체 내부의 전계** : 원통 내부의 전하가 균일하게 분포되어 있을 때 원통 내부의 전계의 세기는 반지름 $r_0 \,(r_0 < a)$ 이내에 있는 전하를 Q'라 하면 다음과 같다.

$$E = \frac{Q'}{2\pi\varepsilon_0 r_0}$$

원통 내부의 전하 Q' [C]는 원통 내부의 전하가 균일하게 분포되어 있을 때 반지름 r_0 내에 있는 전하이다.

$$Q' = \frac{r_0^{\,2}}{a^2} \ \rho_l$$

그러므로 전계의 세기 E_i는 다음과 같다.

$$E_i = \frac{r_0 \rho_l}{2\pi\varepsilon_0 a^2} \ [\text{V/m}]$$

④ **전계 분포** : 원통형 대전체에 전하가 없다면 원통 내부의 전계의 세기는 0이다. 따라서 원통 대전체에서 거리 r에 대한 전계 분포는 그림 3-34와 같다.

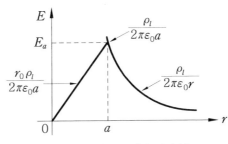

그림 3-34 원통도체의 전계 분포

(4) 얇은 평판도체

① **전기력선 수** : 무한히 넓은 평면판에 면전하밀도 ρ_s [C/m²]가 분포되어 있을 경우 전계는 그림 3−35와 같이 평판 양면에서 수직으로 발산한다. 평판에 수직한 원통을 가우스 표면으로 취하면 수직 원통을 통과하는 전기력선 수는 $\dfrac{\rho_s}{\varepsilon_0} S$개이다.

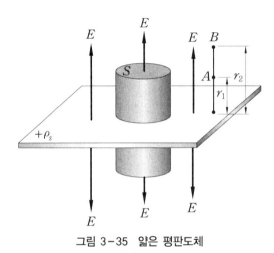

그림 3−35 얇은 평판도체

② **전계의 세기**

$$\int_s E \cdot n \, dS = \int_s E \, dS$$

$$= E \cdot 2S = \frac{\rho_s}{\varepsilon_0} S$$

$$E = \frac{\rho_s}{2\varepsilon_0} \ [\text{V/m}]$$

③ **전위차** : 도체판에서 거리 r_1, r_2인 두 점 사이의 전위차 V_{AB}는 다음과 같다.

$$V_{AB} = -\int_{r_2}^{r_1} E \cdot dr$$

$$= -\frac{\rho_s}{2\varepsilon_0} \int_{r_2}^{r_1} dr$$

$$= \frac{\rho_s}{2\varepsilon_0} (r_2 - r_1) \ [\text{V}]$$

여기서, $r_1 < r_2$이다.

(5) 두꺼운 평판도체

그림 3−36과 같이 두꺼운 평판도체에 전하밀도 ρ_s [C/m²]가 분포되어 있을 경우 도체 내부의 전계는 0이고 외부의 전계는 다음과 같다.

$$\int_s E \cdot n\,dS = \int_s E\,dS$$

$$= E \cdot S = \frac{\rho_s}{\varepsilon_0}\,S$$

$$E = \frac{\rho_s}{\varepsilon_0}\ [\text{V/m}]$$

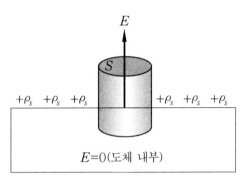

그림 3-36 두꺼운 평판도체

(6) 두 장의 평판도체

① **전계** : 그림 3-37과 같이 무한히 넓은 두 장의 평판도체 A, B에 각각 $\pm \rho_s\,[\text{C/m}^2]$
의 전하밀도로 분포되어 있을 경우 전하는 서로 정전력에 의하여 평판 내측에 존재
한다. A와 B에 의한 전계 E_A, E_B는 다음과 같으며 두 전계는 같은 방향으로 작용
한다.

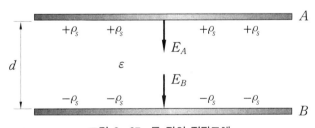

그림 3-37 두 장의 평판도체

$$E_A = \frac{\rho_s}{2\varepsilon_0}\ [\text{V/m}]$$

$$E_B = \frac{\rho_s}{2\varepsilon_0}\ [\text{V/m}]$$

$$E = E_A + E_B = \frac{\rho_s}{2\varepsilon_0} + \frac{\rho_s}{2\varepsilon_0} = \frac{\rho_s}{\varepsilon_0}\ [\text{V/m}]$$

② **전위차** : 평판도체 A, B 사이의 전위차 V_{AB}는 다음과 같다.

$$V_{AB} = -\int_d^0 E dl = -\frac{\rho_s}{\varepsilon_0}\int_d^0 dl = \frac{\rho_s}{\varepsilon_0} d$$

$$= Ed \ [\text{V}]$$

③ **콘덴서 내부의 전계** : 그림 3−38과 같이 콘덴서의 유한 평면 도체 A, B에 각각 $\pm\rho_s$ [C/m²]의 전하 밀도로 분포되어 있을 경우 전계의 세기는 다음과 같다.

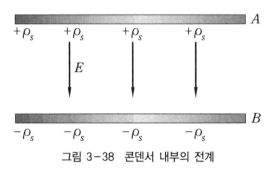

그림 3−38 콘덴서 내부의 전계

$$\oint_s E \cdot n dS = \frac{Q}{\varepsilon_0} = \frac{\rho_s}{\varepsilon_0} S$$

$$E \cdot S = \frac{\rho_s}{\varepsilon_0} S$$

$$\therefore E = \frac{\rho_s}{\varepsilon_0} = \frac{V}{d} \ [\text{V/m}]$$

(7) 도체면상의 전계

① **전기력선 수** : 그림 3−39와 같이 도체 표면의 전하밀도를 ρ_s [C/m²]라 하고, 도체의 내부와 외부에 수직으로 걸친 상·하면의 단면적이 S [m²]인 원통모양의 폐곡면을 가우스 폐곡면으로 취하면, 전기력선은 도체면에 수직으로 외부로 발산하므로 면적 S를 수직으로 지나간다. 도체 내부에는 전계가 없으므로 전기력선은 내부로 발산하지 않는다. 따라서 전기력선은 다음과 같다.

$$N = \int_s E \cdot n dS = E \cdot S = \frac{\rho_s}{\varepsilon_0} S \ [\text{개}]$$

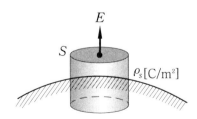

그림 3−39 도체 표면의 전계

② 전계의 세기 : 도체 표면의 전계의 세기 E와 전속밀도 D는 다음과 같다.

$$E = \frac{\rho_s}{\varepsilon_0} \ \text{[V/m]}$$

$$D = \rho_s \ \text{[C/m}^2\text{]}$$

도체 표면의 전하밀도는 전속밀도의 크기와 같으며, 전하밀도는 도체면상의 값으로 도체면으로부터 멀어지면 전기력선의 밀도가 변화하여 전계가 달라진다.

또한 무한평면상의 전하일 때의 전계는 $\frac{\rho_s}{2\varepsilon_0}$인 것에 비하여 도체면상의 전계는 2배의 값이 된다는 것을 알 수 있다.

이것은 무한평면상의 전하인 경우에는 양쪽 면으로 전기력선이 발산하지만 도체에서는 내부의 전계가 항상 0이므로, 전기력선은 발산하지 않고 외부로만 발산하기 때문이며, 전속밀도의 크기는 도체 표면의 전하밀도와 같다.

③ 전계 및 전위 비교

표 3-1 전계 및 전위의 비교

구 분	면 적	전 계	전 위
구	$4\pi r^2$	$E = \frac{1}{4\pi r^2} \cdot \frac{Q}{\varepsilon_0}$	$V = \frac{1}{4\pi r} \cdot \frac{Q}{\varepsilon_0}$
선	$2\pi r \cdot l$	$E = \frac{1}{2\pi r} \cdot \frac{\rho_l}{\varepsilon_0}$	$V = \frac{\rho_l}{2\pi\varepsilon_0} \ln \frac{r_2}{r_1}$
판	$2 \cdot S$	$E = \frac{\rho_s}{2\varepsilon_0}$	$V = \frac{\rho_s}{2\varepsilon_0}(r_2 - r_1)$

예제 12. 지구의 표면에서 대지로 향하여 $E = 300$ V/m의 전계가 있다면 지표면의 전하밀도를 구하시오. (단, 전계의 방향이 지표면이므로 지표면의 전하밀도는 $-\rho_s$이다.)

해설 $E = -\frac{\rho_s}{\varepsilon_0}$ [V/m], $\frac{1}{4\pi\varepsilon_0} = 9 \times 10^9$

$\rho_s = -\varepsilon_0 E = -8.855 \times 10^{-12} \times 300 = -2.65 \times 10^{-9}$ [C/m^2]

4-4 발산 정리

(1) 전기력선의 발산

그림 3-40과 같이 체적 전하 밀도 ρ_v [C/m^3]의 전하가 분포되어 있는 장소에 미소체적 ΔV [m^3]를 포함하는 가우스 폐곡면 S [m^2]의 외부로 발산되는 전기력선 수는 가우스의 법칙에 따라 다음과 같다.

$$N = \oint_s E \cdot n dS = \frac{Q}{\varepsilon_0} = \frac{1}{\varepsilon_0} \int_v \rho_v \cdot dV$$

여기서 ΔV를 영으로 하는 극한을 구하면

$$\lim_{\Delta V \to 0} \frac{1}{\Delta V} \int_s E \cdot n dS = \frac{\rho_v}{\varepsilon_0}$$

미분 연산자를 사용하면 다음과 같다.

$$div\, E = \nabla \cdot E = \frac{\rho_v}{\varepsilon_0}$$

전하가 존재하지 않는 경우 $div\, E = 0$으로 전기력선이 발산하지 않음을 의미하므로 전기력선은 전하가 존재하지 않는 장소에서는 연속된 선으로 나타낸다.

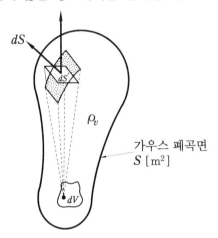

그림 3-40 전기력선의 발산

(2) 발산 정리

전기력선은 여러 가지 모양의 도체 표면을 통하여 발산되며 이들의 체적에 대한 3중 적분을 표면적에 대한 2중 적분 또는 역으로 계산하는 데 유효한 발산 정리를 이용한다.

발산 정리의 정의는 "임의의 전기력선의 폐곡면 S에 대한 면적 적분은 폐곡면 S에 의해 둘러싸인 체적에 대한 체적에 대한 체적 적분한 것과 같다." 이를 수식으로 표현하면 다음과 같다.

$$N = \oint_s E \cdot n dS$$
$$= \int_v div\, E \cdot dV$$
$$= \int_v \nabla \cdot E dV$$

이것을 발산 정리(divergence theorem) 또는 가우스의 선속 정리라고 한다.

4-5 푸아송 방정식과 라플라스 방정식

전하가 다양하게 분포되어 있는 경우에 전위를 구하는 방법으로 푸아송과 라플라스 방정식을 사용한다.

(1) 푸아송 방정식(Poisson's equation)

발산정리로부터 전위 경도 E와 전기력선 N은 다음과 같다.

$$E = -grad\,V = -\bigtriangledown V$$

$$N = div\,E = \bigtriangledown \cdot E = \frac{\rho}{\varepsilon_0}$$

$$\therefore\ div\,grad\,V = -\frac{\rho}{\varepsilon_o}$$

이것을 벡터의 미분 연산자로 표시하면

$$div\,grad\,V = \bigtriangledown \cdot \bigtriangledown V = \bigtriangledown^2 V = -\frac{\rho}{\varepsilon_0}$$

이 식을 푸아송의 방정식이라 하며, 전하밀도 ρ [C/m³]가 공간적으로 분포되어 있을 때 그 내부의 임의의 점에 대한 전위를 구하는 2차 미분 방정식이다.

(2) 라플라스의 방정식(Laplace's equation)

전하가 존재하지 않는 경우 전하 밀도 $\rho = 0$이 되어 라플라스의 방정식은 다음과 같다.

$$\bigtriangledown^2 V = 0$$

여기서, $\bigtriangledown^2$를 라플라시안(Laplacian)이라 하며 직각좌표계에 의한 연상은 다음과 같다.

$$div\,grad\,V = \frac{\partial}{\partial x}\frac{\partial V}{\partial x} + \frac{\partial}{\partial y}\frac{\partial V}{\partial y} + \frac{\partial}{\partial z}\frac{\partial V}{\partial z}$$

$$= \frac{\partial^2 V}{\partial x^2} + \frac{\partial^2 V}{\partial y^2} + \frac{\partial^2 V}{\partial y^2} = \left(\frac{\partial^2}{\partial x^2} + \frac{\partial^2}{\partial y^2} + \frac{\partial^2}{\partial z^2}i\right)V$$

$$= \bigtriangledown^2 V$$

예제 13. 진공 중에 전위함수 $V = x^2 + y^2 + z^2$일 때 전하밀도 ρ [C/m³]를 구하시오.

해설 $\bigtriangledown^2 V = \frac{\partial^2 V}{\partial x^2} + \frac{\partial^2 V}{\partial y^2} + \frac{\partial^2 V}{\partial z^2} = -\frac{\rho}{\varepsilon_0}$

$= \frac{\partial^2}{\partial x^2}(x^2+y^2+z^2) + \frac{\partial^2}{\partial y^2}(x^2+y^2+z^2) + \frac{\partial^2}{\partial z^2}(x^2+y^2+z^2)$

$= 2+2+2 = 6$

$\rho = -6\varepsilon_0 = -6 \times 8.85 \times 10^{-12} = -5.31 \times 10^{-11}$ [C/m³]

∾ 연습문제 ∾

1. 한 변의 길이가 2 m 되는 정삼각형의 정점 A, B, C 에 10^{-4} C의 점전하가 있다면 점 B 에 작용하는 힘은 몇 N인가?

[해설] $F = \sqrt{F_1^2 + F_2^2 + 2F_1F_2\cos\theta} = 38.97$ N

2. 정전계 내에 있는 도체 표면에서 전계의 방향은 어떻게 되는가?

[해설] 표면과 수직방향이다.

3. 한 변의 길이가 a [m]인 정육각형의 각 정점에 Q [C]전하를 놓았을 때 정육각형 중심 O 의 전계의 세기는 얼마인가?

[해설] 0 V/m

4. 한 변의 길이가 1 m인 정삼각형의 한 변에 선전하밀도 ρ_l [C/m]가 존재할 때 정점에서의 전계는 몇 V/m인가?

[해설] $\dfrac{\rho_l}{2\sqrt{3}\,\pi\varepsilon_0}$ [V/m]

5. 전위 분포가 $V = 6x + 3$ [V]일 때 전계의 세기 E 는 몇 V/m인가?

[해설] $E = -\left(\dfrac{\partial}{\partial x} V_x + \dfrac{\partial}{\partial x} V_y + \dfrac{\partial}{\partial x} V_z \right) = -60x$ [V/m]

6. 진공 중에 놓인 Q [C]의 전하에서 발산되는 전기력선 수는 얼마인가?

[해설] $\dfrac{Q}{\varepsilon_0}$

7. 동심구에서 내부 도체의 반지름이 a, 외부 도체의 안 반지름이 b, 바깥 반지름이 c 일 경우, 내부 도체에만 전하 Q [C]을 주었을 때 내부 도체의 전위를 구하시오.

[해설] $V = \dfrac{Q}{4\pi\varepsilon_0}\left(\dfrac{1}{a} - \dfrac{1}{b} + \dfrac{1}{c} \right)$ [V]

8. 등전위면을 따라 전하 Q [C]를 운반하는 데 필요한 일은 얼마인가?

[해설] 항상 0이다.

9. 시간적으로 변화하지 않는 보전적인 전계가 비회전성이라는 의미를 식으로 설명하시오.

[해설] $rot\, E = \nabla \times E = 0$

4 진공 중의 도체계

CHAPTER

1. 도체계

지금까지는 도체가 한 개 또는 두 개인 도체의 전하에 관하여 고찰하였다. 그러나 도체가 여러 개 존재하는 경우 각 도체 주위의 도체로부터 영향을 받고 또 다른 도체에 영향을 주기 때문에 한 개의 도체에 대한 개별적인 취급은 무의미하다.

1-1 도체계의 성질

각 도체에 일정한 전하가 주어질 때 다음과 같은 성질이 있다.

① **전위 분포의 유일성** : 도체계의 각 도체에 전하가 주어지면 도체상의 전위분포는 한 가지만 존재한다.

② **전하 분포의 유일성** : 도체계의 각 도체 전위가 정해지면 도체상의 전하분포는 한 가지만 존재한다.

③ **중첩의 원리** : 도체계의 각 도체에 전하가 Q_1, Q_2, $Q_3 \cdots$ 일 때 전위를 V_1, V_2, $V_3 \cdots$ 이고, 전하가 Q_1', Q_2', $Q_3' \cdots$ 일 때 전위를 V_1', V_2', $V_3' \cdots$ 라 하면 전하가 $Q_1 + Q_1' + Q_3'$, $Q_2 + Q_2' + Q_3' \cdots$ 일 때의 전위는 $V_1 + V_1' + V_3'$, $V_2 + V_2' + V_3' \cdots$ 가 된다.

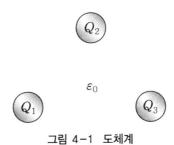

그림 4-1 도체계

1-2 전위계수(coefficient potential)

그림 4-2와 같이 n개($n=3$)인 도체계에서는 도체 한 개에만 단위전하가 주어지고 다른 도체의 전하가 0일 때 각 도체의 전위는 중첩의 원리에 의하여 구한다.

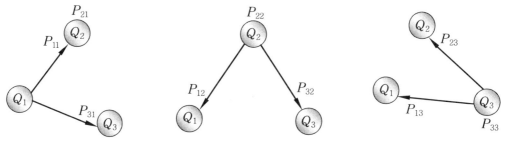

그림 4-2 전위계수

(1) 전 위

① 도체 1에만 전하 Q_1이 주어진 경우

$$V_1 = P_{11} Q_1$$

$$V_2 = P_{21} Q_1$$

$$V_3 = P_{31} Q_1$$

② 도체 2에만 전하 Q_2이 주어진 경우

$$V_1 = P_{12} Q_2$$

$$V_2 = P_{22} Q_2$$

$$V_3 = P_{32} Q_2$$

③ 도체 3에만 전하 Q_3이 주어진 경우

$$V_1 = P_{13} Q_3$$

$$V_2 = P_{23} Q_3$$

$$V_3 = P_{33} Q_3$$

④ 도체 1에 Q_1, 도체 2에 Q_2, 도체 3에 Q_3의 전하가 주어진 경우

$$V_1 = P_{11} Q_1 + P_{12} Q_2 + P_{13} Q_3$$

$$V_2 = P_{21} Q_1 + P_{22} Q_2 + P_{23} Q_3$$

$$V_3 = P_{31} Q_1 + P_{32} Q_2 + P_{33} Q_3$$

⑤ 도체 n개일 때 전위의 일반식

$$
\begin{vmatrix} V_1 \\ V_2 \\ \vdots \\ V_n \end{vmatrix} = \begin{vmatrix} P_{11} & P_{12} & \cdots & P_{1n} \\ P_{21} & P_{22} & \cdots & P_{2n} \\ \vdots & \vdots & \cdots & \vdots \\ P_{n1} & P_{n2} & \cdots & P_{nn} \end{vmatrix} \begin{vmatrix} Q_1 \\ Q_2 \\ \vdots \\ Q_n \end{vmatrix}
$$

(2) 전위계수

$$ V_{ij} = \sum_{j=1}^{n} P_{ij} Q_j $$

여기서 P_{ij}의 계수는 특정한 도체에 단위 정전하를 주었을 때 각 도체의 전위로 도체의 크기와 상호 간의 배치상태 및 주위의 매질에 따라 정해지는 상수로 전위계수라 하고 단위는 1/F 혹은 V/C이다.

(3) 전위계수의 성질

도체 1, 2, 3 ··· n인 도체계에서 도체 1에만 단위 전하 +1 C의 전하를 주고 다른 도체에 전하가 없을 경우 도체 1에서 나온 전기력선의 일부는 주위에 있는 다른 도체에 도달하고 나머지는 무한 원점으로 나아갈 것이다.

따라서, 무한대의 전위는 0 V가 되고 도체 1의 전위는 다른 도체의 전위보다 높다.

$$ P_{11} > P_{21} > 0 $$

또 위의 조건에서 도체 2가 도체 1의 속에 포위되어 있는 경우 전위는 서로 같다.

$$ P_{12} = P_{21} $$

그러므로 전위계수의 성질은 다음과 같은 관계가 있다.

$$ P_{11} > 0 \qquad P_{ii} > 0 $$
$$ P_{11} \geq P_{21} \qquad P_{ii} \geq P_{ji} $$
$$ P_{21} \geq 0 \qquad P_{ji} \geq 0 $$
$$ P_{12} = P_{21} \qquad P_{ij} = P_{ji} $$

예제 1. 진공 중에서 두 도체 1과 도체 2가 떨어져 있는 경우 도체 1에 1 C의 전하를 주었을 때 도체 1의 전위 5 V와, 도체 2의 전위 3 V일 때 도체 1에 2 C, 도체 2에 1 C의 전하를 주면 도체 1의 전위는 몇 V인가?

해설 $V_1 = P_{11} Q_1 + P_{12} Q_2$

$V_2 = P_{21} Q_1 + P_{22} Q_2$

$Q_1 = 1\,\mathrm{C},\ Q_2 = 0$일 때 $V_1 = 5\,\mathrm{V},\ V_2 = 3\,\mathrm{V}$이므로

$$5 = P_{11} \times 1 + P_{12} \times 0 \qquad \therefore\ P_{11} = 5\ \mathrm{V/C}$$

$$3 = P_{21} \times 1 + P_{22} \times 0 \qquad \therefore\ P_{21} = 3\ \mathrm{V/C}$$

$$\therefore\ V_1 = P_{11} Q_1 + P_{12} Q_2$$

$$= 5Q_1 + 3Q_2$$

$$= 5 \times 2 + 3 \times 1 = 13\ \mathrm{V}$$

1−3 용량계수와 유도계수

그림 4−3과 같이 n개($n=3$)의 도체계에서 도체 한 개에만 단위전위가 주어지고 다른 도체의 전위가 0일 때 각 도체의 전하는 중립의 원리에 의하여 구한다.

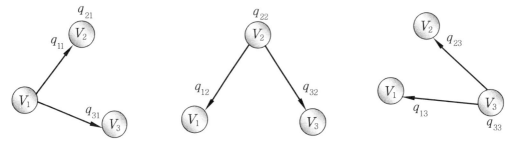

그림 4-3 용량계수와 전위계수

(1) 전 하

① 도체 1에만 전위 V_1이 주어진 경우

$$Q_1 = q_{11} V_1$$

$$Q_2 = q_{21} V_1$$

$$Q_3 = q_{31} V_1$$

② 도체 2에만 전위 V_2이 주어진 경우

$$Q_1 = q_{12} V_2$$

$$Q_2 = q_{22} V_2$$

$$Q_3 = q_{32} V_2$$

③ 도체 3에만 전위 V_3이 주어진 경우

$$Q_1 = q_{13} V_3$$

$$Q_2 = q_{23} V_3$$

$$Q_3 = q_{33} V_3$$

④ 도체 1에 V_1, 도체 2에 V_2, 도체 3에 V_3의 전위가 주어진 경우

$$Q_1 = q_{11}V_1 + q_{12}V_2 + q_{13}V_3$$
$$Q_2 = q_{21}V_1 + q_{22}V_2 + q_{23}V_3$$
$$Q_3 = q_{31}V_1 + q_{32}V_2 + q_{33}V_3$$

⑤ 도체 n개인 전하의 일반식

$$\begin{vmatrix} Q_1 \\ Q_2 \\ \vdots \\ Q_n \end{vmatrix} = \begin{vmatrix} q_{11} & q_{12} & \cdots & q_{1n} \\ q_{21} & q_{22} & \cdots & q_{2n} \\ \vdots & \vdots & \cdots & \vdots \\ q_{n1} & q_{n2} & \cdots & q_{nn} \end{vmatrix} \begin{vmatrix} V_1 \\ V_2 \\ \vdots \\ V_n \end{vmatrix}$$

(2) 용량계수

$$Q_{ij} = \sum_{i=1}^{n} q_{ij}V_j$$

① **용량계수**(coefficient capacity)：q_{11}, $q_{22} \cdots q_{ii}$(혹은 q_{jj}) 등의 계수는 도체 자신의 전위에 의해 가지게 되는 전하로 용량계수라 한다.

② **유도계수**(coefficient induction)：q_{21}, $q_{31} \cdots q_{ij}$ 등의 계수는 다른 도체의 전위에 의해 유도되는 전하로 유도계수라 한다. 이들 계수는 도체의 크기, 모양, 상호 간의 배치상태 및 주위의 매질에 따라 결정되는 상수이며 단위는 F이다.

(3) 용량계수와 유도계수의 성질

용량계수와 유도계수는 도체의 크기, 모양, 주위의 매질 및 상호 간의 배치상태에 따라 결정되는 상수로 다음과 같은 성질을 갖고 있다.

① 용량계수는 다른 도체의 전위는 0으로 하고 자신의 전위는 최고 전위로 항상 정(+)이다.

$$q_{11}, q_{22}, q_{33} \cdots q_{ii} > 0$$

② 유도계수는 전위 0인 다른 도체에서 유도되는 전하로 항상 부(−)이다.

$$q_{21}, q_{31}, q_{41} \cdots q_{ij} \leq 0$$

여기서 $q_{i1}=0$인 경우는 도체 1과 해당 도체 i 사이에 전기력선이 없는 경우로 도체 상호 간의 거리가 무한히 멀든가 다른 도체에 포위되어 있는 경우이다.

③ 도체 1에서 나오는 전기력선은 다른 도체에서 끝나든가 무한 원으로 나아가기 때문

에 다음과 같은 성질이 있다.

$$q_{11} \geq -(q_{21}+q_{31}+q_{41}\cdots q_{i1})$$

④ 도체 1과 도체 2 사이의 유도관계는 다음과 같다.

$$q_{12} = q_{21}$$

$$q_{ij} = q_{ji} \text{ (일반식)}$$

예제 2. 그림과 같은 동심구의 도체 1의 전위 1 V 도체 2의 전위 0 V일 때 용량계수 q_{11}과 유도계수 q_{12}를 구하시오.

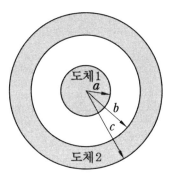

해설 도체 1의 전위 $V_2 = 0$일 때 도체 1의 전위는 다음과 같다.

$$V_1 = \frac{Q}{4\pi\varepsilon_0}\left(\frac{1}{a} - \frac{1}{b}\right) \text{[V]}$$

$V_1 = 1\,\text{V}$, $V_2 = 0\,\text{V}$일 때 용량계수 q_{11}과 유도계수 q_{12}는 다음과 같이 구한다.

$$Q_1 = q_{11}V_1 + q_{12}V_2$$

$$Q_2 = q_{21}V_1 + q_{22}V_2$$

$$\therefore Q_1 = q_{11} = +Q$$

$$Q_2 = q_{21} = -Q$$

용량계수 $q_{11} = \dfrac{Q}{V_1} = \dfrac{4\pi\varepsilon_0}{\dfrac{1}{a} - \dfrac{1}{b}}$ [F]

유도계수 $q_{21} = -q_{11} = -\dfrac{4\pi\varepsilon_0}{\dfrac{1}{a} - \dfrac{1}{b}}$ [F]

1-4 정전차폐

(1) 정전차폐의 원리

그림 4-4 (a)와 같이 도체 1에 전하 Q [C]를 주면 전기력선은 방사상으로 나와 도체

2에 영향을 미쳐 도체 2의 전위가 변화한다.

다음에, 그림 4-4 (b)와 같이 도체 1을 중공도체 3으로 둘러싸면 정전유도에 의하여 도체 3의 내면에는 $-Q$ [C], 외면에는 $+Q$ [C]의 전하가 유도되어 도체 2의 전위가 변화한다.

그러나 그림 4-4 (c)와 같이 중공도체 3을 접지하면 도체 3의 외면의 전하 $+Q$ [C]의 자유전하가 대지로 흘러 도체 3의 표면전위는 대지전위와 같은 영전위가 된다. 따라서 도체 2의 전위는 변화하지 않는다.

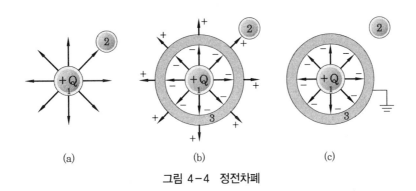

(a)　　　　　　　　(b)　　　　　　　　(c)

그림 4-4 정전차폐

(2) 정전차폐의 정의

도체계에서 외부의 도체를 접지하여 등전위인 0 V로 도체를 완전히 포위하면 내부에서 외부로 향하는 전기력선(전계) 또는 외부에서 내부로 도달하는 전기력선(전계)를 차단할 수 있다. 이를 정전차폐(electrostatic shielding)라 한다.

(3) 정전차폐의 이용

정전차폐는 외부의 전기력선을 완전차단하기 위해 밀폐하는 도체 방식으로 다음의 경우에 이용한다.

① 도로 위에 지나가는 전력선 밑에 철망을 설치한다.
② 송전선 철탑 위에 가공지선을 설치한다.
③ 건물 옥상에 피뢰기를 설치한다.
④ 진공관에 차폐 격자를 설치한다.
⑤ 도체 사이의 차폐방지를 위해 실드선(shield wire)을 사용한다.

2. 정전용량

도체가 전하를 저장할 수 있는 능력을 도체의 정전용량이라 하며 전하를 저장하는 장치를 축전기(condenser or capacitor)라 한다.

2－1 정전용량(capacitance)의 정의

도체의 전위 V와 전하 Q의 비율로 절연도체의 전하를 축적하는 능력의 정도인 용량 계수 q_{ii}를 정전용량이라 한다.

$$Q = CV \text{ [C]}$$

$$C = \frac{Q}{V} \text{ [F], [C/V]}$$

여기서, 단위는 F, C/V이다.

2－2 정전용량의 종류

(1) 진공 중에 고립된 도체의 정전용량

진공 중에 고립된 한 도체에 전하 Q를 주었을 때 나타나는 전위를 V라 하면 정전용량은 다음과 같다.

$$C = \frac{Q}{V} \text{ [F]}$$

(2) 두 도체 사이의 정전용량

진공 중에 놓여진 두 도체 A, B가 접근해 있는 경우 각 도체의 전하가 각각 $\pm Q$ [C]일 때 각각의 전위를 V_a, V_b [V]라 하면 두 도체 간의 정전용량은 다음과 같다.

$$C = \frac{Q}{V_a - V_b} = \frac{Q}{V_{ab}} \text{[F]}$$

(3) 진공 중 도체의 정전용량

① **구도체의 정전용량** : 반지름 a [m]인 구도체에 전하 Q [C]을 주었을 때 무한원점에 $-Q$ [C]을 부여하면 그 사이의 전위차 및 정전용량은 다음과 같다.

$$V = \frac{1}{4\pi\varepsilon_0} \cdot \frac{Q}{a} \text{ [V]}$$

$$C = \frac{Q}{V} = 4\pi\varepsilon_0 a \text{ [F]}$$

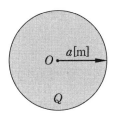

그림 4-5 구도체

② **동심 구도체의 정전용량** : 반지름 a, b, c [m]인 동심 구도체의 내부 구에 $+Q$ [C]의 전하를 주면 반지름 b인 외부 도체의 안쪽 면에 $-Q$ [C]의 전하가 유도된다. 내부 도체의 중심점 O에서 r [m]($a < r < b$) 떨어진 P점의 전계의 세기, 전위차 및 정전용량은 다음과 같다.

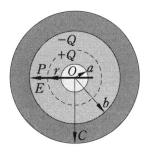

그림 4-6 동심 구도체

$$E = \frac{1}{4\pi\varepsilon_0} \cdot \frac{Q}{r^2} \ [\text{V/m}]$$

$$V = -\int_b^a E \cdot dl$$

$$= -\int_b^a \frac{1}{4\pi\varepsilon_0} \cdot \frac{Q}{r^2} \, dr$$

$$= -\frac{Q}{4\pi\varepsilon_0} \left[\frac{1}{r} \right]_b^a$$

$$= \frac{Q}{4\pi\varepsilon_0} \left(\frac{1}{a} - \frac{1}{b} \right) \ [\text{V}]$$

$$C = \frac{Q}{V} = \frac{Q}{\dfrac{Q}{4\pi\varepsilon_0} \left(\dfrac{1}{a} - \dfrac{1}{b} \right)}$$

$$= \frac{4\pi\varepsilon_0}{\dfrac{1}{a} - \dfrac{1}{b}} = 4\pi\varepsilon_0 \cdot \frac{ab}{b-a} \ [\text{F}]$$

예제 3. 내구의 반지름이 5 cm, 외구의 반지름이 10 cm인 동심 구도체가 공기 중에 있을 때 정전용량을 구하시오.

해설 $C = 4\pi\varepsilon_0 \dfrac{ab}{b-a} = \dfrac{1}{9\times10^9} \cdot \dfrac{0.05\times0.1}{0.1-0.05}$

$\qquad = \dfrac{1}{90} \times 10^{-9}$ [C]

(4) 원통도체의 정전용량

그림 4−7과 같이 내원통의 반지름 a, 외원통의 안쪽 반지름 b인 무한히 긴 동축 원통도체의 내원통 및 외원통에 각각 $+\rho_l$ [C/m], $-\rho_l$ [C/m]의 전하가 분포되어 있을 때 두 도체 간의 전계는 다음과 같다.

$$E = \frac{\rho_l}{2\pi\varepsilon_0 r} \ [\text{V/m}]$$

① 원통도체의 전위차

$$V_{ab} = -\int_b^a E \cdot dr = -\frac{\rho_l}{2\pi\varepsilon_0} \int_b^a \frac{1}{r}\, dr$$

$$= -\frac{\rho_l}{2\pi\varepsilon_0} \left[\ln r \right]_b^a$$

$$= \frac{\rho_l}{2\pi\varepsilon_0} \ln \frac{b}{a} \ [\text{V}]$$

② 원통도체의 정전용량

$$C = \frac{\rho_l}{V_{ab}} = \frac{2\pi\varepsilon_0}{\ln \dfrac{b}{a}}$$

$$= \frac{2\pi \times 8.855 \times 10^{-12}}{2.303 \log_{10} \dfrac{b}{a}}$$

$$= \frac{24.16}{\log_{10} \dfrac{b}{a}} \times 10^{-12} \ [\text{F/m}]$$

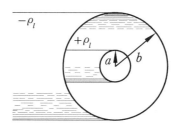

그림 4−7 원통도체

③ 임의의 길이 l [m]일 때 정전용량

$$C_l = C \cdot l = \frac{2\pi\varepsilon_0}{\ln\dfrac{b}{a}} \cdot l \text{ [F]}$$

예제 4. 내원통·반지름 $a = 10\,\text{cm}$, 외원통 반지름 $b = 20\,\text{cm}$인 동축 원통도체의 단위길이당 정전용량을 구하시오.

해설 $C = \dfrac{2\pi\varepsilon_0}{\ln\dfrac{b}{a}} = \dfrac{2\pi \times 8.855 \times 10^{-12}}{\ln\dfrac{0.2}{0.1}} = \dfrac{55.6 \times 10^{12}}{0.69}$

$\qquad\quad = 80.6 \times 10^{-12} = 80 \text{ pF/m}$

(5) 평행도체의 정전용량

그림 4-8과 같이 반지름 a [m], 중심 간격 d [m]인 평행 원통도체가 있다. 도체 A에 $+\rho_l$ [C/m], 도체 B에 $-\rho_l$ [C/m]의 전하를 주면 양 도체의 중심을 연결하는 선상의 x 거리에 있는 점 P의 전계는 다음과 같다.

$$E_A = \frac{\rho_l}{2\pi\varepsilon_0 x} \text{ [V/m]}$$

$$E_B = \frac{-\rho_l}{2\pi\varepsilon_0 (d-x)} \text{ [V/m]}$$

전계는 도체 A에서 도체 B의 방향으로 향하므로 합성전계 E는 다음과 같다.

$$E = E_A + E_B$$

$$= \frac{\rho_l}{2\pi\varepsilon_0}\left(\frac{1}{x} + \frac{1}{d-x}\right) \text{ [V/m]}$$

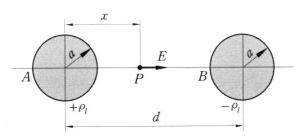

그림 4-8 평행도체

① 평행도체의 전위차

$$V_{AB} = -\int_{d-a}^{a} E\,dx = -\frac{\rho_l}{2\pi\varepsilon_0}\int_{d-a}^{a}\left(\frac{1}{x} + \frac{1}{d-x}\right)dx$$

$$= \frac{\rho_l}{2\pi\varepsilon_0} \{ [\ln x]_a^{d-a} - [\ln(d-x)]_a^{d-a} \}$$

$$= \frac{\rho_l}{\pi\varepsilon_0} \ln \frac{d-a}{a} \ \ [\text{V}]$$

② 평행도체의 정전용량

$$C = \frac{\rho_l}{V_{AB}} = \frac{\pi\varepsilon_0}{\ln \dfrac{d-a}{a}} \ \ [\text{F/m}]$$

특히 $d \gg a$일 때 정전용량은 $\ln \dfrac{d-a}{a} \fallingdotseq \ln \dfrac{d}{a}$ 이므로 다음과 같다.

$$C = \frac{\pi\varepsilon_0}{\ln \dfrac{d}{a}} = \frac{3.14 \times 8.855 \times 10^{-12}}{2.303 \log_{10} \dfrac{d}{a}}$$

$$= \frac{12.08}{\log_{10} \dfrac{d}{a}} \times 10^{-12} \ \ [\text{F/m}]$$

③ 임의의 길이 l [m]일 때 정전용량

$$C_l = C \cdot l = \frac{\pi\varepsilon_0}{\ln \dfrac{d-a}{a}} \cdot l \ \ [\text{F}]$$

예제 5. 반지름 1.5 mm의 두 전선이 0.5 m의 간격으로 가설되어 있을 경우 1 km당의 정전용량을 구하시오.

해설 $\ C = \dfrac{\pi\varepsilon_0}{\ln \dfrac{d}{a}} \, l = \dfrac{12.08}{\log \dfrac{d}{a}} \times 10^{-12} \times 10^3$

$\qquad = \dfrac{12.08 \times 10^{-12}}{\log \dfrac{500}{1.5}} \times 10^3 = 4.75 \times 10^{-9}$

$\qquad = 4.75 \ \text{pF/cm}$

(6) 평행 평판도체의 정전용량

진공 중에 무한히 넓은 두 개의 평행판 도체가 그림 4-9와 같이 간격 d [m]로 마주 보고 있을 때, 평행판 도체에 각각 단위면적당 $\pm \rho_s$ [C/m²]의 전하가 분포되어 있다면 전기력선은 도체 A에서 도체 B로 수직으로 향하고, 도체판 사이의 전계의 세기는 어느 곳이나 같다고 볼 수 있다. 따라서 도체판 사이의 점 P의 전계의 세기는 다음과 같다.

$$E_P = \frac{\rho_s}{\varepsilon_0} \ \ [\text{V/m}]$$

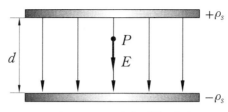

그림 4-9　두 개의 평행도체판

① 도체판 사이의 전위차

$$V = - \int_d^0 E_P \cdot dl$$

$$= - \int_d^0 \frac{\rho_s}{\varepsilon_0} \, dr$$

$$= \frac{\rho_s}{\varepsilon_0} \, d = Ed \, [\text{V}]$$

② 도체판 사이의 정전용량 (단위면적당)

$$C_0 = \frac{Q}{V}$$

$$= \frac{\rho_s \cdot l}{\dfrac{\rho_s}{\varepsilon_0} d} = \frac{\varepsilon_0}{d} \; [\text{F/m}^2]$$

③ 도체판의 면적이 $S \, [\text{m}^2]$일 때의 정전용량

$$C = C_0 \cdot S$$

$$= \frac{\varepsilon_0}{d} \, S \, [\text{F}]$$

예제 6. 한 변이 $50 \, \text{cm}$인 정사각형의 도체판 두 개를 간격 $5 \, \text{mm}$만큼 떨어뜨려 놓았을 때 두 도체판 사이의 정전용량을 구하시오.

해설 $C = \dfrac{\varepsilon_0}{d} \, S = \dfrac{8.855 \times 10^{-12} \times (5 \times 10^{-1})^2}{5 \times 10^{-3}}$

$\qquad = 4.43 \times 10^{-16} \, [\text{F}]$

$\qquad = 443 \, \text{aF}$

3. 콘덴서

콘덴서는 두 전극 간에 절연물을 삽입하여 절연유지 및 정전용량 값을 증가시킬 수 있으며 절연물의 종류에 따라 공기 콘덴서, 운모 콘덴서, 종이 콘덴서, 세라믹 콘덴서, 전해 콘덴서 등의 고정 콘덴서와 두 전극의 면적을 변화시킬 수 있는 가변 콘덴서가 있다.

3-1 콘덴서의 구조

(1) 구 조

콘덴서는 두 개의 금속판 사이에 간격을 두고 마주 보도록 한 후, 유전체를 삽입한 구조로 구성되어 있으며, 콘덴서에 전하를 축적하기 위해 사용되는 도체를 전극(electrode), 도체와 연결된 도선을 외부와 접촉하도록 한 것을 단자(terminal)라 한다.

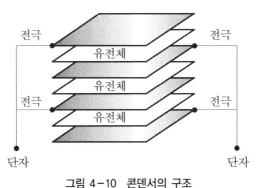

그림 4-10 콘덴서의 구조

(2) 종 류

콘덴서는 그림 4-11과 같은 기호를 사용하며 그림 4-12 (a)는 정전용량이 고정된 고정 콘덴서이고, 그림 4-12 (b)는 평행판의 상대 면적을 변화시켜 정전용량을 가변시키는 가변 콘덴서(바리콘)이다.

(a) 고정 콘덴서   (b) 가변 콘덴서

그림 4-11 콘덴서의 기호

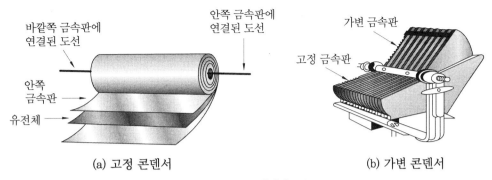

바깥쪽 금속판에 연결된 도선

안쪽 금속판에 연결된 도선

안쪽 금속판

유전체

(a) 고정 콘덴서

가변 금속판

고정 금속판

(b) 가변 콘덴서

그림 4-12 콘덴서의 종류

3-2 콘덴서의 연결

(1) 직렬 연결

그림 4-13과 같이 정전용량 C_1, C_2, C_3인 콘덴서를 직렬로 연결하고 a, b 단자 사이에 전위 V를 가하면 각 콘덴서의 양단에는 $\pm Q$ [C]의 전하가 형성되며 V_1, V_2, V_3의 전위가 발생한다.

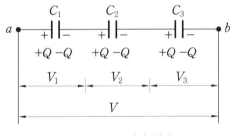

그림 4-13 직렬 연결

① 각 콘덴서의 전위

$$V_1 = \frac{Q}{C_1} \text{ [V]}$$

$$V_2 = \frac{Q}{C_2} \text{ [V]}$$

$$V_3 = \frac{Q}{C_3} \text{ [V]}$$

② a, b 단자 사이의 전위

$$V = V_1 + V_2 + V_3$$

$$= \frac{Q}{C_1} + \frac{Q}{C_2} + \frac{Q}{C_3}$$

$$= \left(\frac{1}{C_1} + \frac{1}{C_2} + \frac{1}{C_3} \right) Q \text{ [V]}$$

③ **콘덴서의 합성 정전용량** : 콘덴서를 직렬로 연결하면 각 정전용량 역수의 합이 합성 정전용량의 역수가 되므로 정전용량이 적어진다. 즉, 저항의 병렬 연결과 같이 생각하면 된다.

$$C = \frac{Q}{V}$$

$$= \frac{Q}{Q\left(\dfrac{1}{C_1} + \dfrac{1}{C_2} + \dfrac{1}{C_3}\right)}$$

$$= \frac{1}{\dfrac{1}{C_1} + \dfrac{1}{C_2} + \dfrac{1}{C_3}} \ [\text{F}]$$

④ **각 콘덴서의 전위와** a, b **단자 사이 전위와의 관계**

$$V_1 = \frac{C}{C_1} V$$

$$V_2 = \frac{C}{C_2} V$$

$$V_3 = \frac{C}{C_3} V$$

(2) 병렬 연결

그림 4-14와 같이 정전용량 C_1, C_2, C_3인 콘덴서를 병렬로 연결하고 a, b 단자 사이에 전위 V를 가하면 각 콘덴서에는 Q_1, Q_2, Q_3 [C]의 전하가 발생한다.

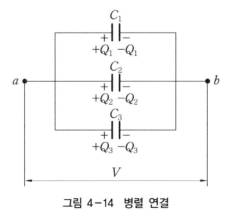

그림 4-14 병렬 연결

① **각 콘덴서의 전하량**

$$Q_1 = C_1 V \ [\text{C}]$$

$$Q_2 = C_2 V \ [\text{C}]$$

$$Q_3 = C_3 V \ [\text{F}]$$

② a, b 단자 사이의 전하량

$$Q = Q_1 + Q_2 + Q_3$$

$$= C_1 V + C_2 V + C_3 V$$

$$= (C_1 + C_2 + C_3) V \ [\text{C}]$$

③ **콘덴서의 합성 정전용량**: 콘덴서를 병렬로 연결하면 각 정전용량의 합이 되므로 정전용량이 커진다. 즉, 저항의 직렬 연결과 같이 생각하면 된다.

$$C = \frac{Q}{V}$$

$$= \frac{V(C_1 + C_2 + C_3)}{V}$$

$$= C_1 + C_2 + C_3 \ [\text{F}]$$

예제 7. 정전용량과 내압이 각각 $5\,\mu\text{F}/200\,\text{V}$, $4\,\mu\text{F}/300\,\text{V}$, $3\,\mu\text{F}/500\,\text{V}$인 3개의 콘덴서를 직렬로 연결하고 양단에 직류전압을 서서히 상승시킬 때 가장 먼저 파괴되는 콘덴서는 어느 것이며, 이 때 양단에 가해진 전압은 몇 V인가?

해설 각 콘덴서에 걸리는 전압비

$$Q = C_1 V_1 = C_2 V_2 = C_3 V_3$$

$$V_1 : V_2 : V_3 = \frac{1}{C_1} : \frac{1}{C_2} : \frac{1}{C_3}$$

$$= \frac{1}{5} : \frac{1}{4} : \frac{1}{3} = 12 : 15 : 20$$

전체 전압

$$V = V_1 + V_2 + V_3 = 200 + 300 + 500 = 1000 \ \text{V}$$

각 콘덴서의 전압

$$V_1 = \frac{12}{47} \, V = \frac{12}{47} \times 1000 = 255 \ \text{V}$$

$$V_2 = \frac{15}{47} \, V = \frac{15}{47} \times 1000 = 319 \ \text{V}$$

$$V_3 = \frac{20}{47} \, V = \frac{20}{47} \times 1000 = 426 \ \text{V}$$

$\therefore$ $5\,\mu\text{F}$ 콘덴서의 전압이 200 V이므로 제일 먼저 파괴되며, 이 때의 전압 V_1'는 다음과 같다.

$$V_1' = \frac{47}{12} \, V_1 = \frac{47}{12} \times 200 = 783.3 \ \text{V}$$

✎ 연습문제 ✎

1. 진공 중에 있는 구도체에 일정 전하로 대전시켰을 때 정전에너지에 대하여 설명하시오.
[해설] 도체 내부에는 존재하지 않고 도체 평면과 외부공간에 존재한다.

2. 정전 콘덴서의 전위차와 축전된 에너지의 관계식을 그림으로 나타내면 어떠한 곡선을 그리는가 ?
[해설] 포물선

3. 전하 Q와 $-Q$로 대전된 두 도체 n과 r 사이의 전위차를 전위계수로 나타내시오.
[해설] $(P_{nn} - 2P_n r + P_{rr})Q$

4. 전위계수에서 $P_{11} = P_{21}$의 관계가 의미하는 것은 ?
[해설] 도체 2가 도체 1에 속한다.

5. 공기 콘덴서의 극판 사이에 비유전율 5인 유전체를 넣었을 때 동일 전위차에 대한 극판의 전하량은 어떻게 변하는가 ?
[해설] 5배로 증가한다.

6. 극판의 면적이 $4\,\mathrm{cm}^2$, 정전용량 $1\,\mathrm{pF}$인 종이 콘덴서를 만들 때 비유전율 2.5, 두께 0.01 mm인 종이를 사용하면 종이는 몇 장으로 겹쳐야 되겠는가 ?
[해설] $C = \dfrac{\varepsilon A}{d}$, $N = \dfrac{d}{t} = 885$장

7. 반지름 $a,\ b$ [m] $(b > a)$인 동심 구도체 사이에 유전율 ε [F/m]의 유전체가 채워졌을 때 정전용량은 몇 F인가 ?
[해설] $4\pi\varepsilon\left(\dfrac{1}{a} - \dfrac{1}{b}\right)$ [F]

8. 진공 중에서 $1\,\mu\mathrm{F}$의 정전용량을 갖는 구의 반지름은 얼마인가 ?
[해설] $a = \dfrac{C}{4\pi\varepsilon_0} = 9\,\mathrm{km}$

9. 정전용량이 $5\,\mu\mathrm{F}$인 평행판 콘덴서를 $20\,\mathrm{V}$로 충전한 뒤에 극판거리를 2배로 할 때 콘덴서의 전압은 얼마인가 ?
[해설] $C = \dfrac{\varepsilon_0 S}{d}$, $V = \dfrac{Q}{C} = 40\,\mathrm{V}$

10. 정전용량이 각각 C_1, C_2인 콘덴서 사이에 상호 유도계수 M인 절연된 두 도체를 가는 선으로 연결할 경우 정전용량을 구하시오.

해설 $C_1 + C_2 + 2M$

11. 공기 중에 $10^{-3}\,\mu$C과 $2 \times 10^{-3}\,[\mu$C]인 점전하가 2거리에 놓여졌을 때 이들이 갖는 전체 에너지는 몇 J인가?

해설 $W = \dfrac{1}{2}\,CV^2 = QV = 18 \times 10^{-9}\,[\text{J}]$

12. $1\,\mu$F의 콘덴서를 30 kV로 충전하여 $200\,\Omega$의 저항에 연결하면 저항에서 소모되는 에너지는 얼마인가?

해설 $W = \dfrac{1}{2}\,CV^2 = 450\,\text{J}$

13. 정전용량이 $1\,\mu$F, $2\,\mu$F인 콘덴서에 각각 $2 \times 10^{-4}\,[\text{C}]$ 및 $3 \times 10^{-4}\,[\text{C}]$의 전하를 주고 극성은 같게 하여 병렬로 접속할 때 콘덴서에 축적되는 에너지는 얼마인가?

해설 $W = \dfrac{1}{2} \times \dfrac{Q^2}{C} = 0.042\,\text{J}$

14. 정전용량이 각각 $2\,\mu$F, $3\,\mu$F인 두 개의 콘덴서를 직렬 연결했을 때와 병렬 연결했을 때의 합성 정전용량을 구하시오.

해설 직렬 연결 합성 정전용량 $C_s = 1.2\,\mu$F

병렬 연결 합성 정전용량 $C_p = 5\,\mu$F

15. $C_1 = 1\,\mu$F, $C_2 = 2\,\mu$F, $C_3 = 3\,\mu$F 및 $3 \times 10^{-4}\,[\text{C}]$인 콘덴서를 직렬 연결하여 600 V의 전압을 가할 때 C_1 양단에 걸리는 전압을 구하시오.

해설 $V_1 = \dfrac{C_0}{C_1}\,[\text{V}] = \dfrac{6}{11} \times 600 = 327.3\,\text{V}$

5

CHAPTER

유 전 체

1. 유전체

1837년 영국인 패러데이(Faraday)는 정전 유도에 관한 실험에서 두 도체 사이의 공간이 진공이 아니고 어떤 물질이 들어 있을 경우, 물질의 종류에 따라 정전유도 현상에 어떤 영향을 주는지에 대해 연구하였다.

1−1 유전체의 성질

콘덴서의 두 전극 사이에 절연물을 삽입하면 절연물의 종류에 따라 정전용량이 변화한다.

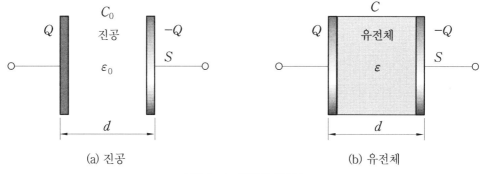

(a) 진공   (b) 유전체

그림 5-1 평행판 콘덴서

(1) 진공 중의 정전용량

그림 5−1 (a)에서 전극면적 S [m²], 극판 간의 거리 d [m]일 때 진공의 콘덴서의 정전용량 C_0는 다음과 같다.

$$C_0 = \varepsilon_0 \frac{S}{d} \ [\text{F}]$$

여기서, ε_0는 진공 중의 유전율을 나타내고 있으며 크기는 다음과 같다.

$$\varepsilon_0 = \frac{1}{36\pi \times 10^9} = 8.855 \times 10^{-12} \ [\mathrm{F/m}]$$

(2) 유전체의 정전용량

그림 5-1 (b)에서 전극면적 $S[\mathrm{m}^2]$, 극판 간의 거리 $d[\mathrm{m}]$ 사이에 유전체 물질이 삽입된 콘덴서의 정전용량 C는 다음과 같다.

$$C = \varepsilon \frac{S}{d} = \varepsilon_0 \varepsilon_s \frac{S}{d} = \varepsilon_s C_0 \ [\mathrm{F}]$$

여기서, ε_s는 유전체의 비유전율(dielectric constant)
ε는 임의의 절연체에 대한 유전율(permittivity)

(3) 유전율(permittivity)

콘덴서 전극 사이의 공간을 유리(grass)나 운모(mica) 등의 절연 물질로 채우면 정전용량은 ε_s배로 커진다. 또한 일정한 전하를 전극에 가했을 때 전계의 세기는 $\frac{1}{\varepsilon_s}$배로 되고 전극 사이의 전위차도 $\frac{1}{\varepsilon_s}$배가 된다.

그러나 전극 간에 전압을 가하고 있을 때 유전체를 채워도 전계의 세기는 변하지 않고 정전용량이 ε_s배로 되기 때문에 전극에 저축되는 전하(전하량)의 양은 ε_s배로 된다.

① **진공 중의 유전율** : 쿨롱의 법칙에서 $\frac{1}{4\pi\varepsilon_0} = 9 \times 10^9$이므로 다음과 같다.

$$\varepsilon_0 = \frac{1}{36\pi \times 10^9} = 8.855 \times 10^{-12} \ [\mathrm{F/m}]$$

② **비유전율** : 극판의 형상에 관계없이 절연물의 종류와 물리적 상태에 의해 정해지는 상수로 1보다 큰 값을 갖고 있으며, 이와 같은 물질을 유전체(dielectric)라 한다. 표 5-1은 각종 유전체의 비유전율 값을 나타내고 있다.

표 5-1 각종 유전체의 비유전율

유전체	비유전율 ε_s	유전체	비유전율 ε_s
진 공	1.000	운 모	6.7
공 기	1.00058	유 리	3.5~10
종 이	1.2~1.6	물(증류수)	80
폴리에틸렌	2.3	산화티탄	100
변압기 유	2.2~2.4	로셀염	100~100
고 무	2.0~3.5	티탄산바륨 자기	1000~3000

③ 유전율 : 유전체의 비유전율 ε_s 와 진공의 유전율 ε_0 의 곱을 유전체의 유전율이라 한다.

$$\varepsilon = \varepsilon_0 \varepsilon_s \ [\text{F/m}]$$

예제 1. 전극 사이의 거리 $d=1$ mm, 전극 면적 $S=10$ cm²가 되는 평판 전극에 100 V 전극을 가했을 경우 다음 각각의 정전용량, 전계의 세기, 전하를 구하시오.
(1) 두 전극 사이가 진공인 경우
(2) 두 전극 사이에 비유전율 $\varepsilon_s = 5$ 가 되는 유전체를 채웠을 경우
    여기서, 진공의 유전율 $\varepsilon_0 = 8.855 \times 10^{-12}$ [F/m]로 한다.

해설 (1) ① 정전용량

$$C_0 = \frac{\varepsilon_0 S}{d} = \frac{8.855 \times 10^{-12} \times 10 \times 10^{-4}}{1 \times 10^{-3}}$$

$$= 8.855 \times 10^{-12} \ [\text{F}] = 8.855 \ \text{pF}$$

② 전계의 세기

$$E_0 = \frac{V}{d} = \frac{100}{1 \times 10^{-3}} = 10^5 \ \text{V/m}$$

③ 전하량

$$Q_0 = C_v V = 8.855 \times 10^{-12} \times 100 = 8.855 \times 10^{-10} \ [\text{C}]$$

(2) ① 정전용량

$$C = \varepsilon_s C_v = 5 \times 8.855 \times 10^{-12} = 44.257 \ \text{pF}$$

② 전계의 세기

$$Z = \frac{V}{d} = \frac{100}{1 \times 10^{-3}} = 10^5 \ \text{V/m}$$

③ 전하량

$$Q = CV = \varepsilon_s C_0 V$$

$$= 5 \times 8.855 \times 10^{-12} \times 100 = 44.275 \times 10^{-10} \ [\text{C}]$$

1－2 분극현상

콘덴서의 전극 사이에 유전체를 삽입하면 진공 상태일 때보다 동일한 전위차에 대하여 정전용량은 증가한다. 이는 콘덴서에 전하량을 더 많이 축적할 수 있다는 것이다. 이와 같이 더 많은 전하가 축적되기 위해서는 유전체 내에서 분극현상이 발생하여 외부에서 가해진 전하가 더 많이 축적되어야 한다.

(1) 분극현상

물질은 일반적으로 분자로 구성되어 있고, 분자는 원자로 구성되어 있다. 원자의 구조는 원자핵을 중심으로 전자가 일정한 궤도상을 돌고 있다.

이러한 원자에 외부 전계가 가해지면 전하의 변위가 일어나서 전기 쌍극자가 된다. 이와 같이 원자가 전기 쌍극자로 변화하는 것을 분극현상이라 한다.

① **전자 분극**(electronic polarization) : 원자는 그림 5-2 (a)와 같이 원자핵을 중심으로 전자운(電子暈)이 구대칭을 이루고 있다. 즉, 정상상태의 원자는 전기적으로 양·음 전하의 작용 중심이 일치하는 중성상태이다.

그림 5-2 (b)와 같이 원자의 외부에 전계 E를 가하면 양전하의 원자핵은 전계의 방향으로 이동하고 음전하를 갖는 전자는 전계의 반대방향으로 이동하여 양·음전 하의 작용 중심이 일치되지 않는 그림 5-2 (c)와 같이 만들게 된다. 이러한 전기 쌍극자를 전자 분극이라 한다.

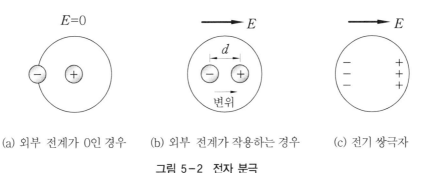

    (a) 외부 전계가 0인 경우   (b) 외부 전계가 작용하는 경우   (c) 전기 쌍극자

그림 5-2 전자 분극

② **이온 분극**(ionic polarization) : NaCl과 같은 이온 특성을 갖고 있는 분자는 양이온 Na^+과 음이온 Cl^-로 구성되어 있고 두 원자 사이는 쿨롱의 힘으로 결합되어 있다.

이런 분자 외부에 전계를 가하면 그림 5-3과 같이 양이온과 음이온 사이에 변위 가 일어나서 쌍극자 모멘트를 유발시킨다. 이와 같은 분극현상을 이온 분극 또는 원 자 분극이라 한다.

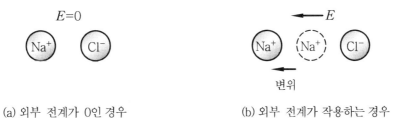

    (a) 외부 전계가 0인 경우   (b) 외부 전계가 작용하는 경우

그림 5-3 이온 분극

③ **유극 분자**(polar molecule) : 물분자 H_2O는 그림 5-4와 같이 처음부터 영구 쌍극자 모 멘트를 가지고 있다. 이런 분자를 유극 분자 또는 극성 분자라고 한다.

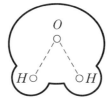

그림 5-4 유극 분자

④ **배향 분극**(orientational polarization) : 유극 분자의 외부에 전계를 가하면 그림 5-5와 같이 영구 쌍극자 모멘트가 전계와 일치하는 방향으로 평행하게 배열되려는 경향이 있으며 어느 정도의 방향 배열을 갖는 평형상태에 도달하게 되면 거시적 분극현상이 일어난다. 이러한 분극현상을 배향 분극이라 한다.

(a) 외부 전계가 0인 경우   (b) 외부 전계가 작용하는 경우

그림 5-5 배향 분극

(2) 분극의 세기

① **전기 분극**(electric polarization) : 유전체에 전계를 가하면 양전하를 가진 원자핵은 전계의 방향으로, 음전하를 가진 전자는 전계의 반대방향으로 그림 5-6 (a)와 같이 원자핵과 전자가 극히 미소한 거리 d 만큼 변위하여 전기 쌍극자가 되는 현상을 전기 분극이라 한다. 그림 5-6 (b)와 같이 전기 쌍극자는 모멘트가 생기며 유전체 내에서 양·음전하는 서로 상쇄되나 유전체 양단에는 $+Q, -Q$ 전하가 형성된다.

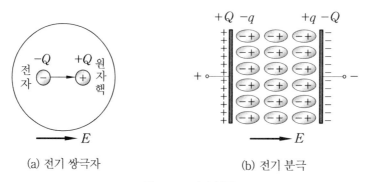

(a) 전기 쌍극자   (b) 전기 분극

그림 5-6 전기 분극

② 분극의 세기 : 단위 체적당의 쌍극자 모멘트를 분극의 세기라 하고 P [C/m³]로 표시하며 다음과 같은 관계식이 성립한다.

$$P = \frac{\partial M}{\partial V} = \frac{M}{V} \ [\text{C/m}^3]$$

여기서, M은 쌍극자 모멘트의 수, V는 유전체의 체적을 나타낸다.

(3) 전하밀도

그림 5-7과 같이 전극 간 진공상태인 전하밀도를 진전하밀도(true charge) ρ_0 [C/m²]라 하며 전극 간에 유전체를 채운 경우 분극에 의한 전하밀도를 분극 전하밀도(polari - zation charge) ρ [C/m²]라 한다.

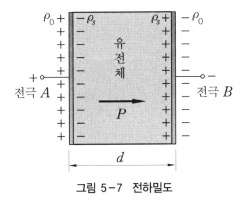

그림 5-7 전하밀도

(4) 분극도

유전체는 전계에 의하여 어느 정도로 분극하는가를 나타내기 위하여 유전체 내의 한 점에서 전계에 수직인 면적을 택한다. 단위면적을 분극에 의하여 통과한 양전하의 양을 그 크기로 하고, 양전하의 변위방향으로 하는 벡터 P를 분극 또는 분극도라 한다.

분극 P의 단위는 C/m²로 되며, 분극 P의 크기와 분극전하 ρ_s의 크기는 같다.

$$P = \rho_s \ [\text{C/m}^2]$$

여기서, P는 벡터이고, ρ_s는 스칼라이다.

벡터 P의 방향은 그림 5-7에서 ρ_s의 변위방향, 즉 전극 A에서 전극 B로 지향하는 방향이다.

1-3 유전체 내의 전계

(1) 전 계

① **진공의 전계** : 그림 5-8 (a)와 같이 평행판 콘덴서가 진공인 경우 가우스 법칙에 의하여 전계의 세기는 다음과 같다.

$$E_0 = \frac{\rho_0}{\varepsilon_0} \ [\text{V/m}]$$

② **유전체 내의 전계** : 그림 (b)와 같이 콘덴서에 유전체를 삽입하면 분극현상에 의하여 전극 A면에는 $-\rho_s$, 전극 B면에는 $+\rho_s$의 분극 전하밀도가 나타난다. 따라서 유전체 중 A면의 전하는 $\rho_0 - \rho_s \ [\text{C/m}^2]$, B면의 전하는 $-(\rho_0 - \rho_s) \ [\text{C/m}^2]$가 되므로 전하가 $\rho_0 - \rho_s$로 감소하는 경우와 같게 되어서 이때의 전계의 세기는 다음과 같다.

$$E = \frac{\rho_0 - \rho_s}{\varepsilon_0} \ [\text{V/m}]$$

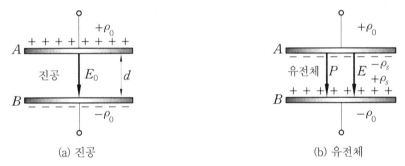

(a) 진공   (b) 유전체

그림 5-8 평판 전극 간의 전계

(2) 분극의 세기와 전계와의 관계

유전체의 전계의 세기 E는 진공일 때 전계의 세기 E_0보다도 분극 전하 ρ_s에 의한 전계 $E_s = \dfrac{\rho_s}{\varepsilon_0}$ 만큼 작아진다.

$$E = E_0 - E_s = \frac{\rho_0 - \rho_s}{\varepsilon_0}$$

$$= E_0 - \frac{\rho_s}{\varepsilon_0} = E_0 - \frac{P}{\varepsilon_0} \ [\text{V/m}]$$

$$E_0 = E + \frac{P_s}{\varepsilon_0} \ [\text{V/m}]$$

진공 중의 전계의 세기 E_0는 유전체 중의 전계의 세기 E와 분극의 세기 P를 ε_0로 나눈 것의 합과 같다.

(3) 전계의 비

① 진공 중의 정전용량 C_0과 유전체 중의 정전용량 C의 관계는 다음과 같다.

$$C = \varepsilon_s C_0 \ [\text{F}]$$

② 진공 중의 전위 V_0와 유전체 중의 전위 V의 관계는 다음과 같다.

$$V_0 = \frac{Q}{C_0} \ [\text{V}]$$

$$V = \frac{Q}{C} \ [\text{V}]$$

$$\therefore \ V = \frac{1}{\varepsilon_s} \ V_0 \ [\text{V}]$$

③ 콘덴서의 전위와 전계 사이에는 다음과 같은 관계식이 성립한다.

$$V_0 = E_0 \cdot d \ [\text{V}]$$

$$V = E \cdot d \ [\text{V}]$$

$$\therefore \ E = \frac{1}{\varepsilon_s} \ E_0 \ [\text{V/m}]$$

④ 전계의 비는 다음과 같다.

$$\frac{E}{E_0} = \frac{V}{V_0} = \frac{C_0}{C} = \frac{1}{\varepsilon_s}$$

두 콘덴서에 같은 양의 진전하 ρ_0를 주었을 때 유전체 중의 전계의 세기 E는 진공 중 전계의 세기 E_0의 $\frac{1}{\varepsilon_s}$ 배가 된다.

1-4 유전체의 경계조건

유전율이 다른 두 종류의 유전체가 서로 경계면에서 접하고 있을 때 전기력선과 전속선은 경계면에서 굴절한다.

(1) 전속밀도의 경계조건

① **전속밀도** : 유전율이 다른 ε_1, ε_2인 두 종류의 유전체가 그림 5-9와 같이 경계면의 양측에 평행한 면적을 dS, 경계면의 전하밀도를 ρ_s, 전속을 D라 할 때 가우스 정리에 의하여 다음과 같이 정리한다.

$$\int_s D \cdot n \, dS = \int_s D_n \, dS$$

$$= - \int_{\varepsilon 1} D_{1n} \, dS + \int_{\varepsilon 2} D_{2n} \, dS$$

$$= \rho_s \int dS$$

$$D_{2n} - D_{1n} = \rho_s$$

경계면에 전하가 존재하지 않을 때는 $\rho_s = 0$이므로 다음과 같다.

$$D_{1n} = D_{2n}$$

$$\therefore D_1 \cos \theta_1 = D_2 \cos \theta_2$$

경계면에 전하가 존재하지 않을 때는 전속밀도의 경계면에 수직한 성분은 같다.

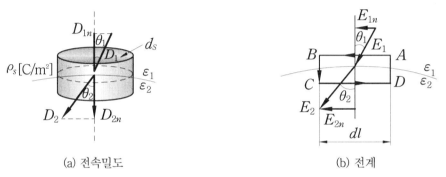

(a) 전속밀도   (b) 전계

그림 5-9 경계조건

② **전계의 경계조건** : 유전체의 경계면에 평행한 전계의 세기를 E_{1n}, E_{2n}라 하면 폐경로에 따라 선적분한 전계 $E = 0$이다. 그림 5-10 (b)에서 전계 E가 $ABCDA$ 경로를 취하여 일주 적분하면 다음과 같이 된다.

$$\oint E \cdot dl = \int_A^B E \cdot dl + \int_B^C E \cdot dl + \int_C^D E \cdot dl + \int_D^A E \cdot dl = 0$$

수직성분인 BC와 DA는 매우 짧으므로 선적분은 무시할 수 있다.

$$\oint E \cdot dl = \int_A^B E \cdot dl + \int_C^D E \cdot dl$$

$$= \int_A^B E_{1n} \cdot dl + \int_C^D E_{2n} \cdot dl$$

$$= \int (E_{1n} - E_{2n}) \, dl$$

벡터에서 보전장의 조건에 대하여 일주 적분하면 다음과 같다.

$$\oint E \cdot dl = 0$$

$$E_{1n} = E_{2n}$$

$$\therefore E_1 \sin \theta_1 = E_2 \sin \theta_2$$

서로 다른 유전체의 경계면에서 전계의 접선 선분(평행 성분)은 서로 같고 연속이다.

③ **굴절률** : 유전율 ε_1의 입사각을 θ_1, 유전율 ε_2의 굴절각을 θ_2라 할 때 전속밀도의 경계조건은 다음과 같다.

- 전속밀도의 경계조건

$$D_1 \cos \theta_1 = D_2 \cos \theta_2$$

$$\varepsilon_1 E_1 \cos \theta_1 = \varepsilon_2 E_2 \cos \theta_2$$

- 전계의 경계조건

$$E_1 \sin \theta_1 = E_2 \sin \theta_2$$

- 굴절률

$$\tan \theta = \frac{\sin \theta}{\cos \theta}$$

$$\therefore \theta = \frac{\tan \theta_1}{\tan \theta_2} = \frac{\varepsilon_1}{\varepsilon_2}$$

유전율이 $\varepsilon_2 > \varepsilon_1$이면 굴절률이 $\theta_2 > \theta_1$가 되어 유전율이 작은 유전체에서 유전율이 큰 유전체로 들어갈 때 굴절률이 증가한다.

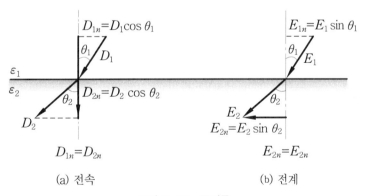

(a) 전속 (b) 전계

그림 5-10 **굴절률**

1-5 유전체 내의 정전에너지

(1) 패러데이관(Faraday tube)

① **패러데이관** : 유전체 중에 있는 대전 도체 표면에 대해서 $+1\,C$의 진전하에서 나와서 $-1\,C$의 진전하에서 그치는 한 개의 가정한 관을 패러데이관이라 한다.

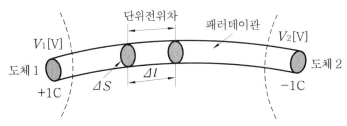

그림 5-11 패러데이관

② **패러데이관의 성질** : 패러데이관은 단위전하에 대해 한 개의 패러데이관이 발생하므로 전속 한 개에 대해서 패러데이관 한 개를 생각할 수 있으므로 전속의 수와 패러데이관 수는 같다.

$$D_1 \varDelta S_1 = D_2 \varDelta S_1$$

$$div\ D = \rho$$

③ **패러데이관의 특성** : 패러데이관의 성질은 전속의 성질로부터 알 수 있으며 다음과 같은 특성을 갖고 있다.

- 패러데이관 내에서 전속 수는 일정하다.
- 패러데이관의 양단에는 정(+), 부(−)의 단위 전하가 존재한다.
- 진전하가 없는 점에서는 패러데이관은 연속이다.
- 패러데이관의 전하밀도는 전속밀도와 같다.

(2) 정전에너지

① **정전에너지** : 유전체 내의 정전에너지는 그림 5-11과 같이 전계 내에서 전위가 V_1 [V]인 도체 1에서 시작하여 전위 V_2 [V]인 도체 2에서 끝나는 한 개의 패러데이관을 생각하면 다음과 같다.

$$W = \frac{1}{2} \sum_{S=1}^{N} Q_S V_S$$

$$= \frac{1}{2} (+Q) V_1 + \frac{1}{2} (-Q) V_2$$

$$= \frac{Q}{2} (V_1 - V_2)\ [\text{J}]$$

② **에너지 밀도** : 패러데이관의 에너지는 양단에 어떠한 전하를 가지고 있더라도 전하에는 에너지가 없고, 패러데이관을 구성하고 있는 매질 중에 에너지가 분포되어 있다.
　패러데이관의 단위전위차당 $\frac{1}{2}$ [J]의 에너지를 축적하고 있으므로 단위체적당 에너지 밀도 W는 다음과 같다.

$$W = \frac{1}{2} \cdot \frac{1}{\varDelta S} \cdot \frac{1}{\varDelta l}$$

$$= \frac{1}{2} D \cdot E = \frac{1}{2} \cdot \frac{D}{\varepsilon}$$

$$= \frac{1}{2} \varepsilon E^2 \ [\text{J/m}^2]$$

여기서, $\varDelta S$는 패러데이 관의 면적이며 $\dfrac{1}{\varDelta S}$는 패러데이관의 밀도를 표시하므로 전속밀도 D와 같다.

$\varDelta l$는 단위전위차를 가진 부분의 길이이며 $\dfrac{1}{\varDelta l}$는 전위경도를 나타내므로 전계의 세기 E와 같으며, $D = \varepsilon E$의 관계를 적용한다.

에너지 밀도를 벡터로 표시하면 다음과 같다. 이는 톰슨의 정리로 $div\ D = \rho$로 저 축되는 에너지가 최소인 분포이고 $E = - grad\ V$를 만족한다.

$$\boldsymbol{W} = \frac{1}{2}\ \boldsymbol{E} \cdot \boldsymbol{D}\ [\text{J/m}^3]$$

③ 에너지 저장 : 유전체 내부에 $\dfrac{1}{2} E \cdot D\ [\text{J/m}^3]$의 에너지를 축적하는 성질이 있다는 것을 알 수 있으며 진공상태일 때도 성립한다. 또한 에너지는 자연 현상이 가장 큰 근원이 되므로 전기적인 현상의 근원은 전하에 있는 것이 아니라 전하 주위의 매질 에 전기적인 응력을 받았기 때문에 에너지가 축적된다.

즉, 전계가 존재한다는 것은 어떤 점 주위의 매질이 전기적 응력을 받고 있다는 것이므로 전기적 작용은 반드시 주위에 있는 매질을 통해서 작용되며 전하 사이에 작용하는 쿨롱력은 하나의 전하 주위가 전기적 응력을 받아 매질을 통해 전파하여 다른 전하에 전달되는 것을 말한다.

예제 2. 패러데이관에서 전속선 수가 $10\,Q$ [개]라면 패러데이관 수는 얼마인가 ?

[해설] 패러데이관 양단에는 단위 정(+), 부(−) 전하가 존재하며, 단위 전하에서는 전속선 한 개가 출입하므로 패러데이관 수는 $10\,Q$ [개]이다.

예제 3. 비유전율이 5인 유전체에 간격이 3 mm인 전극 사이에 전압 1000 V를 가했을 경 우, 단위체적당 에너지는 얼마인가 ?

[해설] $W = \dfrac{1}{2}\varepsilon E^2 = \dfrac{1}{2} \times \varepsilon_0 \varepsilon_s \left(\dfrac{V}{d}\right)^2$

$= \dfrac{1}{2} \times 8.85 \times 10^{-12} \times 5 \times \left(\dfrac{10^3}{3 \times 10^{-3}}\right)^2 = 2.5\ \text{J/m}^3$

1-6 유전체에 작용하는 힘

(1) 전계가 경계면에 수직인 경우

그림 5-12와 같이 유전체의 경계면에 수직으로 전계가 가해지는 경우, 유전체의 경계면이 Δx만큼 ε_2쪽으로 변위되었을 때 에너지 밀도가 W_2에서 W_1의 에너지 밀도로 변화하게 된다.

① 에너지의 변화량 : 경계면에서 단위면적당 에너지 변화량 ΔW는 다음과 같다.

$$\Delta W = \frac{(W_1 - W_2)\Delta V}{\Delta S} = (W_1 - W_2)\Delta x$$

② 수직력 : 경계면에서 단위면적당 작용하는 수직력 F_n은 다음과 같다.

$$F_n = -\frac{\Delta W}{\Delta x}$$
$$= -\frac{(W_1 - W_2)\Delta x}{\Delta x}$$
$$= W_2 - W_1$$
$$= \frac{1}{2} E_2 D_2 - \frac{1}{2} E_1 D_1 \text{ [N/m}^2]$$

③ 맥스웰의 응력(Maxwell's stress) : 그림 5-12 (b)와 같이 W_2는 경계면에서 오른쪽으로 작용하고 W_1은 왼쪽으로 작용한다. 즉, 전계 중의 유전체는 전계방향으로 끌려 인장응력을 받으며 이와 같은 인장응력을 맥스웰의 응력이라 한다.

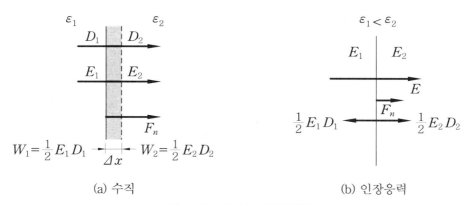

(a) 수직　　　　(b) 인장응력

그림 5-12 전계가 수직인 경우

④ 인장응력 : 전속밀도 D는 경계면에 수직이므로 $D_1 = D_2 = D$이다. $\varepsilon_1 < \varepsilon_2$일 때 $F_n > 0$이므로 유전율이 큰 유전체가 작은 유전체 쪽으로 끌려가는 인장응력이 작용한다.

$$F_n = \frac{1}{2}(E_2 - E_1)D$$

$$= \frac{1}{2}\left(\frac{1}{\varepsilon_2} - \frac{1}{\varepsilon_1}\right)D^2 \ [\text{N/m}^2]$$

(2) 전계가 경계면에 평행인 경우

그림 5-13과 같이 유전체의 경계면과 평행으로 전계가 가해지는 경우 유전체의 경계면이 $\varDelta x$ 만큼 ε_2 쪽으로 변위되었을 때 에너지 변화량 $(W_1 - W_2)\varDelta x$ 만큼 감소한다.

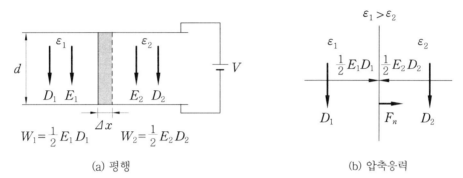

(a) 평행   (b) 압축응력

그림 5-13 전계가 평행인 경우

① **에너지 변화량** : $\varDelta x$ 부분의 전속밀도가 D_2 에서 D_1 으로 변화하는 것으로 전하의 변화는 전원으로부터 전하 보급에 의하여 보충되므로 전원에서 공급되는 에너지는 다음과 같다.

$$V \cdot \varDelta Q = Ed \cdot (D_1 - D_2)\varDelta x$$
$$= E(D_1 - D_2)d \cdot \varDelta x$$

전계가 경계면에 평행이므로 $E_1 = E_2 = E$ 가 되고 단위면적당 d 는 일정하므로 다음 식과 같다.

$$V \cdot \varDelta Q = E(D_1 - D_2)\varDelta x$$

전체 에너지 변화량은 $\varDelta x$ 부분의 유전체에 의한 변화량에서 전원으로부터 공급된 에너지를 빼야 한다.

$$\varDelta W = (W_1 - W_2)\varDelta x - E(D_1 - D_2)\varDelta x$$

② **수직력** : 경계면에서 단위면적당 작용하는 수직력 F_n 은 다음과 같다.

$$F_n = -\frac{\varDelta W}{\varDelta x}$$
$$= E(D_1 - D_2) - (W_1 - W_2)$$
$$= E(D_1 - D_2) - \frac{1}{2}(ED_1 - ED_2)$$

$$= \frac{1}{2} E_1 D_1 - \frac{1}{2} E_2 D_2 \ [\text{N/m}^2]$$

여기서, $D_1 = \varepsilon_1 E_1 = \varepsilon_1 E, \ D_2 = \varepsilon_2 E_2 = \varepsilon_2 E$ 이다.

$$F_n = \frac{1}{2} E_1 (\varepsilon_1 E_1) - \frac{1}{2} E_2 (\varepsilon_2 E_2)$$

$$= \frac{1}{2} \varepsilon_1 E_1{}^2 - \frac{1}{2} \varepsilon_2 E_2{}^2$$

③ **압축응력** : 그림 $5-13$ (b)와 같이 $\varepsilon_1 > \varepsilon_2$일 때 $F_n > 0$이므로 유전율이 큰 유전체가 유전율이 작은 유전체 쪽으로 끌려가는 압축응력이 작용한다.

예제 4. 평행판 공기 콘덴서 극판 사이에 비유전율 $\varepsilon_s = 5$인 운모를 그림과 같이 전계와 수직되게 삽입한 경우 운모에 단위면적당 작용하는 힘을 구하시오. (단, 극판의 전속밀도 $D = 10^{-5} \ \text{C/m}^2$이다.)

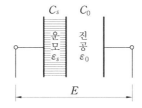

해설 운모와 공기의 경계면이 전계와 수직이므로 ($\varepsilon_1 = \varepsilon_0 \varepsilon_s, \ \varepsilon_2 = \varepsilon_0$)

$$F = \frac{1}{2} \left(\frac{1}{\varepsilon_2} - \frac{1}{\varepsilon_1} \right) D^2 = \frac{1}{2\varepsilon_0} \left(1 - \frac{1}{\varepsilon_s} \right) D^2$$

$$= \frac{1}{2 \times 8.855 \times 10^{-12}} \left(1 - \frac{1}{5} \right) \cdot (10^{-5})^2 = 4.52 \ \text{N/m}^2$$

$F = 4.52 \ \text{N/m}^2$의 힘으로 운모가 공기 중으로 끌려가는 인장응력을 받는다.

예제 5. 평행판 공기콘덴서 극판 사이에 비유전율 4인 유리판을 그림과 같이 삽입할 경우 단위면적당 작용하는 힘을 구하시오. (단, 극판 간의 전계의 세기는 30 kV/cm이다.)

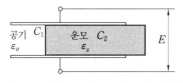

해설 유리판과 공기의 경계면이 전계와 평행이므로

$$F = \frac{1}{2} (\varepsilon_1 - \varepsilon_2) E^2$$

$$= \frac{1}{2} \cdot \frac{1}{\varepsilon_0} \cdot (\varepsilon_s - 1) E^2$$

$$= \frac{1}{2} \times 8.855 \times 10^{-12} \times (4-1)(3 \times 10^6)^2$$
$$= 119.5 \text{ N/m}^2$$

$F = 119.5$ N/m²의 힘으로 유리판이 공기 중으로 끌려가는 압축응력을 받는다.

1−7 유전체의 특수현상

이제까지는 유전율 ε이 항상 일정하며 유전체 분극 P가 전계 E에 비례하는 경우를 생각하였으나 실제의 유전체에서는 이와 같은 방법으로 설명할 수 없는 특수한 경우가 있다.

(1) 접촉전기(contact electricity)

도체와 도체, 유전체와 유전체 또는 도체와 유전체를 강하게 접촉시키면 한쪽의 전기가 다른 쪽으로 이동하여 정(+), 부(−)로 대전되는 현상이 있다. 이와 같은 전기를 접촉전기라 하며 마찰전기도 접촉전기의 일종이다.

도체와 도체 사이에 접촉전기가 일어나면 두 도체 간에 발생하는 전위차를 접촉전위차(contact potential difference)라 하고, 이러한 현상을 볼타효과(Volta effect)라 한다. 접촉전위차의 크기는 매질 및 온도에 따라 다르며 2~3 V 정도이다.

(2) 초전효과 또는 파이로 전기

전기석(電氣石)이나 티탄산바륨(BaTiO₃)의 결정을 가열 또는 냉각하면 한쪽 면에는 정전하가, 다른 쪽면에는 부전하가 발생한다. 이 전하의 극성은 가열할 때와 냉각할 때가 정반대이다. 이런 현상을 초전효과(蕉電效果 ; pyro electric effect)라 하며 이때 발생한 전하를 초전기(蕉電氣 ; pyroelectricity)라 한다. 이 초전현상은 자발분극을 가지는 유전체에서 온도의 변화에 의하여 자발분극의 크기가 변화하기 때문에 일어난다.

유전체의 초전기가 발생한 것은 공기 중에 방치시킬 때, 결정의 표면은 즉시 공기 중의 이온을 흡착하여 초전기를 중화시킨다. 초전효과는 열에너지를 전기에너지로 변화시키는 현상이다.

(3) 압전효과(piezoelectric effect)

파이로 전기가 발생되는 결정에 기계적인 압력을 가하면 내부에 전기 분극이 일어나는 현상을 압전효과라 하며 이때 단면에 나타나는 분극전하를 압전기(piezoelectricity)라 한다. 압전효과를 나타내는 결정체에 전계를 가하면 전계에 비례하는 전기적 응력이 생기는 것을 압전기의 역효과(reverse effect)라 하고 이런 현상을 압전현상이라 한다.

압전현상은 방향성을 가지고 있으며, 응력과 분극이 같은 방향일 때를 종효과(longitudinal effect), 분극이 응력에 수직인 방향일 때를 횡효과(transverse effect)라 한다.

이러한 압전현상에 이용되는 물질은 주로 수정, 전기석, 롯셀염, 티탄산바륨 등과 같이 비유전율이 큰 강유전체들이다.

(4) 톰슨의 정리(Thamson's theorem)

정전계에서는 전하가 전계에 의해 움직이면 전하에 한 일만큼 전계의 에너지를 감소한다. 따라서 모든 전하가 이와 같은 운동을 한 뒤 정지한 것으로 생각하는 정전계에서 전계의 에너지는 최소가 될 것이다.

전계에서는 $div\, D = \rho$의 관계가 있는데, 이것은 시간적으로 변화하는 전계일 때도 성립한다. 정전계의 특징은 $E = -grad\, V$이며, $E \cdot dl = 0$이 되는 것이나 실제로 $div\, D = \rho$의 관계가 있는 전계 가운데 $E = -grad\, V$를 만족할 때, 전계의 에너지가 최소로 되는 것을 톰슨의 정리라 한다.

2. 전기 영상법

한 공간 내에서 균일한 유전체의 전하분포를 알고 있으면 전위분포는 간단하게 구할 수 있지만 전계 내에 도체가 존재하거나 여러 종류의 유전율을 가진 유전체가 접해 있을 경우에는 진전하밀도를 알고 있어도 전위 분포를 간단하게 구할 수 없다. 이러한 경우 푸아송의 방정식이나 라플라스의 방정식 등 수학적으로 해석해야 한다.

전기 영상법(electric image method)은 도체의 전하 분포와 경계조건이 변화하지 않을 가상적인 전하를 거울면에 의하여 이루어지는 영상과 같이 도체나 유전체의 경계면에 대하여 맺어지는 전기적 영상에 의하여 도체 주위의 전계를 구하는 방법이다.

2-1 점전하와 무한 평면도체

(1) 영상전하(image charge)

그림 5-14 (a)와 같이 평면도체의 오른쪽 공간 내의 한 점 P에 점전하가 놓여 있을 경우, 그림 5-14 (b)와 같이 평면도체를 제거하는 대신 점 P와 대칭인 점 P'에 크기가 같고 부호가 반대인 점전하 $-Q$를 놓으면 도체의 오른쪽 공간에서의 전계는 그림 5-14 (a)의 전계와 같다. 이때 점 P'를 영상점(image point)라 하고, 점전하 $-Q$를 영상전하라 한다.

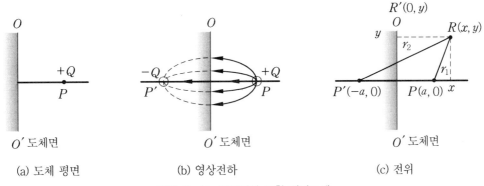

그림 5-14 점전하와 무한 평면도체

(2) 전 위

도체 평면상의 전계를 구하기 위해 그림 5-14 (c)와 같이 임의의 점 $R(x, y)$에서의
전위 V를 구한다.

$$
V = \frac{Q}{4\pi\varepsilon_0}\left(\frac{1}{r_1} - \frac{1}{r_2}\right)
$$

$$
= \frac{Q}{4\pi\varepsilon}\left\{\frac{1}{\sqrt{(x-a)^2 + y^2}} - \frac{1}{\sqrt{(x+a)^2 + y^2}}\right\} \text{ [V]}
$$

(3) 전 계

① R점의 전계 세기

$$
E = -\frac{\partial V}{\partial x}
$$

$$
= \frac{Q}{4\pi\varepsilon_0} \cdot \frac{\partial}{\partial x}\left\{\frac{1}{\sqrt{(x-a)^2 + y^2}} - \frac{1}{\sqrt{(x+a)^2 + y^2}}\right\}
$$

$$
= \frac{Q}{4\pi\varepsilon_0} \cdot \left[\frac{x-a}{\{(x-a)^2 + y^2\}^{\frac{3}{2}}} - \frac{x+a}{\{(x+a)^2 + y^2\}^{\frac{3}{2}}}\right] \text{ [V/m]}
$$

② R'점의 전계의 세기 : 무한 평면도체 표면의 점 $R'(0, y)$이므로 전계는 0이 된다.

$$
E_y = \frac{Q}{4\pi\varepsilon_0}\left\{\frac{-a}{(a^2 + y^2)^{\frac{3}{2}}} - \frac{a}{(a^2 + y^2)^{\frac{3}{2}}}\right\}
$$

$$
= \frac{Q}{4\pi\varepsilon_0} \cdot \frac{-2a}{(a^2 + y^2)^{\frac{3}{2}}} = -\frac{Qa}{2\pi\varepsilon_0(a^2 + y^2)^{\frac{3}{2}}} \text{ [V/m]}
$$

그림 5-14 (b)와 같이 도체면에 대하여 점전하가 놓여 있는 점과 대칭인 점 P'에
크기가 같고 부호가 반대인 $-Q$ 가상 점전하를 놓으면 전기력선은 도체 표면에 수직

이며, 도체 표면은 항상 등전위로 영전위가 되기 때문에 평면도체를 제거해도 전계는 일치한다.

(4) 전하밀도

전계는 도체 표면에 수직이므로 표면 전하밀도는 다음과 같다.

$$\rho_s = \varepsilon_0 E_y = 0 = \varepsilon_0 \frac{1}{2\pi\varepsilon_0} \cdot \frac{aQ}{(a^2+y^2)^{\frac{3}{2}}}$$

$$= \frac{aQ}{2\pi(a^2+y^2)^{\frac{3}{2}}} \ [\mathrm{C/m^2}]$$

전하밀도가 최대일 때는 $y=0$이므로 다음과 같다.

$$|\rho_s|_{max} = \frac{Q}{2\pi a^2} \ [\mathrm{C/m^2}]$$

(5) 영상력

도체 표면에 유도된 전하 ρ_s와 점전하 Q간에 작용하는 인력은 영상전하 $-Q$와 점전하 Q간에 작용하는 힘과 같으며 이를 영상력이라 한다.

$$F = \frac{1}{4\pi\varepsilon_0} \cdot \frac{-Q \cdot Q}{(2a)^2}$$

$$= -\frac{1}{16\pi\varepsilon_0} \cdot \frac{Q^2}{a^2} \ [\mathrm{N}]$$

전하 Q의 부호에 관계없이 항상 흡인력이 작용한다.

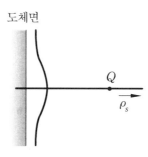

그림 5-15 영상력

(6) 두 평면도체와 점전하 사이의 영상전하

두 평면도체가 그림 5-16과 같이 90°로 교차되어 전하 Q [C]가 있을 경우 영상전하의 개수는 3개가 된다.

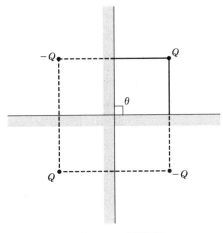

그림 5-16 영상전하

두 평면도체의 교차각 $\theta = 60°$일 때 영상전하의 개수는 5개 된다. 따라서 평면도체가 한 점을 기준으로 교차할 때 영상전하의 개수는 다음과 같다.

$$n = \frac{360}{\theta} - 1 \, [\text{개}]$$

예제 6. 공기 중에서 무한 평면도체의 표면에서 1 m 떨어진 점에 1 C의 점전하가 있을 때, 평면도체와 전하가 작용하는 힘 F [N]을 구하시오.

[해설] 전하가 작용하는 힘 F는 흡인력이 작용한다.

$$F = -\frac{Q^2}{16\pi\varepsilon_0 a^2}$$
$$= -\frac{(1)^2}{16\pi \times 8.85 \times 10^{-12} \times (1)^2} = -2.25 \times 10^9 \, [\text{N}]$$

예제 7. 무한 평면도체로부터 거리 50 cm인 곳에 점전하 $Q = 10^{-2}$ C이 있을 때, 이 무한 평면도체 표면에 유도되는 면전하밀도가 최대인 점의 전하밀도를 구하시오.

[해설] $\rho_s = \frac{Q}{2\pi a^2}$

$$= \frac{10^{-2}}{2 \times 3.14 \times (0.5)^2} \fallingdotseq 0.64 \times 10^{-2} \, [\text{C/m}^2]$$

예제 8. 두 평면도체의 교차각 $\theta = 30°$일 때 교차되는 도체 사이에 나타나는 영상전하는 몇 개인가?

[해설] $n = \frac{360}{\theta} - 1 = \frac{360}{30} - 1 = 11$ 개

2 - 2 점전하와 접지된 도체구

(1) 전 위

그림 5 - 17과 같이 반지름 a인 도체구 중심점 O에서 d만큼 떨어진 점 A에 점전하 Q가 존재할 때 구면상 어느 점이나 전위가 0이 되는 영상점 A'에 영상전하 Q'를 가상한다. 도체구면상의 임의의 점 P의 전위 V_P는 접지되어 있으므로 0이 된다.

$$V_P = \frac{1}{4\pi\varepsilon_0}\left(\frac{Q'}{r_1} + \frac{Q}{r_2}\right) = 0$$

$$\therefore \ \frac{Q'}{r_1} + \frac{Q}{r_2} = 0$$

$$\frac{r_1}{r_2} = \frac{-Q'}{Q}$$

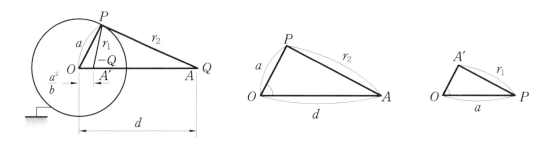

그림 5-17 점전하와 접지 도체구

(2) 상반점(inverse point)

ΔPOA와 $\Delta A'OP$가 닮은꼴이 되도록 A'점을 잡으면 $\angle POA$ 와 $\angle A'OP$ 는 같다.

$$\frac{r_1}{r_2} = \frac{a}{d} = \frac{OA'}{A}$$

$$\therefore \ OA' = \frac{a^2}{d}$$

A'점을 A점의 구면에 대한 상반점이라 한다.

(3) 영상전하

$$\frac{r_1}{r_2} = \frac{-Q'}{Q} = \frac{a}{d} = \frac{OA'}{a}$$

$$Q' = -\frac{r_1}{r_2}Q = -\frac{a}{d}Q$$

(4) 영상전하 Q'와 점전하 Q의 거리

$$AA' = d - \frac{a^2}{d} = \frac{d^2 - a^2}{d}$$

(5) 구도체와 점전하 Q간에 작용하는 힘

$$F = \frac{Q}{4\pi\varepsilon_0} \cdot \frac{-\dfrac{a}{d}Q}{(AA')^2}$$

$$= \frac{Q}{4\pi\varepsilon_0} \cdot \frac{-\dfrac{a}{d}Q}{\left(\dfrac{d^2-a^2}{d}\right)^2}$$

$$= \frac{Q}{4\pi\varepsilon_0} \cdot \frac{-adQ}{(d^2-a^2)^2}$$

$$= -\frac{1}{4\pi\varepsilon_0} \cdot \frac{adQ^2}{(d^2-a^2)^2} \ [\mathrm{N}]$$

도체구 앞에 전하를 놓아도 정전 유도에 의해 나타나는 전하 때문에 흡인력이 작용한다.

2−3 점전하와 절연된 도체구

(1) 전체전하

도체구가 절연되어 있다는 것은 도체구에 유도되는 전하가 없다는 것이므로 전체전하는 0이 된다.

(2) 영상전하

그림 5−18과 같이 반지름 a인 도체구 중심 O점에도 d인 점 A에 점전하 Q가 존재할 경우, A'점에 점전하 Q의 영상전하 $-\dfrac{a}{d}Q$의 전하를 두면 도체구의 전체전하는 0이 되므로 중심 O에 $\dfrac{a}{d}Q$의 영상전하를 놓아야 한다.

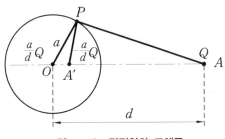

그림 5−18 점전하와 도체구

(3) 구도체와 점전하 간에 작용하는 힘

전계는 Q와 $-\dfrac{a}{d}Q$ 및 $\dfrac{a}{d}Q$의 점전하가 있는 것과 같고 3개의 전하가 작용하는 힘은 다음과 같고, 접지된 도체구의 흡인력이 작용한다.

$$F = \frac{1}{4\pi\varepsilon_0}\left\{ \frac{Q\left(-\dfrac{a}{d}Q\right)}{\left(\dfrac{d^2-a^2}{d}\right)^2} + \frac{Q\left(\dfrac{a}{d}Q\right)}{d^2} \right\}$$

$$= \frac{1}{4\pi\varepsilon_0}\left\{ \frac{-adQ^2}{(d^2-a^2)^2} + \frac{aQ^2}{d^3} \right\}$$

$$= -\frac{Q^2}{4\pi\varepsilon_0}\left\{ \frac{a^3(2d^2-a^2)}{d^3(d^2-a^2)^2} \right\}$$

2−4 선전하와 평판도체

(1) 전 계

무한 평판도체의 높이 h에 선전하밀도 ρ_l를 갖는 반지름 a인 무한 직선도체가 있을 때 도체 표면의 중심축상의 점 P의 전계는 다음과 같다.

$$E = \frac{1}{2\pi\varepsilon_0} \cdot \frac{\rho_l}{2h} = \frac{1}{4\pi\varepsilon_0} \cdot \frac{\rho_l}{h} \ [\text{V/m}]$$

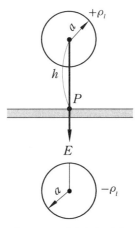

그림 5−19 선전하와 평판도체

(2) 직선도체가 단위길이당 받는 힘

$$F = \rho_l \cdot E = \frac{1}{4\pi\varepsilon_0} \cdot \frac{\rho_l{}^2}{h} \ [\text{N/m}]$$

(3) 직선도체 사이의 전위차

$$V = -\int_{2h}^{a} E \, dh = -\int_{2h}^{a} \frac{1}{4\pi\varepsilon_0} \cdot \frac{\rho_l}{h} \, dh$$

$$= -\frac{\rho_l}{4\pi\varepsilon_0} \int_{2h}^{a} \frac{1}{h} \, dh$$

$$= \frac{\rho_l}{2\pi\varepsilon_0} \ln \frac{2h}{a} \ [\text{V}]$$

(4) 평행 원통도체에서의 전위차

평행 원통도체에서의 두 도체 사이의 전위차는 2배이다.

$$V = \frac{\rho_l}{\pi\varepsilon_0} \ln \frac{2h}{a} \ [\text{V}]$$

(5) 두 도체 사이의 정전용량

정전용량은 송전 선로의 대지 정전용량을 구할 때 이용된다.

$$C = \frac{\rho_l}{V}$$

$$= \frac{\rho_l}{\frac{\rho_l}{2\pi\varepsilon_0} \ln \frac{2h}{a}} = \frac{2\pi\varepsilon_0}{\ln \frac{2h}{a}} \ [\text{F/m}]$$

2−5 점전하와 두 유전체

(1) 전 위

그림 5−20 (a)와 같이 유전율 ε_1, ε_2인 두 종류의 유전체를 무한 평면도체에 접하고 있을 때 유전체 ε_1 내의 임의의 점 P에 점전하 Q가 있다면 그림 5−20 (b) 축 OO'에 대한 점 P의 영상점 P'에 영상전하 Q'가 존재한다. 점전하 Q와 영상전하 Q'에 대한 유전체 ε_1 내의 임의의 점 P에 대한 전위는 다음과 같다.

$$V_1 = \frac{1}{4\pi\varepsilon_1} \left\{ \frac{Q}{\sqrt{(x-a)^2+y^2}} + \frac{Q'}{\sqrt{(x+a)^2+y^2}} \right\}$$

그림 5−20 (c)와 같이 전·공간이 유전체 ε_2로 가득 차 있을 때, 점 P''에 전하 Q''일 때 유전체 ε_2 내의 전위는 다음과 같다.

$$V_2 = \frac{1}{4\pi\varepsilon_2} \frac{Q''}{\sqrt{(x+a)^2+y^2}}$$

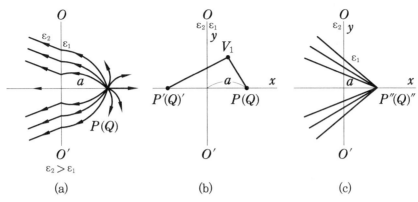

그림 5-20 점전하와 두 유전체

(2) 전 하

경계면상에서는 $x=0$, $V_1 = V_2$이다.

$$\frac{1}{4\pi\varepsilon_1} \left(\frac{Q}{\sqrt{a^2+y^2}} + \frac{Q'}{\sqrt{a^2+y^2}} \right) = \frac{1}{4\pi\varepsilon_2} \frac{Q''}{\sqrt{a^2+y^2}}$$

$$\frac{Q}{\varepsilon_1} + \frac{Q'}{\varepsilon_1} = \frac{Q''}{\varepsilon_2}$$

$$\varepsilon_1 Q' = \varepsilon_2 (Q+Q')$$

$Q = Q' + Q''$이므로 영상전하는 다음과 같다.

$$Q' = \frac{\varepsilon_1 - \varepsilon_2}{\varepsilon_1 + \varepsilon_2} Q$$

$$Q'' = \frac{2\varepsilon_2}{\varepsilon_1 + \varepsilon_2} Q$$

(3) 유전체와 점전하 Q 간에 작용하는 힘

점 P의 점전하 Q와 유전체 ε_2 간에 작용하는 힘은 유전체 ε_1 내에서 점전하 Q와 영상전하 Q'간에 작용하는 힘과 같다.

$$F = \frac{1}{4\pi\varepsilon_1} \frac{Q\,Q'}{(PP')^2} = \frac{1}{4\pi\varepsilon_1} \frac{Q^2}{(2a)^2} \frac{\varepsilon_1 - \varepsilon_2}{\varepsilon_1 + \varepsilon_2}$$

$$= \frac{1}{16\pi\varepsilon_1} \frac{\varepsilon_1 - \varepsilon_2}{\varepsilon_1 + \varepsilon_2} \frac{Q^2}{a^2} \ [\text{N}]$$

따라서 $\varepsilon_1 > \varepsilon_2$이면 $F > 0$이 되어 반발력이 작용하고, $\varepsilon_1 < \varepsilon_2$이면 $F < 0$이므로 흡인력이 작용한다.

2-6 평등 전계 내의 유전체 구

(1) 전 위

그림 5-21 (a)와 같이 유전율 ε_1인 유전체 내의 평등 전계 E_θ 내에 유전율 ε_2인 유전체 구가 있을 경우 전계 분포 및 전속 분포는 유전체 외부에 있는 점 P의 전기 쌍극자에 의한 전위는 다음과 같다.

$$V = \frac{Q}{4\pi\varepsilon_0}\left(\frac{1}{r_1} - \frac{1}{r_2}\right)$$

$$= \frac{Q}{4}\pi\varepsilon_0 \frac{r_2 - r_1}{r_1 r_2}$$

$$= \frac{Q}{4\pi\varepsilon_0}\frac{d\cos\theta}{r^2}$$

$$= \frac{M\cos\theta}{4\pi\varepsilon_0 r^2} \ [\mathrm{V}]$$

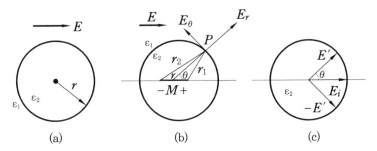

(a)   (b)   (c)

그림 5-21 평등 전계 내의 유전체 구

(2) 전 계

그림 5-21 (b)와 같이 임의의 점 P에 대한 r방향의 전계 성분 E_r, θ방향의 전계 성분 E_θ는 다음과 같다.

$$E_r = -\frac{2V}{2r} = \frac{2M\cos\theta}{4\pi\varepsilon_1 r^3}$$

$$E_\theta = -\frac{2V}{2\theta} = \frac{M\cos\theta}{4\pi\varepsilon_1 r^3}$$

① 유전체 ε_1에서 전계의 성분

• 전계의 법선 성분

$$\varepsilon_1(E_r + E\cos\theta) = \left(\frac{2M}{4\pi r^3} + \varepsilon_1 E\right)\cos\theta$$

• 전계의 접선 성분

$$E_\theta - E\sin\theta = \left(\frac{M}{4\pi\varepsilon_1 r^3} - E\right)\sin\theta$$

② 유전체 구 내에서 전계의 성분

• 전계의 법선 성분

$$\varepsilon_2 E'\cos\theta$$

• 접선 성분

$$E'\sin\theta$$

③ 내부전계 다음과 같으나 전속밀도는 전계의 법선 성분과 같으므로

$$\frac{2M}{4\pi r^3} + \varepsilon_1 E = \varepsilon_2 E'$$

전계의 세기는 전계의 접선 성분과 같으므로

$$\frac{M}{4\pi\varepsilon_1 r^3} - E = -E'$$

위 두 식에서 E'를 소거하면 전기 쌍극자 M과 내부전계 E'는 다음과 같다.

$$M = 4\pi r^3 \frac{\varepsilon_1(\varepsilon_2 - \varepsilon_1)}{2\varepsilon_1 + \varepsilon_2} E$$

$$E' = \frac{3\varepsilon_1}{2\varepsilon_1 + \varepsilon_2} E$$

(3) 전속밀도

유전체 구 내부에서의 평등 전계가 형성하면 유전체는 균등하게 분극되므로 내부 전속밀도 D'는 다음과 같다.

$$D' = 4\pi r^3 \frac{3\varepsilon_2}{2\varepsilon_1 + \varepsilon_2} D$$

$$D = \varepsilon_1 E$$

(4) 전속 분포

평등 전계 내의 유전체 구에 의한 전속 분포는 그림 5-22과 같이 전속은 유전율이 큰 곳으로 모이는 성질이 있다.

$$\varepsilon_1 > \varepsilon_2 \text{이면 } E' > E, \quad D' < D$$

$$\varepsilon_1 < \varepsilon_2 \text{이면 } E' < E, \quad D' > D$$

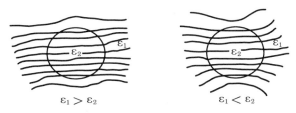

ε₁ > ε₂   ε₁ < ε₂

그림 5-22 평등전계 중의 유전체구에 의한 전속분포

예제 9. 평등 전계 $100\,\mathrm{kV/m}$ 내에 유전율 $\varepsilon_s = 5$인 절연유의 구형 기포에 대한 전계의 세기와 전속밀도를 구하시오.

[해설] 전계의 세기 $E' = \dfrac{2\varepsilon_1}{2\varepsilon_1 + \varepsilon_0}$

$$E_0 = \frac{3 \times 5\varepsilon_0}{2 \times 5\varepsilon_0 + \varepsilon_0}$$

$$E_0 = \frac{15}{11} \times 10^8 = 136 \times 10^6 \; [\mathrm{V/m}]$$

전속밀도 $D' = \varepsilon_0 E' = 8.854 \times 10^{-12} \times 136 \times 10^6$

$$= 1.2 \times 10^{-3} \; [\mathrm{C/m^2}]$$

∽ 연습문제 ∽

1. 유전율이 서로 다른 유전체 사이의 경계면에 전하분포가 서로 같을 때 경계면 양쪽에서
의 전계 및 전속밀도의 관계를 설명하시오.

해설 전계의 전선성분과 전속밀도의 법선성분은 서로 같다.

2. 유전체의 분극률이 χ일 때 분극 벡터 $P = \chi E$의 관계가 있다. 비유전율이 4인 유전체의
분극률은 진공 유전율 ε_0의 몇 배인가?

해설 $P = \varepsilon_0(\varepsilon_s - 1)E$ ∴ 3배이다.

3. 유전율이 다른 두 종류의 경계면에 전속이 입사될 때 전속의 방향은 어떻게 되는가?

해설 직진한다.

4. 진공 중에서 전속이 Q인 대전체를 비유전율 2.2인 유전체 속에 넣었을 경우, 전속은 얼
마인가?

해설 항상 Q이다.

5. 유전율이 $\varepsilon_1 > \varepsilon_2$인 두 유전체의 경계면에 전계가 수직일 때 경계면에 작용하는 힘의 방
향을 설명하시오.

해설 ε_1의 유전체에서 ε_2의 유전체 방향

6. 전기석와 같은 결정체를 냉각시키거나 가열할 때 전기 분극이 일어나는 현상을 무엇이라
하는가?

해설 파이로(pyro) 전기

7. 직교하는 도체 평면과 점전하 사이에는 몇 개의 영상전하가 존재하는가?

해설 3개

8. 점전하 $+Q$의 무한 평면도체에 대한 영상전하를 구하시오.

해설 $-Q$

9. 임의의 단면을 가진 2개의 원주상의 무한히 긴 평행도체가 있다. 도체의 도전율을 무한대
라고 할 때 정전용량 C, 인덕턴스 L, 유전율 ε, 투자율 μ 사이의 관계식을 설명하시오.

해설 $LC = \varepsilon\mu$

10. 전기저항 R과 정전용량 C, 고유저항 ρ, 유전율 ε인 사이의 관계식을 설명하시오.

해설 $RC = \rho\varepsilon$

6

CHAPTER

전 류

전류란 외부 전계에 의하여 전하가 이동하는 것을 말하며 전류의 방향은 정전하의 이동방향으로 결정된다. 또한 시간에 따라 크기와 방향이 변하지 않는 전류를 직류(direct current)라 하고 크기와 방향이 변하는 전류를 교류(alternating current)라 한다.

1. 전 류

1-1 전 류(electric current)

(1) 전류의 세기

전류의 세기는 도체 내의 임의의 단면적을 단위 시간 t [s] 동안에 통과하는 전하량 Q [C]이며, 단위는 A, C/s이다.

$$I = \frac{Q}{t} \ [\text{A}], \ [\text{C/s}]$$

순간적인 전류인 순시전류는 다음과 같다.

$$i = \frac{\varDelta Q}{\varDelta t} \ [\text{A}]$$

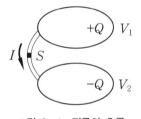

그림 6-1 전류의 흐름

(2) 전류의 방향

전류의 방향은 전자가 흐르는 방향이며 전자는 음전하이므로 음전하 흐름의 방향이 되어야 하나 관습적으로 전류의 방향은 양 전기가 흐르는 방향을 정방향이라 규정하여 사용하였기 때문에 실제 전하의 방향과는 반대방향이 된다.

(3) 전류밀도

전류방향에 직각인 면적 $\varDelta S$ [m²]에 $\varDelta I$ [A]의 전류가 흐르는 전류밀도는 다음과 같다.

$$i = \frac{\varDelta I}{\varDelta S} \ [\text{A/m}^2]$$

길이에 비해 단면적이 큰 단면적 S를 가진 도체에 전계 E를 가하면 전하는 속도 v [m/s]로 운동하고 입자의 전하량은 q [C], 단위체적당 1m³당 전자의 수가 n개라면 체적 전하밀도 $\rho = nq$가 되며 단위면적당 전류밀도는 다음과 같다.

$$i = nqv = \rho v \ [\text{A/m}^2]$$

1-2 옴의 법칙

(1) 옴의 법칙(Ohm'e law)

1826년 독일학자 옴(Ohm)은 두 도체에 흐르는 전류는 도체 양단 간의 전위차(전압)에 비례하고, 도체의 저항에 반비례하는 옴의 법칙을 발표하였다.

$$V = I \cdot R \ [\text{V}]$$

(2) 저 항

저항은 전류의 흐름을 방해하는 소자로 물질의 종류 및 모양, 크기, 온도 등에 따라 달라지며 단위는 Ω이다.

① **온도가 일정한 경우** : 도체의 길이는 l [m], 단면적은 S [m²]일 때 저항 R은 길이에 비례하고 단면적에 반비례한다.

$$R = \rho \frac{l}{A} = \frac{1}{\sigma} \cdot \frac{l}{A} \ [\Omega]$$

여기서, ρ는 고유저항으로 단위 체적당 전하를 나타내며 단위는 Ω·m이다.

② **도전율** : 고유저항의 역수이다.

$$\sigma = \frac{1}{\rho}$$

표 6-1 금속의 저항률 (20℃의 값)

금 속	저항률	금 속	저항률	금 속	저항률
은	1.62	수 은	95.8	아 연	6.1
금	2.40	니 켈	6.9	납	20.6
알루미늄	2.62	연	21.9	규소강	62.5
크 롬	2.6	백 금	10.5	니크롬	100~110
동	1.69	주 석	11.4	망 간	34~100
철	10.0	텅스텐	5.48	인청동	2~6

단위 : 10^{-8} Ω·m

③ **컨덕턴스(conductance)** : 저항의 역수로 G로 나타내며, 단위는 ℧(mho) 또는 S(Siemens)이다.

$$G = \frac{1}{R} \ [\mho]$$

(3) 저항의 온도계수

금속 도체는 온도가 올라가면 원자 격자진동이나 자유전자의 열운동에 의하여 전계에 의해 가속된 전자의 충돌 횟수 증가로 저항이 증가하는 정온도계수(PTC ; positive temperature coefficient)를 가지는 물질과 도체 이외의 재질은 캐리어의 열에너지에 따르는 운동에너지에 의해 저항이 감소하는 부온도계수(NTC ; negative temperature coefficient) 물질이 있다. 아래 표는 0 ℃에서의 금속의 온도계수이다.

$$R_{t2} = R_{t1} + \{1 + at\,(t_2 - t_1)\}$$

여기서, R_{t1} : 기준 온도의 저항값, R_{t2} : 온도 상승 시 저항값

t_1 : 기준 온도, t_2 : 상승 온도, at : 온도 t ℃일 때의 온도계수

표 6-2 금속의 온도계수 (0℃의 값)

금 속	온도계수	금 속	온도계수
금	0.0038	니크롬	0.00003~0.0004
은	0.0034	망 간	0.00001
알루미늄	0.0039	인 바	0.002
동	0.00393	인청동	0.0003~0.004
텅스텐	0.0045	서미스터	−0.035~−0.04

(4) 저항과 정전용량과의 관계

그림 6-2와 같이 유전율 ε, 정전용량 C인 무한히 넓은 콘덴서를 도전율 σ, 또는 고유저항 ρ의 도전성 도체에 전류를 통할 때 도체 간의 저항이 R이라면 도전성 도체에 흐르는 전류 I와 콘덴서 두 전극 사이의 전하량 Q는 일치한다.

① **전류의 세기** : 전기력선을 포위하는 임의의 폐곡면이 $\varDelta S_1$이라면 한 쪽의 전극에서 유출되는 전류의 세기는 다음과 같다.

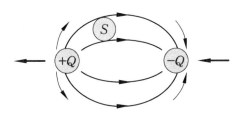

그림 6-2 저항과 정전용량

$$I = \int_{s_1} i\,dS = \int_{s_1} \sigma E\,dS = \sigma(V_1 - V_2)$$
$$= \frac{1}{R}(V_1 - V_2)\,[\text{A}]$$

② **전극의 전하량** : 도선은 가늘고 단면상의 면적분은 무시할 수 있으므로 C가 충전할 때의 전극의 전하량은 다음과 같다.

$$Q = \int_{s_1} D\,dS = \varepsilon \int_{s_1} E\,dS$$
$$= \varepsilon(V_1 - V_2)$$
$$= C(V_1 - V_2)\,[\text{C}]$$

③ **저항과 정전용량의 관계**

$$\frac{Q}{I} = \frac{\varepsilon \int_{s_1} E \cdot n\,dS}{\sigma \int_{s_1} E \cdot n\,dS} = \frac{\varepsilon}{\sigma} = \frac{C(V_1 - V_2)}{\frac{1}{R}(V_1 - V_2)} = RC$$
$$\therefore RC = \frac{\varepsilon}{\sigma} = \varepsilon\rho = \frac{C}{G}$$

1-3 저항의 연결법

저항의 연결방법에는 직렬 연결, 병렬 연결, 직·병렬 연결법 등이 있다.

(1) 직렬 연결

그림 6-3과 같이 저항 R_1, R_2, R_3를 직렬로 연결하고 양단 a, b에 전압을 가하면 옴 법칙에 의하여 각 저항에 흐르는 전류는 같고 전압은 키르히호프 제2법칙에 의해 각 저항의 전압을 합한 전체 전압이 된다.

$$I = I_1 = I_2 = I_3$$
$$V = V_1 + V_2 + V_3 = I_1 R_1 + I_2 R_2 + I_3 R_3$$
$$= (R_1 + R_2 + R_3)I$$

직렬 연결의 합성저항은 각 저항의 합으로 주어지며 각 저항보다 커진다.

$$R = R_1 + R_2 + R_3$$

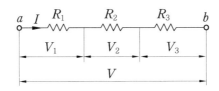

그림 6-3 저항의 직렬 연결

(2) 병렬 연결

그림 6-4와 같이 저항 R_1, R_2, R_3를 병렬 연결하고 양단 a, b에 전압을 가하면 옴법칙에 의하여 각 저항에 걸리는 전압은 같고, 전류는 키르히호프 제1법칙에 의해 각 저항에 흐르는 전류의 합과 같다.

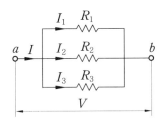

그림 6-4 저항의 병렬 연결

$$V = V_1 = V_2 = V_3$$

$$I = I_1 + I_2 + I_3 = \frac{V_1}{R_1} + \frac{V_2}{R_2} + \frac{V_3}{R_3} = \frac{V}{\frac{1}{R_1} + \frac{1}{R_2} + \frac{1}{R_3}}$$

병렬 연결의 합성저항은 각 저항의 역수의 합을 역수의 값을 취한 값과 같으며 각 저항값보다 작아진다.

(3) △ 결선

△ 결선을 Y결선으로 변환하면 저항값이 $\frac{1}{3}$로 줄어든다.

$$R_a = \frac{R_{ab} \cdot R_{ca}}{R_{ab} + R_{bc} + R_{ca}} = \frac{1}{3} R$$

$$R_b = \frac{R_{ab} \cdot R_{bc}}{R_{ab} + R_{bc} + R_{ca}} = \frac{1}{3} R$$

$$R_c = \frac{R_{bc} \cdot R_{ca}}{R_{ab} + R_{bc} + R_{ca}} = \frac{1}{3} R$$

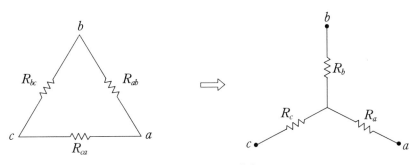

그림 6-5 △ 결선

(4) Y결선

Y결선을 Δ 결선으로 변환하면 반대로 저항값이 3배로 커진다.

$$R_{ab} = \frac{R_a \cdot R_b + R_b \cdot R_c + R_c \cdot R_a}{R_c} = 3R$$

$$R_{bc} = \frac{R_a \cdot R_b + R_b \cdot R_c + R_c \cdot R_a}{R_a} = 3R$$

$$R_{ca} = \frac{R_a \cdot R_b + R_b \cdot R_c + R_c \cdot R_a}{R_b} = 3R$$

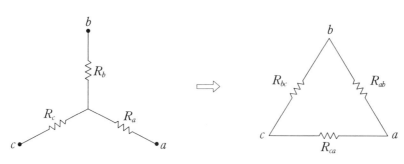

그림 6-6 Y결선

2. 기전력

2-1 기전력

(1) 전 원(electric source)

전류의 통로를 전기회로(electric circuit) 또는 회로라 한다. 그림 6-7 (a)와 같이 저항에 전류가 흐를 때 전기에너지가 소비되는데 회로에서 소비되는 에너지를 보충하기 위한 에너지원이 필요하게 된다. 이와 같이 회로에 전기에너지를 공급하는 원천을 전원이라 하며, 전원에는 발전기(generator), 전지(cell battery), 태양전지(solar battery), 열전지(themo couple) 등 여러 가지가 있다.

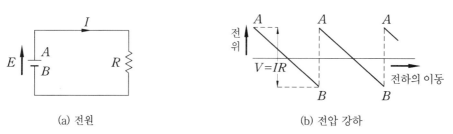

(a) 전원   (b) 전압 강하

그림 6-7 전원과 기전력

① **기전력의 정의** : 그림 6-7 (b)와 같이 저항 R을 접속한 전기회로에 전류 I가 흐를 경우 A점에 B점으로 전하가 이동하는 사이에 $V=IR$ 크기의 전압 강하가 발생한다. 그러나 B점에 A점으로 전하가 이동하면 $V=IR$만큼의 전압 상승이 발생한다. 이와 같이 전압 상승을 발생시켜 회로에 전류를 흐르도록 하는 것을 기전력이라고 한다.

② **기전력의 기호** : 기전력은 전류가 흐르는 방향을 $+$, $-$ 또는 화살표 방향으로 표시한다.

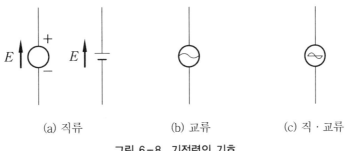

| (a) 직류 | (b) 교류 | (c) 직·교류 |

그림 6-8 기전력의 기호

③ **기전력의 단위** : 기전력의 크기는 전위차로 표시하며 단위는 V(volt)를 사용한다.

(3) 전 압

전압은 두 점의 전위차를 나타낸다. 즉, 기전력은 내부 전위를 나타내고 전압은 외부의 전위차를 나타낸다. 기전력은 E [V], 전압은 V [V]으로 표시하는 것을 원칙으로 한다.

2-2 전지의 연결

(1) 직렬 연결

기전력 E인 전지 n개를 직렬로 연결하고 부하 R인 저항을 연결할 때 전류는 다음과 같다.

$$I = \frac{nE}{nr+R}$$

여기서, n : 전지의 직렬 연결개수

r : 전지의 내부저항

R : 외부저항이다.

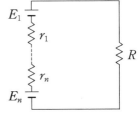

그림 6-9 직렬 연결

(2) 병렬 연결

기전력 E인 전지 m개를 병렬로 연결하고 부하 R인 저항을 연결할 때 전류는 다음과 같다.

$$I = \frac{E}{\frac{r}{m} + R}$$

여기서, m ; 전지의 병렬 연결개수, r : 전지의 내부저항, R : 외부저항이다.

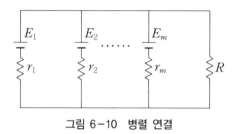

그림 6-10 병렬 연결

(3) 직·병렬 연결

$$I = \frac{nE}{\frac{nr}{m} + R}$$

여기서, m은 병렬 연결개수, n은 직렬 연결개수이다.

2-3 전력과 줄열

(1) 전 력(electric power)

단위 시간당 일을 일률이라 하고 그때의 일이 전기적 에너지일 때 전력이라 한다. 즉, 전력은 단위시간당 전기에너지의 양을 나타낸다.

$$P = \frac{dW}{dt} = \frac{dQ}{dt} \cdot V$$
$$= I \cdot V \text{ [J/s], [W]}$$

(2) 전력량

전력 P [W]인 일정 전력이 t [s] 동안 공급되었을 때 소비되는 일을 전력량이라 한다.

$$W = P \cdot t = \tau \cdot w$$
$$= VI \cdot t = I^2 Rt$$
$$= \frac{V^2}{R} \cdot t \text{ [W·s], [J]}$$

(3) 줄 열

전류가 흐를 때 이동하는 자유전자가 도체의 원자들과 충돌하여 소비되는 열에너지를 줄열이라 한다.

$$H = P \cdot t \text{ [J]}$$
$$= 0.24 P \cdot t \text{ [cal]}$$
$$= \frac{1}{4.185} P \cdot t \text{ [cal]}$$
$$= 0.24 I^2 Rt \text{ [cal]}$$

1 cal는 4.185 J이며, 1 J은 0.24 cal이다.

$$1 \text{ kWh} = 24 \text{ cal} \times 1000 \text{ W} \times 3600 \text{ s}$$
$$= 864 \text{ kcal, cal}$$

(4) 열 량

열이란 온도차에 의해서만 이동하는 에너지이며 열의 단위인 1 칼로리(cal)의 열량은 1 g의 물을 14.5℃에서 15.5℃로 1℃ 높이는 데 필요한 열량으로 정의한다.

질량이 같은 여러 물질에 일정량의 열을 가할 때 온도 상승은 각 물질에 따라 다르다. 1 g의 물질의 온도를 1℃ 높이는 데 필요한 열량을 그 물질의 비열(specific heat)이라 하며 c [kcal/kg·℃]로 표현한다.

질량 m [kg] 물질을 온도변화 ΔT [℃] 만큼 상승할 때 필요한 열량 Q [kcal]는 다음과 같다.

$$Q = mc\Delta T$$
$$= mc(T_2 - T_1) \text{ [kcal]}$$

3. 도체 내의 전류 분포

3-1 전류의 발산

(1) 전하의 연속성

그림 6-11과 같은 폐곡면 S 내의 체적이 v이고 체적 전하밀도가 ρ일 때 체적 내의 전체 전하량은 다음과 같다.

$$Q = \int_v \rho dS$$

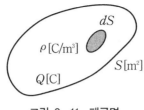

그림 6-11 폐곡면

(2) 전류의 발산

폐곡면 S 내의 전하가 미소면적 dS를 지나 외부로 유출되는 전류는 다음과 같다.

$$I = \int_s i\,dS$$

폐곡면을 통하여 유출되는 전류는 미소면적 dS 내의 전하가 단위시간에 감소하는 전하량과 같다.

$$I = -\frac{dQ}{dt} = -\frac{d}{dt}\int_v \rho\,dV$$

$$= \int_v -\frac{d\rho}{dt}\,dV = \int_v div\,i\,dV$$

① **전하 보존의 법칙** : 전류밀도의 발산은 체적 전하밀도의 시간적인 감소와 같다.

$$div\,i = -\frac{d\rho}{dt}$$

② **전하의 연속성** : 폐곡면 S에 유입되는 전류와 유출되는 전류가 같은 경우에는 폐곡면 S 내의 전하는 시간적인 변화가 없으므로 연속성을 갖는다.

$$div\,i = 0$$

3-2 도체 내의 전계 분포

(1) 전계의 세기

전해액 NH_4Cl(염화암모니아)인 건전지에서 전하를 전해액으로 이동시키는 전계 E_s와 전기적 화학 반응으로 전하를 양극으로 이동시키는 전계 E_l인 건전지의 외부에 도체를 연결하면 전류가 흐른다.

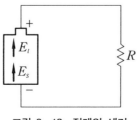

그림 6-12 전계의 세기

① 전계의 세기

$$E = E_s + E_l$$

여기서, E_s는 정전계이며 E_l는 인가 기전력이다.

② 전 류

$$i = \sigma (E_s + E_l)$$

여기서, σ는 도전율이다.

(2) 전류밀도

도체 내에 전류가 흐르면 전하의 축적이나 소멸이 없으므로 $div\ i = 0$이다.

$$\therefore div\ i = \sigma\ div(E_s + E_l) = 0$$

(3) 전계의 분포

도체 내의 임의 점의 전위를 V라 하면 정전계 $E_s = -grad\ V$이다.

$$\sigma\ div(E_s + E_l) = \sigma\ div(-grad\ V + E_l)$$
$$= \sigma\ div\ E_l - \sigma\ div \cdot grad\ V = 0$$

여기서 도전율 σ가 일정하면 다음과 같다.

$$div\ i = div \cdot grad\ V = \bigtriangledown^2 V = div\ E_l$$

외부에서 가하는 인가 기전력이 없는 경우 $E_l = 0$이다.

$$\bigtriangledown^2 V = div\ E_l = 0 ,\ E = -grad\ V$$

4. 열전현상

4-1 제베크 효과(Seeback effect)

그림 6-13과 같이 두 종류의 금속의 양단을 접합하여 폐회로를 만든 후, 두 접합점의 온도를 다르게 하였을 때 이 회로 내에 열기전력이 발생하여 열전류가 흐른다.

(1) 열전대

두 종류의 금속 A, B를 조합한 것을 열전대라 한다.

(2) 열전능(thermo electro power)

두 금속의 접속부의 온도차가 $\varDelta T$일 때 열기전력 $\varDelta E$의 관계식은 다음과 같다.

$$Q = \frac{\Delta E}{\Delta T} \ \text{또는} \ \ Q = \frac{dE}{dT}$$

여기서, Q는 열전능으로 실험적으로 주어진다.

$$Q = a + bT$$

여기서, a, b는 두 금속의 종류에 따른 열전 상수, T는 온도차이다.

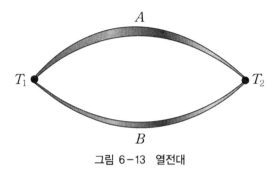

그림 6-13 열전대

(3) 열기전력

$$E = \int_{T_1}^{T_2} Q dT = \int_{T}^{T_2} (a + bT) dT$$

$$= a(T_2 - T_1) + \frac{1}{2} b(T_2^2 - T_1^2)$$

4-2 펠티에 효과(Peltier effect)

두 종류의 금속을 접합한 열전대에 전류를 흘리면 접합부에서 열의 발생에 의하여 온도가 상승하거나 또는 열의 흡수에 의하여 온도가 내려가는 현상으로 제베크 효과의 반대 현상이다.

$$H = 0.24 P \int_0^t I dt \ [\text{cal}]$$

여기서, H : 발열량, P : 펠티에 계수, I : 전류, t : 시간이다.

4-3 톰슨 효과(Thomson effect)

동일한 종류의 금속 또는 반도체의 양단에 온도차를 주고 전류를 흘리면 열이 발생하거나 흡수되는 현상이다.

$$H = Q \int_{T_1}^{T_2} \tau(T) dt \ [\text{cal}]$$

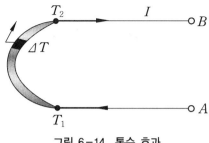

그림 6-14 톰슨 효과

4-4 볼타 법칙(Volta law)

일정 온도에서 다수의 도체를 직렬로 접촉시켰을 때 양단의 전위차는 각 도체 간 전위차의 대수 합과 같다.

$$V = V_A + V_B + V_C$$

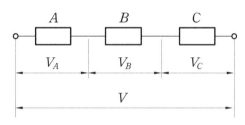

그림 6-15 볼타 법칙

∽ 연습문제 ∽

1. $1\,\mu\text{A}$의 전류가 흐르고 있을 때 $10\,\text{ms}$ 간에 통과하는 전자의 수를 구하시오.

해설 $N = \dfrac{Q}{e} = \dfrac{It}{e} = 6.242 \times 10^8$ [개]

2. 전류밀도 $i = 10^8\,\text{A/m}^2$이고 단위체적의 이동전하 $Q = 5 \times 10^8$ [C/m³]일 때 도체 내 전하의 이동속도를 구하시오.

해설 $v = \dfrac{i}{Q} = 0.2\,\text{m/s}$

3. 용량 $2\,\text{kW}$의 전열기로 $10\,\text{L}$의 물을 $30\,℃$에서 $120\,℃$까지 온도를 높이는 데 걸리는 시간을 구하시오. (단, 효율은 $95\,\%$이다.)

해설 $t = \dfrac{mc(T_2 - T_1)}{0.24 P\eta} = 1973.7$초

4. $220\,\text{V}$용 $1\,\text{kW}$ 니크롬선이 $\dfrac{1}{4}$의 길이에서 끊어져 나머지 $\dfrac{3}{4}$의 길이를 사용할 때 소비되는 전력을 구하시오.

해설 $P = \dfrac{V^2}{\dfrac{3}{4}R} = 1.33\,\text{kW}$

5. 온도 $t\,℃$에서 저항이 R_1, R_2이고 온도계수가 σ_1, σ_2인 2개의 저항을 직렬접속했을 때 합성저항의 온도계수를 구하시오.

해설 $\dfrac{\sigma_1 R_1 + \sigma_2 R_2}{R_1 + R_2}$

6. 기전력이 $1.5\,\text{V}$이고 내부저항 $0.02\,\Omega$인 전지에 $2\,\Omega$의 저항을 연결했을 때 저항에서 소모되는 전력은 얼마인가?

해설 $P = I^2 R = 1.1\,\text{W}$

7. 직류전원의 단자전압을 내부저항 $250\,\Omega$의 전압계로 측정하면 $50\,\text{V}$이고 $750\,\Omega$의 전압계로 측정하면 $75\,\text{V}$일 때 전선의 기전력 E 및 내부저항 r의 값을 구하시오.

해설 $E = (r + 250)I_1 = (r + 750)I_2$

∴ $E = 100\,\text{V}$, $r = 250\,\Omega$

7 정 자 계

CHAPTER

철광석의 일종인 자철광(Fe_2O_3)은 자석의 성질을 가지며 중심을 매달면 남북을 가리킨
다. 이러한 성질은 철, 니켈, 코발트 등의 금속에서도 인위적으로 할 수 있다. 이러한 성
질을 갖고 있는 금속을 자기를 가지고 있다고 하며 그 물체를 자석(magnet)이라 한다.
자석은 그 모양에 따라 막대자석, 말굽자석 및 자침 등으로 분류하며 이들은 모두 영구
자석에 속한다.

1. 자계의 법칙

1-1 자기현상

두 개의 자석 상호 간에 흡인력이나 반발력이 작용하여 철을 당기거나 밀어내는 현상
을 자기현상이라 한다.

(1) 자 극

자석은 주위의 공간에 자기적 작용을 하지만 자석의 양쪽 끝에 자기력 작용이 강한 부
분이 있으며 이것을 자극이라 한다.

N극(north pole ; 정극) : 붉은색
S극(south pole ; 부극) : 청색
자축 : 지구의 북극과 남극을 연결하는 선

그림 7-1 자 극

(2) 자극의 세기

자극의 세기는 자석의 자극에 있는 자기에 의해 정해지며 자속의 단위는 Wb(weber)로

표시한다.

(3) 자 계

자기현상이 나타나는 공간을 자계 또는 자장이라 한다.

1-2 쿨롱의 법칙

자석 사이에 작용하는 힘을 쿨롱의 법칙에 의하여 구한다.

(1) 점자극(point magnetic pole)

전하는 점전하와 부전하로 분리할 수 있으나, 자석은 N극, S극으로 분리할 수 있다. 따라서 힘을 측정하기 위한 자석은 가늘고 길어서 한 자석의 두 극이 서로 영향이 미치지 않는 경우로 가정한 자극을 점자극이라 한다.

(2) 쿨롱의 법칙(Coulomb's law)

점자극의 세기가 m_1 [Wb], m_2 [Wb]인 두 점자극을 극간거리 r [m] 사이에 작용하는 힘 F는 쿨롱의 법칙에 의해 구한다.

$$F = k\frac{m_1 \cdot m_2}{r^2}$$
$$= \frac{1}{4\pi u_0} \cdot \frac{m_1 \cdot m_2}{r^2}$$
$$= 6.33 \times 10^4 \frac{m_1 \cdot m_2}{r^2} \ [\text{N}]$$

여기서, $\frac{1}{4\pi\mu_0} = 6.33 \times 10^4$, $\frac{1}{4\pi\varepsilon_0} = 9 \times 10^9$이다.

CGS 단위계에서는 상수 $k=1$이지만 MKS 단위계에서는 상수 $k = \frac{1}{4\pi\mu_0} = 6.33 \times 10^4$이 된다. 자극의 세기 $1 \text{Wb} = 10^8 \text{Mx}$의 값을 가진다.

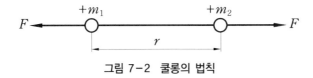

그림 7-2 쿨롱의 법칙

(3) 힘의 벡터 표현

그림 7-2와 같은 점자극의 세기 m_1 [Wb], m_2 [Wb]가 있을 때 점자극 m_2에 작용하는 쿨롱의 법칙에서 얻어지는 힘을 벡터로 표현하면 다음과 같다.

$$F = \frac{1}{4\pi\varepsilon_0} \frac{m_1 m_2}{r^2} \cdot \pmb{\gamma}_0$$

$$= 6.33 \times 10^4 \frac{m_1 m_2}{r^2} \cdot \pmb{\gamma}_0 \text{ [N]}$$

여기서, $\pmb{\gamma}_0$는 힘 $\pmb{F}$의 단위 벡터이며 힘의 방향은 두 자극의 세기가 같은 부호를 가지면 반발력이 작용하고, 두 자극의 세기가 다른 부호를 가지면 흡입력이 작용한다.

(4) 투자율(permeability)

① **진공의 투자율** : 진공 상태에서 투자율의 값은 $\mu_0 = 4\pi \times 10^{-7}$ [H/m]이며 유전율의 값은 $\varepsilon_0 = \frac{1}{36\pi} \times 10^{-9}$ [F/m]이다.

② **비투자율** : 비투자율은 매질의 종류에 따라 달라지며 μ_s로 나타낸다.

③ **매질의 투자율** : 매질의 투자율은 진공의 투자율×비투자율이다.

$$\mu = \mu_0 \times \mu_s$$

예제 1. 진공 중에서 6×10^{-4} [Wb]의 N극과 극성을 알지 못하는 4×10^{-4} [Wb]의 자극 사이에 0.5 N의 반발력이 작용하고 있다면 극성의 부호와 양 자극 간의 거리를 구하라.

해설 $F = \frac{1}{4\pi\mu_0} \cdot \frac{m_1 \cdot m_2}{r^2}$

$0.5 = 6.33 \times 10^4 \frac{6 \times 10^{-4} \times 4 \times 10^{-4}}{r^2}$

$r^2 = 0.030384 \qquad \therefore r = 0.174 \text{ m} = 17.4 \text{ cm}$

극성은 반발력이 작용하므로 같은 극성인 N극이다.

2. 자 계

자하는 그 주위에 존재하는 다른 자하에 힘이 미치므로 자하가 주위의 공간에 자기력이 미치는 영역을 자계(magnetic field) 또는 정자계라 한다.

2−1 자계의 세기

자계 중의 한 점에 1 Wb의 정자하를 놓았을 때 작용하는 힘의 크기와 방향을 그 점에 대한 자계의 세기라 하고 H로 표시하며, 단위는 H/Wb 또는 AT/m이다.

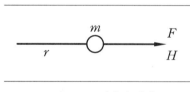

그림 7-3 자계의 세기

(1) 자계의 세기

$$H = \frac{F}{m} = \frac{1}{4\pi\mu_0} \cdot \frac{m}{r^2}$$
$$= 6.33 \times 10^4 \cdot \frac{m}{r^2} \ [\text{AT/m}], \ [\text{N/Wb}]$$

(2) 여러 개의 점자극이 존재할 때

자장 내에 여러 개의 점자극이 존재할 때 임의의 한 점의 자계의 세기는 각 점자극에 의한 자계의 벡터 합이다.

$$H = H_1 + H_2 + \cdots H_n$$
$$= k \frac{m_1}{r_1^2} + k \frac{m_2}{r_2^2} + \cdots k \frac{m_n}{r_n^2}$$
$$= \frac{1}{4\pi\mu_0} \sum_{i=1}^{n} \frac{m_i}{r_i^2} \ [\text{AT/m}]$$

2-2 자력선(lines magnetic force)

자력선은 자계 내에 단위 정자하를 놓았을 때 자기력에 의하여 단위 정전하가 이동하는 가상적인 선이다.

(1) 자력선 수

그림 7-4 (a)와 같이 벡터 H방향으로 그려진 자력선으로 단위면적을 수직으로 통과하는 자력선 수는 다음과 같다.

$$dN = H \cdot dS$$

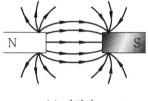

(a) 자력선

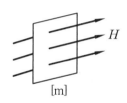

(b) 단위면적

그림 7-4 자력선

(2) 자력선 분포

그림 7-5에서 H가 미소면적 dS에 대해 법선 성분과 θ의 각도를 이루고 통과할 경우 수직 성분인 법선 성분을 취하므로 면적 S를 지나는 자력선 총수 N은 다음과 같다.

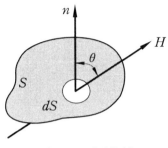

그림 7-5 자력선 분포

$$N = \oint_s H \cos \theta \, dS = \oint H \cdot n \, dS$$

여기서, n은 dS에 대한 법선 단위벡터이다.

(3) 가우스(Gauss) 법칙

자극의 세기 m [Wb]에서 나오는 총자력선은 가우스 법칙을 적용하면 다음과 같다.

$$N = \frac{dN}{dS}$$

여기서, $dN = H \cdot dS$이다.

자극의 세기 m [Wb]에서 나오는 자기력선 수는 자계의 세기에 의해 다음과 같다.

$$N = \int_s H \cdot n \, dS = \frac{m}{4\pi\mu_0 r^2} \int_s dS$$

$$= \frac{m}{4\pi\mu_0 r^2} \cdot 4\pi r^2 = \frac{m}{\mu_0} \text{ [개]}$$

즉, 임의의 폐곡면에서 나오는 자기력선 수는 폐곡면 안의 자극의 세기(자하량) m의 $\frac{1}{\mu_0}$배이다.

(4) 자력선의 성질

자력선의 성질은 다음과 같이 전기력선의 성질과 유사하다.
① 자력선은 정(+)자하(N극)에서 나와 부(−)자하(S극)로 들어간다.
② 자력선상의 어떤 점에서의 접선의 방향은 그 점의 자계의 방향을 나타낸다
③ 자력선은 같은 극끼리는 반발력, 다른 극끼리는 흡입력이 생긴다.

④ 자하가 존재하는 경우 자기력선은 서로 교차하지 않는다.

⑤ 자하가 존재하지 않는 장소에서는 자력선의 발생과 소멸이 없고 연속한 곡선이 된다.

⑥ 자력선의 수는 자극의 크기에 비례하고 진공 중의 자극 m [Wb]에서는 $\dfrac{m}{\mu_0}$ [개]의 자력선이 나온다.

⑦ 자력선은 등자위면과 직교한다.

(a) 방향　　　(b) $\dfrac{m}{\mu_0}$ [개] 인출　　　(c) $\dfrac{m}{\mu_0}$ [개] 인입

그림 7–6 자력선

예제 2. 그림과 같이 10 cm, 자극의 세기가 $\pm 5 \times 10^{-6}$ [Wb]인 막대자석이 있다. 자축상의 한 점 A와 자석의 중심 O에서 수직으로 20 cm 떨어진 점 B의 자계의 세기를 구하시오.

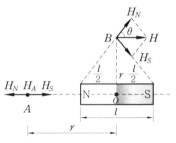

해설 ① 점 A의 자계의 세기를 H_A라면

$$H_A = H_N - H_S = \frac{1}{4\pi\mu_0} \left\{ \frac{m}{\left(r_0 - \frac{l}{2} \right)^2} - \frac{m}{\left(r_0 + \frac{l}{2} \right)^2} \right\}$$

$$= \frac{1}{4\pi\mu_0} \cdot \frac{2mlr}{\left(r_0^{\,2} - \frac{l^2}{2} \right)^2} = 6.33 \times 10^4 \frac{0.5 \times 10}{1.225 \times 10}$$

$$= 2.584 \times 10^{-5} \text{ [AT/m]}$$

② 점 B의 자계의 세기는 N극, S극에 의해 방향이 다르고 크기는 같다.

$$H_N = H_S = \frac{1}{4\pi\mu_0} \cdot \frac{m}{r^2 + \frac{l^2}{4}} = 6.33 \times 10^4 \frac{5 \times 10^{-6}}{0.2^2 + \frac{0.1^2}{4}}$$

$$= 6.33 \times 10^4 \frac{5 \times 10^{-6}}{3.75 \times 10^{-2}} = 8.44 \text{ AT/m}$$

$$\cos \theta = \cfrac{\cfrac{l}{2}}{r^2 + \cfrac{l^2}{4}} = \cfrac{\cfrac{0.1}{2}}{0.2^2 + \cfrac{0.1^2}{4}} = \frac{0.05}{3.75 \times 10^{-2}} = 1.33$$

$$\therefore \ H_B = 2 H_N \cos \theta = 2 \times 8.44 \times 1.33 = 22.45 \ \text{AT/m}$$

3. 자 위

자위는 전위의 정의와 같이 무한원에서 자계 중의 한 점까지 단위 점자극을 운반할 때 소요되는 일을 그 점에 대한 자위(磁位)라 한다.

3-1 자위(magnetic potential)

(1) 자위의 정의

자계 H 내의 한 점 P점의 자위는 다음과 같다.

$$U_P = - \int_{\infty}^{P} H \cdot dl$$

$$= - \int_{\infty}^{P} H \cos \theta \, dl \ [\text{J/Wb}], \ [\text{AT}]$$

여기서 음의 부호는 외부에서 에너지 공급을 받아 자위가 높아진다는 의미를 나타낸다. 계산 결과값이 양이면 자위가 높아지고, 음이면 자위가 낮아지는 것으로 자계가 일을 행한 것을 의미한다.

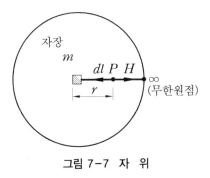

그림 7-7 자 위

(2) 자위의 단위

자위의 단위는 1 Wb의 자극을 운반할 때의 일이 1 J이 되는 두 점 사이의 전위차를 기준으로 하여 J/Wb, 또는 AT로 정한다.

$$F = k \frac{m^2}{r^2} \text{ [N]}$$

$$H = k \frac{m}{r^2} \text{ [Wb], [AT/m]}$$

$$U = k \frac{m}{r} \text{ [J/Wb], [AT]}$$

(3) 자위차

자위차는 자계 중의 임의의 두 점 간의 전위차로 한 점의 자위가 U_1, 다른 점이 자위가 U_2라면 자위차 U_{12}는 다음과 같다.

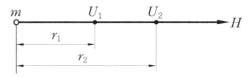

그림 7-8 점자하에 의한 자위차

$$U_{12} = U_1 - U_2 = - \int_{r_1}^{r_2} H \cdot dl$$

$$= - \int_{r_2}^{r_1} \frac{1}{4\pi\mu_0} \cdot \frac{m}{r^2} \, dr = \frac{m}{4\pi\mu_0} \left[\frac{-1}{r} \right]_{r_2}^{r_1}$$

$$= \frac{m}{4\pi\mu_0} \left(\frac{1}{r_1} - \frac{1}{r_2} \right) \text{ [J/Wb]}$$

(4) 자위경도

자계 H 중에서 단위 점자극을 미소거리 dl만큼 변위시켰을 때 소요되는 에너지, 즉 자위의 증가는 다음과 같다.

$$dU = - H \cos \theta \, dl$$
$$H \cos \theta = - \frac{dU}{dl}$$

여기서, θ를 자계 H와 dl이 이루는 각이다.

자계 H와 dl이 이루는 각이 0°일 때 자위경도는 다음과 같다.

$$H = - \frac{dU}{dl} \text{ [AT/m]}$$

자위경도는 직각좌표의 x, y, z의 각 축방향의 성분에 대해서도 성립할 것이므로 좌표공간 내 한점에서 자계 H와 자위 U 사이의 관계는 다음과 같다.

$$H = -\left(\frac{2U}{2x} i + \frac{2U}{2y} j + \frac{2U}{2z} k \right)$$

$$= -grad\ U = -\nabla U \text{ [AT/m]}$$

(5) 보존장

그림 7-9와 같이 단위 정전하가 정자계 중에서 일주할 때 일은 정전계와 마찬가지로 $\oint_c Hdl = 0$로 정자계도 보존장이 된다.

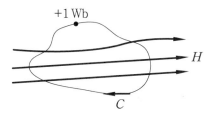

그림 7-9 정자계 중 일주하는 정자화

3-2 자위경도

(1) 등자위면

그림 7-10과 같이 자계 중에 자위가 같은 점을 연결하면 하나의 곡면을 얻는데 이를 등자위면이라 한다.

등자위면과 자력선은 직교하고 서로 교차하지 않는다.

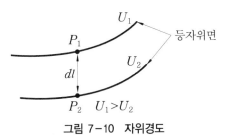

그림 7-10 자위경도

(2) 자위경도

자위 U_1과 U_2의 간격이 매우 작다면 자위차 $-dU = U_1 - U_2$는 두 자위 U_1, U_2 간의 자계 변화율 $H = -\frac{dU}{dl}$를 자계 중의 자위경도라 한다.

즉, 자위경도와 자계의 세기는 같다.

① **직각좌표계의 자위경도**

$$H_x = -\frac{dU}{dx}$$

$$H_y = -\frac{dU}{dy}$$

$$H_z = -\frac{dU}{dz}$$

② **극좌표 (r, θ)의 자위경도**

$$H_r = -\frac{\partial U}{\partial r}$$

$$H_\theta = -\frac{1}{r} \cdot \frac{\partial U}{\partial \theta}$$

③ **벡터 자계**

$$H = iH_x + jH_y + kH_z = -grad\ U \ [\text{AT/m}]$$

자계 H는 자위 U의 기울기(경도)와 같고, $-$부호는 자위가 감소하는 방향으로 자계의 방향과 같다.

예제 3. 2×10^{-6} [Wb]의 점자극에 의한 자계 중에서 2×10^{-1} [m] 거리에 있는 점의 자위를 구하시오.

[해설] 점자극에서 20 cm 거리의 점에서의 자위

$$U = -\int_\infty^r H \cdot dl = \frac{m}{4\pi\mu_0 r^2} = 6.33 \times 10^4 \times \frac{2 \times 10^{-6}}{2 \times 10^{-1}} = 6.33 \times 10^{-1} \ [\text{AT}]$$

예제 4. 진공 중에서 자기모멘트 M [Wb·m]인 막대자석의 축과 θ각을 이루고 자석의 중심에서 r [m]인 곳의 자위를 구하시오. (단, r은 자석의 길이에 비해 충분히 크다.)

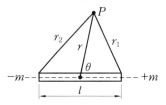

[해설] P점의 자위

$$U = \frac{m}{4\pi\mu_0}\left(\frac{1}{r_1} - \frac{1}{r_2}\right) = \frac{m}{4\pi\mu_0} \cdot \left(\frac{r_2 - r_1}{r_1 \cdot r_2}\right)$$

$$l \ll r \quad \therefore r_2 = r + \frac{l}{2}\cos\theta, \quad r_1 = r - \frac{l}{2}\cos\theta$$

$$r_1 \cdot r_2 = r^2 \quad \therefore U = \frac{ml\cos\theta}{4\pi\mu_0 r^2} = \frac{M\cos\theta}{4\pi\mu_0 r^2} \ [\text{AT}]$$

4. 자 속

자력선은 정전계에서 전기력선의 경우와 같이 투자율이 다른 매질이 접합된 면을 통과하면 자력선 수가 불연속으로 변한다. 따라서 매질에 관계없는 전속과 전속밀도에 대응하는 것으로 정자계에서는 자속과 자속밀도의 개념을 도입한다.

4−1 자속밀도(magnetic flux density)

(1) 자속밀도의 정의

그림 7−11과 같은 미소면적 ΔS를 수직으로 통과하는 자속을 $\Delta\Phi$라 하면 그 점에서의 자속밀도 B는 단위면적을 통과하는 자속수이다.

$$B = \frac{\Delta\Phi}{\Delta S} \ [\text{Wb/m}^2]$$

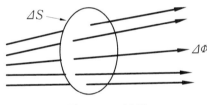

그림 7−11 자속밀도

(2) 단 위

MKS 단위계	Weber/m²	Wb/m²
국제 단위계	Tesla	T
CGS 단위계	gauss	G
$1\,\text{Wb/m}^2 = 1\,\text{T} = 10^4\,\text{G}$		

(3) 자계의 세기

진공 중의 점자극 m [Wb]만 존재할 때 자계의 세기 H와 자속밀도의 관계는 $B = \mu_0 H$이다. 여기서, μ_0을 곱한 것은 단위를 통일시키기 위한 것이다.

$$H = \frac{1}{4\pi\mu_0} \cdot \frac{m}{r^2} \ [\text{AT/m}]$$

$$B = \frac{1}{4\pi} \cdot \frac{m}{r^2} = \mu_0 H \ [\text{Wb/m}^2]$$

4-2 자 속(magnetic flux)

매질에 관계없이 자력선 총수가 변하지 않는다면 m [Wb]의 자하는 $\Phi = m$ [Wb]의 자속을 방사한다. 즉, 1 Wb인 자하에서 1개의 자속이 나오는 것으로 정의하고 자속의 단위는 Wb를 사용한다.

(1) 자 속

면적 S [m²]의 자속밀도가 B [Wb/m²]일 때 이 면을 지나는 자속 Φ는 다음과 같다.

$$\Phi = \int_s B \cdot n dS = \int_s \mu_0 H \cdot n dS \ \text{[Wb]}$$

자속 Φ은 전속 Ψ(psi)과 대응관계를 갖고 있다. 가우스 법칙 "임의의 폐곡면에서 발산하는 총 전속은 폐곡선 내의 총 전하량과 같다"에서 전하는 단독으로 존재하지만 자하는 정·부 자하를 동시에 가지고 있으므로 분리할 수 없다. 따라서 자석을 둘러싸는 폐곡면 S에 대한 가우스 법칙은 폐곡면에서 발산하는 자속은 0이 되며 발산의 정리를 적용하여 폐곡면 내의 전체에 대한 체적적분으로 나타내면 다음과 같다.

$$\Phi = \int_s B \cdot n dS = \int_v div\,B\,dV = 0$$

이 관계식은 자성체 내의 모든 점에서 성립하므로 자속은 항상 연속으로 폐곡선을 있음을 의미한다.

$$div\,B = \nabla \cdot B = 0$$

(2) 연속성

그림 7-12와 같이 자계 H의 자력선은 N극에서 나와 S극에서 끝나고 있으나 자속밀도 B는 나오고 들어가는 점이 없는 폐곡선으로 연속성을 띠고 있다. 그러므로 전동기 내의 자계는 여러 종류의 자성체로 구성되어 있으므로 자력선보다는 모든 곳에 연속인 자속, 즉 자속밀도를 이용하여 해석하는 것이 유리하다.

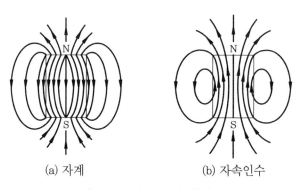

(a) 자계   (b) 자속인수

그림 7-12 영구자석의 H와 B

(3) 투자율

자속밀도 B의 관계식에 자화의 관계식을 대입하면 자속밀도는 다음과 같다.

$$B = \mu_0 H + J = \mu_0 H + \chi H = (\mu_0 + \chi) H$$
$$= \mu H \;[\mathrm{Wb/m^2}]$$

여기서, χ는 자화율, μ는 투자율이다.

자성체의 투자율(permeability) μ는 공기 중 투자율 μ_0와 자성체의 비투자율 μ_s의 관계에서 다음과 같다.

$$\mu = \mu_0 \mu_s = \mu_0 + \chi$$
$$\mu_s = \frac{\mu}{\mu_0} = 1 + \frac{\chi}{\mu_0}$$

자화율 $\chi > 0$인 경우에는 자계의 동일방향이므로 상자성체이며, 자화율 $\chi < 0$인 경우에는 자화의 방향이 반대방향이므로 역자성체이다.

따라서 비투자율 μ_s가 1보다 크면 상자성체이며, 1보다 작으면 역자성체이다.

표 7-1에서 보통의 상자성체 또는 역자성체에서는 자화율 χ은 1에 비하여 매우 작으므로 $\mu = \mu_0$로 취급하며 강자성체는 자화율이 수백에서 수천이며, 특수 재료는 수십만 되는 것도 있으며 동일한 재료도 가공방법 및 자화정도와 조건에 따라 자화율이 달라진다.

표 7-1 비투자율과 자화율

물 질	비투자율 (μ_s)	자화율 (χ)	저항률
창 연	0.99983	-1.66×10^{-4}	반자성체
수 은	0.999968	-3.20×10^{-5}	반자성체
금	0.999964	-3.60×10^{-5}	반자성체
은	0.99998	-2.60×10^{-5}	반자성체
납	0.999983	-1.7×10^{-5}	반자성체
구 리	0.999991	-0.98×10^{-5}	반자성체
물	0.999991	-0.98×10^{-5}	반자성체
진 공	1	0	
공 기	1.00000036	3.6×10^{-7}	상자성체
알루미늄	1.000021	2.5×10^{-5}	상자성체
팔라듐	1.00082	8.2×10^{-4}	상자성체
코발트	250		강자성체
니켈	600		(비선형 투자율)
철(순도 98.8%)	6000		강자성체
철(고순도 99.95%)	2×10^5		(비선형 투자율)
슈퍼멀로이	1×10^6		강자성체
(75% Ni, 5% Mo)			(비선형 투자율)

예제 **5.** 자계의 세기 1000 AT/m이고 자속밀도 2.8 Wb/m²인 공간 내의 투자율과 비투자율을 구하시오.

[해설] $B = \mu H$ 에서 $\mu = \dfrac{B}{H} = \dfrac{2.8}{1000} = 2.8 \times 10^{-3}$ [H/m]

$$\mu_s = \frac{\mu}{\mu_0} = \frac{2.8 \times 10^{-3}}{4\pi \times 10^{-7}} = 2.228 \times 10^3 \ [\text{H/m}]$$

5. 자기 쌍극자

크기는 같고 부호가 반대인 두 점자극 $\pm m$ [Wb]가 미소거리 l [m] 떨어져 있는 한쌍의 자석을 자기 쌍극자(magnetic dipole)라 한다.

5-1 소자석

(1) 자 위

자계의 세기 $\pm m$ [Wb], 길이 l [m]인 소자석에 의한 임의 점의 자위는 그림 7-13과 같으며 자석의 중심 O에서 떨어진 점 P의 자위 U는 다음과 같다.

$$U = U_1 - U_2 = \frac{1}{4\pi\mu_0} \cdot \frac{m}{r_1} - \frac{1}{4\pi\mu_0} \cdot \frac{m}{r_2}$$

$$= \frac{m}{4\pi\mu_0}\left(\frac{1}{r_1} - \frac{1}{r_2}\right) \ [\text{J/Wb}]$$

$$r_1 \fallingdotseq r - \frac{l}{2}\cos\theta$$

$$r_2 \fallingdotseq r + \frac{l}{2}\cos\theta$$

$$\therefore U = \frac{m}{4\pi\mu_0}\left\{\frac{1}{r - \dfrac{l}{2}\cos\theta} - \frac{1}{r + \dfrac{l}{2}\cos\theta}\right\}$$

$$= \frac{m}{4\pi\mu_0}\left\{\frac{\left(r + \dfrac{l}{2}\cos\theta\right) - \left(r - \dfrac{l}{2}\cos\theta\right)}{\left(r - \dfrac{l}{2}\cos\theta\right)\left(r + \dfrac{l}{2}\cos\theta\right)}\right\}$$

$$= \frac{m}{4\pi\mu_0} \cdot \frac{l\cos\theta}{r^2 + \left(\dfrac{l}{2}\right)^2 \cos^2\theta}$$

$$\fallingdotseq \frac{m}{4\pi\mu_0} \cdot \frac{l\cos\theta}{r^2} \ [\text{J/Wb}] \quad (l \ll r \text{일 때})$$

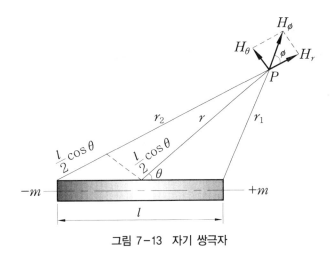

그림 7-13 자기 쌍극자

(2) 자기 모멘트

자기 모멘트는 소자석의 자하의 세기와 소자석의 길이의 곱으로 나타낸다.

$$M = m \cdot l \ [\text{Wb} \cdot \text{m}]$$

$$\therefore U = \frac{1}{4\pi\mu_0} \cdot \frac{M\cos\theta}{r^2} \ [\text{J/Wb}]$$

(3) 자계의 세기

점 P에서 r방향의 자계는 H_r, θ방향의 자계는 H_θ, ϕ방향의 자계는 H_ϕ의 성분자계로 구분되며 ϕ에 따르는 자위의 변화가 없으므로 $H_\phi = 0$이고, H_r과 H_θ는 다음과 같이 전기 쌍극자에서의 값과 모양이 된다.

$$H_r = -\frac{\partial U}{\partial r} \qquad\qquad \rightarrow \left(\frac{1}{r^2}\, dr = -2\frac{1}{r^3}\right)$$

$$= \frac{2M\cos\theta}{4\pi\mu_0\, r^3} \ [\text{AT/m}]$$

$$H_\theta = -\frac{1}{r} \cdot \frac{\partial U}{\partial \theta} \qquad\qquad \rightarrow (\cos\theta\, d\theta = -\sin\theta)$$

$$= \frac{M\sin\theta}{4\pi\mu_0\, r^3} \ [\text{AT/m}]$$

그러므로 점 P의 자계의 세기는 다음과 같이 구한다.

$$H = \sqrt{H_r{}^2 + H_\theta{}^2}$$

$$= \frac{M}{4\pi\mu_0\, r^3} \sqrt{3\cos^2\theta + 1} \ [\text{AT/m}]$$

5-2 판자석

매우 얇은 판모양의 자석을 판자석 또는 자각(magnetic shell)이라 한다.

(1) 판자석의 세기

그림 7-14와 같이 판자석의 표면 자하밀도는 $\pm\sigma$ [Wb/m²]이고 두께 δ인 판자석의 단위면적당 자기 모멘트 M_0을 판자석의 세기라 한다.

$$M_0 = \sigma \cdot \delta \text{ [Wb/m]}$$

여기서, σ : sigma, δ : delta 이다.

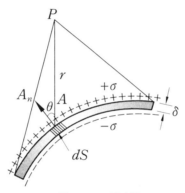

그림 7-14 판자석

(2) 자 위

판자석의 자기 모멘트가 균일한 판자석의 임의의 점 P의 자위는 그림 7-13과 같이 판자석 A점 주위에 미소면적 dS를 취하면 dS 양면의 자하량은 $\pm\delta dS$이고 두께가 δ인 소자석으로 볼 수 있다. 소자석의 자축 A_n과 $\overline{AP}$가 이루는 각을 θ라 할 때, 이 소자석의 자기 모멘트 $M_0 dS = \sigma\delta\,dS$에 의하여 P점에서 발생되는 자위는 다음과 같다.

$$dU = \frac{1}{4\pi\mu_0} \cdot \frac{M_0 dS \cos\theta}{r^2}$$

판자석 전체에 대한 자위는 다음과 같다.

$$U = \oint_s dU = \frac{M_0}{4\pi\mu_0} \oint_s \frac{dS\cos\theta}{r^2}$$

여기서, $\oint_s \dfrac{dS\cos\theta}{r^2}$ 는 판자석 전체적인 면 S가 점 P에 대하여 만드는 입체각 ω가 된다.

$$\therefore U = \frac{M_0}{4\pi\mu_0}\,\omega \text{ [J/Wb]}$$

점 P가 판자석의 N극 쪽에 있으면 ω는 $+$방향이고, S극 쪽에 있으면 $-$방향이 된다.

(3) 자위차

판자석 양쪽의 두 점 P, Q 간의 자위차는 전기 이중층의 전위차를 구하는 방법으로 구한다. 그림 7−15와 같이 점 P에 대한 입체각을 ω_1, 점 Q에 대한 입체각을 ω_2라 하면 P점과 Q점의 자위는 다음과 같다.

$$U_P = \frac{M_0}{4\pi\mu_0}\,\omega_1$$

$$U_Q = -\frac{M_0}{4\pi\mu_0}\,\omega_2$$

$$U = U_P - U_Q = \frac{M_0}{4\pi\mu_0}(\omega_1 + \omega_2) \text{ [J/Wb]}$$

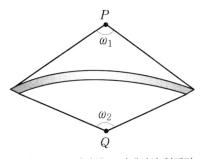

그림 7−15 판자석 표면에서의 입체각

여기서 점 P와 Q가 무한한 판자석의 면상에 접근하면 $\omega = 2\pi$가 되므로 $\omega_1 + \omega_2 = 4\pi$가 된다. 이 판자석의 자위차는 전기 이중층에 대응하는 것이 된다.

$$\therefore\ U = \frac{M_0}{\mu_0} \text{ [J/Wb]}$$

예제 6. 그림에서 반지름 a [m], 원형 판자석의 세기 M인 판자석의 축상 중심으로부터 r 되는 P점의 자계의 세기를 구하시오.

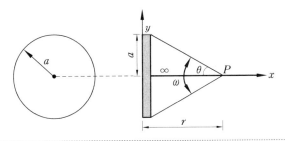

해설 점 P에서 판자석 주변을 보는 입체각을 ω라 하면

$$\omega = 2\pi(1 - \cos\theta)$$

$$U_P = \frac{M \cdot 2\pi(1-\cos\theta)}{4\pi\mu_0} = \frac{M(1-\cos\theta)}{2\mu_0} = \frac{M}{2\mu_0}\left(1 - \frac{r}{\sqrt{a^2+r^2}}\right)$$

축 방향을 x방향으로 취하면 x방향의 자계

$$H_x = -\frac{\partial U_P}{\partial x} = \frac{M}{2\mu_0} \cdot \frac{a^2}{(a^2+r^2)^{\frac{3}{2}}}$$

축 방향을 y방향으로 취하면 y방향의 자계

$$H_y = -\frac{\partial U_P}{\partial y} = 0$$

∴ P점의 자계는 H_x가 되고 자계의 방향은 x축 방향이다.

5-3 등가 판자석(equivalent magnetic shell)

(1) 등가 판자석

그림 7-16 (a)와 같이 도선 C로 된 미소 환상전류에 의한 자력선의 분포는 전류에 비례하고 환상전류에 의한 자력선은 연속이다. 자극이 없는 가상적인 판자석은 등가 판자석이라 한다.

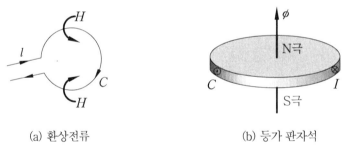

(a) 환상전류   (b) 등가 판자석

그림 7-16 등가 판자석

(2) 등가 판자석의 자위

등가 판자석의 면적이 판자석의 면적과 동일할 경우 공간적인 위치에 있는 점 P의 자위는 다음과 같다.

$$U_P = \frac{M}{4\pi\mu_0}\, \omega \ [\text{J/Wb}]$$

암페어 법칙에 의하여 등가 판자석에 의한 자계는 전류에 비례하므로 점 P의 자위는 다음 식이 성립된다.

$$U_P = kI\omega$$

여기서, ω : 입체각, k : 비례상수이다.

판자석 전위 U_P와 등가 판자석의 전위 U_P는 같은 전위이다.

$$U_P = \frac{M}{4\pi\mu_0}\,\omega = k\,I\,\omega$$

$$\therefore\ M = k\,4\,\pi\,\mu_0\,I$$

(3) 단위계

MKS 유리화 단위계에서 $k = \dfrac{1}{4\pi}$ 로 정하므로 다음 식과 같다.

$$M = \frac{1}{4\pi}\,4\pi\mu_0 I = N_0 I\ [\mathrm{Wb\cdot m}]$$

그러므로 등가 판자석 P점의 전위는 다음과 같이 정리할 수 있다.

$$U_P = \frac{I}{4\pi}\,\omega\ [\mathrm{J/Wb}],\ [\mathrm{A}]$$

예제 7. 그림과 같이 반지름이 a [m]인 환상도선에 전류 I [A]가 흐를 때 도선으로 둘러 싸인 평면의 중심축상에 거리 r [m]인 P점의 자계의 세기를 구하시오.

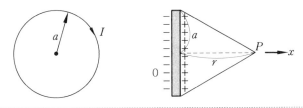

해설 환상도선의 전류가 만드는 자계를 등가 판자석으로 볼 때 P점이 등가 판자석의 주변을 보는 입체각 ω라면 $\omega = 2\pi(1 - \cos\theta)$이므로 P점의 자위 U_P는 다음과 같다.

$$U_P = \frac{I}{4\pi}\cdot\omega$$

$$= \frac{I}{4\pi}\,2\pi(1-\cos\theta) = \frac{I}{2}\,(1-\cos\theta)$$

$$= \frac{1}{2}\left(1 - \frac{r}{\sqrt{a^2+r^2}}\right)$$

여기서, $\cos\theta = \dfrac{r}{\sqrt{a^2+r^2}}$, P점의 자계는 축 대칭으로 x방향의 H_x이다.

$H_x = H_z = 0$이므로 자계 H_x는 $H = -grad\,U$에 의하여 다음과 같다.

$$H_x = -\frac{\partial U}{\partial x}$$

$$= -\frac{\partial}{\partial x}\left\{\frac{1}{2}\left(1 - \frac{r}{\sqrt{a^2+r^2}}\right)\right\} = \frac{a^2 I}{2(a^2+r^2)^{\frac{3}{2}}}$$

환상도선의 중심자계의 거리 $r = 0$이므로 중심자계 $H_1 = \dfrac{I}{2a}$ 이고, 또한 코일이 n회일 때 중심 자계 $H_2 = \dfrac{nI}{2a}$ [AT/m]이다.

∽ 연습문제 ∾

1. 길이 10 m, 단면의 반지름이 1 cm인 원통형 자성체가 길이의 방향으로 균일하게 자화되어 있을 때 자화의 세기가 0.5 Wb/m²인 자성체의 자기 모멘트를 구하시오.

해설 $M = m \cdot l = \pi r^2 Jl = 1.57 \times 10^{-5}$ [Wb/m]

2. 자기 모멘트 1×10^{-6} [Wb·m]인 봉자석을 자계의 수평성분이 10 AT/m인 곳에 자기 자오면으로부터 90° 회전시키는 데 필요한 일은 얼마인가?

해설 $W = M \cdot H(1 - \cos \theta) = 10^{-5}$ J

3. 자속밀도 1 Wb·m²인 도선에 길이 10 cm에 10 A의 전류가 흐를 때 도선이 받는 힘을 구하시오.

해설 $F = BlI \cdot \sin \theta = 1$ N

4. 무한장 직선도체에 1 A의 전류가 흐르고 있을 때 도체에서 r [m] 떨어진 점 P의 자속밀도를 구하시오.

해설 $B = \dfrac{\mu_0 I}{2\pi r}$ [Wb/m²]

5. 자계의 세기 800 AT/m, 자속밀도 0.05 Wb/m²인 재질의 투자율을 구하시오.

해설 $\mu = \dfrac{B}{H} = 6.25 \times 10^{-5}$ [H/m]

6. 판자석의 세기가 M [Wb/m]인 판자석을 보는 입체각이 ω인 점의 자위를 구하시오.

해설 $U = \dfrac{M}{4\pi\mu_0} \omega$ [J/Wb]

7. 10^{-5} Wb와 1.2×10^{-5} [Wb]의 점자극을 공기 중에서 2 cm 거리에 놓았을 때 극간에 작용하는 힘은 얼마인가?

해설 $F = \dfrac{1}{4\pi\varepsilon_0} \cdot \dfrac{m_1 m_2}{r^2} = 1.899 \times 10^{-2}$ [N]

8. 자극의 세기가 4 Wb인 점자극으로부터 4 m 떨어진 점의 자계의 세기는 얼마인가?

해설 $H = \dfrac{1}{4\pi\mu_0} \cdot \dfrac{m}{r^2} = 1.583 \times 10^4$ [AT/m]

전류의 자기현상

도선에 전류를 흘리면 도선 주위에 자계가 형성되므로 도선 가까이 자침을 가져가면 자침이 움직이는 것을 볼 수 있다. 1819년 전기현상과 자기현상이 상호관계가 있다는 사실을 에르스텟(Oersted)이 최초로 발견하여 자성의 근원이 전류라는 것을 고찰하였으며 이후 앙페르(Ampere), 패러데이(Faraday), 맥스웰(Maxwell) 등에 의해 발전이 거듭되어 오늘날 전기자기학의 기초가 되었다.

1. 자기현상

1-1 전류의 자기작용

전류가 자계를 만드는 현상은 에르스텟에 의해 최초로 발견되었으며 앙페르의 실험적 연구의 결과로 전류와 자계의 관계는 수식적으로 명백하게 밝혀졌다. 즉, 무한한 직선 전류에 의하여 생기는 자계는 다음과 같은 성질이 있다.

① 자계의 크기는 전류의 세기에 비례한다.
② 자계의 크기는 직선으로부터 거리에 반비례한다.
③ 자계의 방향은 도선을 포함하는 평면에 직각이며 오른손계를 이룬다.

1-2 앙페르의 오른손 법칙

전류에 의한 자계의 방향을 결정하는 법칙으로 앙페르의 오른손 법칙 또는 앙페르의 오른나사 법칙이라 한다.

① **앙페르의 오른손 법칙** : 오른손의 엄지 손가락을 세웠을 때 엄지 손가락의 방향으로 전류가 흐르면 다른 네 개의 손가락의 감는 방향으로 자력선이 발생한다.
② **오른나사 법칙** : 전류가 오른나사의 회전방향으로 흐르면 자계는 오른나사의 진행방향으로 생긴다. 또한 전류와 자계의 방향을 서로 치환해도 성립된다.

그림 8-1 앙페르의 오른손 법칙

1-3 앙페르의 주회적분 법칙

그림 8-2에서 자력선이 C루프상에 존재하는 A와 B점 사이의 선적분은 등가 판자석과 같다. 그러므로 A와 B점 사이의 자위차는 판자석의 자위차와 같으며 판자석의 세기 $M = \mu_0 I$일 때 자위는 다음과 같다.

$$U_{AB} = \int_A^B H_0 \cdot dl = \frac{M}{\mu_0} = \frac{\mu_0 I}{\mu_0} = I$$

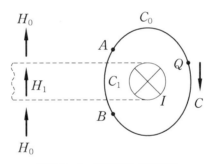

그림 8-2 앙페르의 주회적분

폐곡선 C루프에 대한 선적분, 즉 주회적분은 다음과 같다.

$$\oint_C H \cdot dl = \int_A^B H_0 \cdot dl + \int_B^A H_1 \cdot dl$$

여기서 C_1의 경로가 C_0경로에 비해 대단히 짧고 전류 I가 충분히 먼 거리에 있다면 H와 H_0의 자계는 거의 같다.

$$\int_B^A H_1 \cdot dl \fallingdotseq 0$$

$$H \fallingdotseq H_0$$

$$\therefore \oint_C H dl = I$$

결과적으로 "자계 중에 임의의 폐곡선에 따르는 선적분은 폐곡선으로 된 평면을 관통하는 전체 전류와 같다."는 앙페르의 주회적분 법칙이 성립된다.

그림 8-3과 같이 적분로 C에 전류 I_1, I_2, I_3가 쇄교하면

$$\oint_c H \cdot dl = I_1 - I_2 + I_3$$

이며, 그림 8-3과 같이 적분로 C에 N회의 전류 코일과 쇄교하면 다음과 같다.

$$\oint_c H \cdot dl = NI \ [\text{AT}]$$

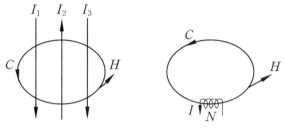

그림 8-3 적분로의 쇄교

1-4 비오-사바르 법칙

도선에 전류 I [A]가 흐르고 있을 때 도선의 미소부분 dl [m]로부터 r [m]의 거리에 있는 점 P에 발생되는 자계의 방향은 점 P와 dl로 이루어지는 평면에 수직이며, 자계의 방향은 앙페르의 오른나사 법칙에 따라 점 P의 자장 방향과 같은 크로스($\otimes$) 방향이다. 이것을 비오-사바르 법칙이라 하며, 자계의 세기는 다음과 같다.

$$dH = \frac{I \sin \theta}{4\pi r^2} \, dl \ [\text{AT/m}]$$

여기서, r : dl에서 점 P까지의 거리, θ : 전류방향과 r이 이루는 각이다.

자계의 세기를 거리 벡터로 표현하면 다음과 같다.

$$dH = \frac{I \, dl}{4\pi \gamma^3} \, \boldsymbol{\gamma} = \frac{Idl}{4\pi r^2} \, \boldsymbol{\gamma}_0 \ [\text{AT/m}]$$

여기서, $\boldsymbol{\gamma}$: 거리를 벡터, $\boldsymbol{\gamma}_0 = \dfrac{\gamma}{r}$ 로 단위벡터이다.

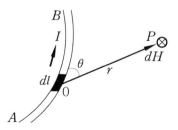

그림 8-4 비오-사바르 법칙

도선 전체에 대한 자계의 세기는 다음과 같다.

$$H = \int_A^B dH = \int_A^B \frac{I \sin \theta}{4\pi r^2} \, dl$$

$$= \frac{I}{4\pi} \int_A^B \frac{\sin \theta}{r^2} \, dl$$

2. 전류에 의한 자계

일반적으로 전류가 흐르는 경로는 단순하지 않기 때문에 전류에 의한 자계를 쉽게 구할 수 없다. 그러나 도선의 형태가 단순하고 대칭적 전류분포에 대한 자계의 세기는 앙페르의 주회적분 법칙에 의하여 구하고 전류에 의한 자계의 세기는 비오−사바르 법칙으로 구할 수 있다.

2−1 무한장 직선 전류

(1) 앙페르 주회적분 법칙

그림 8−5와 같이 무한장 직선도체에 전류 I [A]가 흐를 때 도체와 거리 r인 점 P의 자계의 세기는 앙페르의 주회적분 법칙에서 구한다.

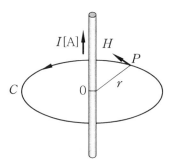

그림 8−5 무한장 직선 전류(주회적분)

$$\oint_c H \cdot dl = I$$

여기서, 폐곡선의 길이는 $2\pi r$이다.

$$\int_c H \cdot dl = H \cdot 2\pi r = I$$

$$\therefore H = \frac{I}{2\pi r} \ [\text{AT/m}]$$

무한장 직선 전류에 의한 자계의 세기는 거리에 반비례한다.

예제 1. 무한장 직선도체에서 전류에 의한 자계가 직선도체로부터 50 cm 떨어진 점에서 1 AT/m일 때 도체에 흐르는 전류를 구하시오.

[해설] $H = \dfrac{I}{2\pi r}$ [AT/m]에서 $I = 2\pi \cdot rH = 2\pi \times 0.5 \times 1 = 3.14$ A

(2) 비오-사바르 법칙

무한히 긴 도선의 미소길이 dl과 P점 간의 거리 r이 이루는 각이 θ라면 dl부분에 흐르는 전류 I의 중심축에서 직각방향으로 a [m]만큼 떨어진 점 P에 미치는 자계의 세기를 비오-사바르 법칙에 의하여 구한다.

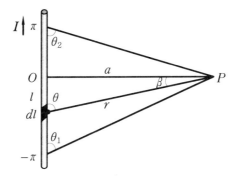

그림 8-6 무한장 직선 전류(비오-사바르 법칙)

$$dH = \frac{I \sin \theta}{4\pi r^2} \cdot dl$$

여기서, $\sin \theta = \dfrac{a}{r}$, $r^2 = l^2 + a^2$이다.

$$dH = \frac{I\dfrac{a}{r}}{4\pi r^2} \cdot dl = \frac{I \cdot a}{4\pi r^3} \cdot dl$$

여기서, $l = a\dfrac{l}{a} = a \cot \theta$, $dl = -a \operatorname{cosec}^2 \theta \, d\theta$, $r = a\dfrac{r}{a} = a \operatorname{cosec} \theta$이다.

$$dH = \frac{I \cdot a}{4\pi r^3} \, dl$$

$$= \frac{I \cdot a}{4\pi} \cdot \frac{-a \operatorname{cosec}^2 \theta}{a^3 \operatorname{cosec}^3 \theta} \cdot d\theta$$

$$= -\frac{I}{4\pi a} \cdot \frac{1}{\operatorname{cosec} \theta} \, d\theta$$

$$= -\frac{I}{4\pi a} \sin \theta \, d\theta$$

l의 적분 구간을 $-\pi$에서 $+\pi$까지 적용하면 점 P의 자계의 세기는 다음과 같다.

$$H = -\frac{I}{4\pi a} \int_{-\pi}^{\pi} \sin\theta\, d_\theta$$

$$= -\frac{I}{4\pi a} \left[-\cos\theta \right]_{-\pi}^{\pi}$$

$$= -\frac{I}{4\pi a}\,(-1-1) = \frac{I}{2\pi a} \quad [\text{AT/m}]$$

2-2 유한장 직선 전류

그림 8-7과 같이 유한장 직선도체 AB에 전류 I가 흐를 때 a의 거리만큼 떨어진 점 P가 전류가 흐르는 미소길이 dl과 θ방향에 있는 r만큼 떨어져 있다면 점 P의 자계는 비오-사바르 법칙에 의하여 구한다.

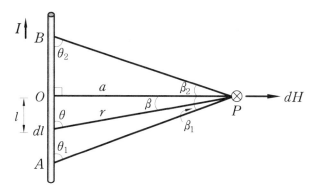

그림 8-7 유한장 직선 전류

$$dH = \frac{I\sin\theta}{4\pi r^2}\cdot dl = \frac{I\cos\beta}{4\pi r^2}\cdot dl$$

여기서, $\sin\theta = \dfrac{a}{r} = \cos\beta$, $l = a\dfrac{l}{a} = a\tan\beta$, $dl = a\sec^2\beta\, d\beta$, $r = a\dfrac{r}{a} = a\sec\beta$

$$dH = \frac{I\cos\beta}{4\pi r^2}\, dl$$

$$= \frac{I\cos\beta\cdot a\sec^2\beta}{4\pi a^2 \sec^2\beta}\, d\beta = \frac{I\cos\beta}{4\pi a}\cdot d\beta$$

β의 적분 구간을 $-\beta_1$에서 β_2까지 적용하면 점 P의 자계의 세기는 다음과 같다.

$$H = \frac{I}{4\pi a} \int_{-\beta_1}^{\beta_2} \cos\beta\cdot d\beta$$

$$= \frac{I}{4\pi a} \left[\sin\beta \right]_{-\beta_1}^{\beta_2}$$

$$= \frac{I}{4\pi a}\left(\sin\beta_2 + \sin\beta_1\right) \text{ [AT/m]}$$

여기서, $\sin\beta_1 = \cos\theta_1,\ \sin\beta_2 = \cos\theta_2$이다.

$$\therefore H = \frac{I}{4\pi a}\left(\cos\theta_1 + \cos\theta_2\right) \text{ [AT/m]}$$

직선도체가 무한길이인 경우 $\beta_1 = \beta_2 = \dfrac{\pi}{2}$, $\theta_1 = \theta_2 = 0$이므로 무한장 자계의 세기는 다음과 같다.

$$H = \frac{I}{4\pi a}(1+1) = \frac{I}{2\pi a} \text{ [AT/m]}$$

예제 2. 한 변의 길이가 l [m]인 정사각형 회로에 I [A] 전류를 흘릴 때 중심점 자계의 세기를 구하시오.

[해설] $H_{AB} = \dfrac{I}{4\pi a}\left(\sin\beta_1 + \sin\beta_2\right)$

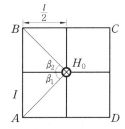

$$a = \frac{l}{2},\ \sin\beta = \sin\beta_2 = \sin 45° = \frac{1}{\sqrt{2}}$$

$$H_{AB} = \frac{1}{4\pi\left(\frac{l}{2}\right)} \times \left(\frac{1}{\sqrt{2}} + \frac{1}{\sqrt{2}}\right)$$

$$= \frac{I}{4\pi\left(\frac{l}{2}\right)} \times \frac{2}{\sqrt{2}} = \frac{I}{\sqrt{2}\,\pi l}$$

$$H_0 = 4H_{AB} = 4 \times \frac{I}{\sqrt{2}\,\pi l} = \frac{2\sqrt{2}\,I}{\pi l} \text{ [AT/m]}$$

예제 3. 한 변의 길이가 a [m]인 정삼각형 회로에 I [A]의 전류가 흐를 때 삼각형 중심에서 자계의 세기를 구하시오.

[해설] ① 한 변의 전류에 의한 자계

$$H_1 = \frac{I}{4\pi b}\left(\sin\beta_1 + \sin\beta_2\right) = \frac{I}{4\pi b} \cdot 2\sin\beta$$

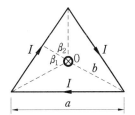

$$= \frac{I}{4\pi b} \cdot 2 \cdot \frac{\sqrt{3}}{2} = \frac{\sqrt{3}\,I}{4\pi b}$$

$$= \frac{\sqrt{3}\,I}{4\pi\left(\frac{a}{2\sqrt{3}}\right)} = \frac{3I}{2\pi a}$$

② 삼각형 중심의 자계

$$H = 3H_1 = 3 \cdot \frac{\sqrt{3}\,I}{4\pi b} = \frac{3\sqrt{3}}{4} \cdot \frac{I}{\pi b}$$

$$= \frac{3\sqrt{3}}{4} \cdot \frac{I}{x\left(\frac{a}{2\sqrt{3}}\right)} = \frac{9}{2\pi a}$$

여기서, $\tan\beta = \tan 60^\circ = \dfrac{\dfrac{a}{2}}{b} = \sqrt{3}$ $\therefore \ b = \dfrac{a}{2\sqrt{3}}$

2-3 무한장 원통 전류

그림 8-8과 같이 반지름 a [m], 무한히 긴 원통형 도체 내에 전류 I [A]가 일정한 밀도로 흐르고 있을 때, 원통 내·외부의 자계를 구한다.

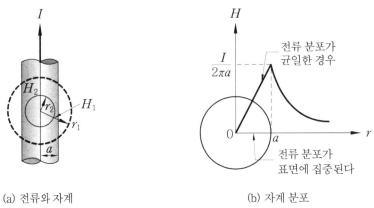

(a) 전류와 자계   (b) 자계 분포

그림 8-8 무한장 원통 전류

(1) 원통 외부의 자계

그림 8-8과 같이 원통형 외부 r_1점의 자계가 반지름 $r_1(r_1 > a)$의 원을 주회적분의 적분로로 취하면 원주상에 자계 H_1은 크기가 일정하고 자계방향은 원의 점선방향이며 적분로 내의 전류는 I이다.

$$\oint_c H_1 \cdot dl = 2\pi r_1 H_1 = I$$

$$\therefore \ H_1 = \frac{I}{2\pi r_1} \ \ [\text{AT/m}]$$

원통형 외부의 자계의 세기는 직선도체의 자계의 세기와 같다.

(2) 원통 내부의 자계

도체 내의 전류분포가 균일할 경우 반지름 $r_2(r_2 < a)$의 원은 주회적분의 적분로를 취하고 적분로 내의 전류는 $\dfrac{4\pi r_2^{\,2}}{4\pi a^2} I$가 된다.

$$\oint_c H_2\, dl = 2\pi r_2 \cdot H_2 = I \cdot \frac{r_2^{\,2}}{a^2}$$

$$\therefore \ H_2 = \frac{I}{2\pi} \cdot \frac{r_2}{a^2} \ \ [\text{AT/m}]$$

(3) 표피효과

고주파인 경우 전류는 표피효과로 도체의 표면에만 흐르는 성질이 있기 때문에 도체 외부의 자계는 변함이 없으나 도체 내부에서 전류 $I \fallingdotseq 0$이므로 자계가 존재하지 않는다.

$$\oint_c H dl = 0$$

예제 4. 전류분포가 균일한 반지름 a [m]인 무한장 원주형 도선에 1 A의 전류를 흘렸더니 도선 중심에서 $\dfrac{a}{3}$ [m]되는 점에서의 자계의 세기가 $\dfrac{1}{2\pi}$ [AT/m]이 되었다. 이때 도선의 반지름을 구하시오.

[해설] $\dfrac{a}{3} < a$이므로 원주 내부 자계의 세기는 다음과 같다.

$$H = \frac{rI}{2\pi a^2} = \frac{\left(\dfrac{a}{3}\right)I}{2\pi a^2} = \frac{I}{6\pi a} \quad [\text{AT/m}]$$

$$H = \frac{1}{2\pi} \quad \therefore \ \frac{1}{1\pi} = \frac{1}{6\pi a} \text{에서} \quad a = \frac{1}{3} \ \text{m}$$

2−4 무한장 솔레노이드 전류

그림 8−9와 같이 도선을 나선모양으로 감은 원통상의 코일을 솔레노이드(solenold)라고 한다. 솔레노이드에 전류가 흐르면 내부에는 앙페르의 오른나사 법칙에 의해 자계가 생기고 그림과 같이 축 방향으로 향한다. 솔레노이드 내외의 자계의 세기는 앙페르의 주회적분 법칙에 의하여 구한다.

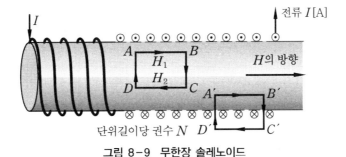

그림 8−9 무한장 솔레노이드

(1) 솔레노이드 내부의 자계

그림 8−9와 같이 솔레노이드 내부의 폐곡선 $ABCD$에서 H_{BC}, H_{DA}의 자계는 축 방향을 향하고 있기 때문에 $H_{BC} = H_{DA} = 0$이다. 또한 폐곡선을 통하는 전류는 0이기 때문에 앙페르의 주회적분 법칙에 의해 $H_{AB} - H_{CD} = 0$이다. 그러므로 $H_{AB} = H_{CD}$로 솔레노이드 내부의 자계의 세기는 일정한 평등자계이다.

(2) 솔레노이드 외부의 자계

솔레노이드 외부의 자계의 세기는 어느 곳에서나 같으므로 무한 원점까지 동일한 값이 되어야 한다. 그런데 무한 원점의 자계의 세기는 0으로 볼 수 있기 때문에 솔레노이드 외부의 자계는 0이다.

(3) 솔레노이드 내·외부의 자계

솔레노이드 내부 자계의 세기를 H라 하면 외부 자계의 세기는 0이 된다.

$$H_{A'B'} = H$$
$$H_{B'C'} = H_{D'A'} = 0$$
$$H_{CD'} = 0$$

코일에 흐르는 전류 I [A], 단위길이당 솔레노이드 권수를 n으로 하면 폐곡선을 통하는 nlI이기 때문에 앙페르의 주회적분 법칙에 의해 솔레노이드 내부의 자계 세기는 다음과 같다.

$$Hl = nlI$$
$$H = nI \ [\text{A/m}]$$

여기서, l은 솔레노이드 길이, n은 단위길이당 코일 권수이다.

평등자계를 얻는 방법으로 무한장 솔레노이드를 사용하는데 실제로 무한히 긴 솔레노이드를 만들 수 없으므로 단면적에 비하여 길이가 충분히 긴 것을 만들어 무한장 솔레노이드로 본다.

예제 **5.** 길이 10 cm, 코일 권선 수 1000인 솔레노이드 코일에 10 A의 전류를 흘릴 때 솔레노이드 내의 자계의 세기를 구하시오.

[해설] 단위길이당 코일 권수를 구한다.

$$n = \frac{N}{l} = \frac{1000}{0.1} = 10000$$
$$H = nl = 10000 \times 10 = 1 \times 10^5 \ [\text{AT/m}]$$

2−5 환상 솔레노이드 전류

그림 8−10과 같이 권수 N의 환상 솔레노이드(row land 권선)에 전류 I가 흐르는 경우 자계의 자력선은 O점을 중심으로 동심원이 되므로 반지름 a인 원에 적분로를 취하면 전류 I와 N회 쇄교하므로 앙페르의 주회력분 법칙에 의하여 자계를 구한다.

$$\oint_c H \cdot dl = 2\pi a \cdot H = NI \qquad \therefore \ H = \frac{NI}{2\pi a} \ [\text{AT/m}]$$

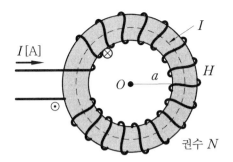

그림 8-10 환상 솔레노이드

그러나 적분로의 원이 솔레노이드 외부에 있으면 전류와 쇄교하지 않으므로 외부 자계는 0이 된다.

$$H = 0$$

즉, 자계는 솔레노이드 내부에만 생긴다.

예제 6. 반지름은 50 cm이고 권수가 100회인 환상 솔레노이드 내부의 자계가 200 AT/m 가 되도록 하기 위해 코일에 흐르는 전류를 구하시오.

[해설] $H = \dfrac{NI}{2\pi a}$

$I = \dfrac{2\pi a H}{N} = \dfrac{2 \times 3.14 \times 0.5 \times 200}{100}$

$\quad = 6.28 \text{ A}$

3. 전자력

평등자장 중에서 자계와 수직방향으로 도선을 놓고 전류를 흘리면 자계와 전류에 의한 자계와의 상호작용에 의하여 자계의 합성이 이루어지고 도선에 힘이 생긴다. 이 도선에 발생하는 힘을 전자력(electro magnetic force)이라 한다.

3-1 플레밍의 법칙

그림 8-11과 같이 자석 N극과 S극에 의한 자계를 H [AT/m], 도선의 길이를 l [m] 도선에 흐르는 전류가 I [A]일 때, 도선에 발생하는 전자력은 전류가 흐르는 방향과 자계의 방향이 이루는 각을 θ라 하면 벡터의 외적 관계가 성립한다.

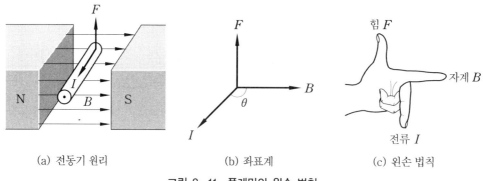

(a) 전동기 원리   (b) 좌표계   (c) 왼손 법칙

그림 8-11 플레밍의 왼손 법칙

$$F = IBl \sin \theta = \mu_0 HIl \sin \theta \ [\text{N}]$$

여기서, 자속밀도 $B = \mu_0 H$, μ_0 [H/m]는 단위를 통일시키기 위한 비례상수이다.

또한 도체와 자속 간에 이루는 각이 $\theta = 90°$일 때는 다음과 같다.

$$F = IBl \ [\text{N}]$$

여기서, F : 힘의 방향 → 엄지

  B : 자속의 방향 → 검지(집게 손가락)

  I : 전류의 방향 → 중지(가운데 손가락)

표 8-1 플레밍 법칙

구 분	오른손	왼 손
원 리	발전기	전동기
방향결정	기전력	회전력
엄 지	F	F
집 게	B	B
중 지	E	I

예제 7. 자속밀도 10 Wb/m²인 평등자계 내에 2 A의 전류가 흐르는 길이 20 m의 도선이 자계와 30°각으로 놓여 있을 때 받는 힘을 구하시오.

해설 $F = IBl \sin \theta = 2 \times 10 \times 20 \times \dfrac{1}{2} = 200$ N

3-2 로렌츠 법칙

(1) 로렌츠의 힘(Lonentzs force)

그림 8-12와 같이 전하 Q [C], 질량 m [kg]인 전자가 평등자장 내에 속도 v [m/s]

로 수직방향으로 진입하면 전하에 전자력이 생기는데 이를 로렌츠의 힘이라 한다. 이를
벡터로 표현하면 다음과 같다.

$$F = Q \cdot (B \cdot v) \ [\text{N}]$$

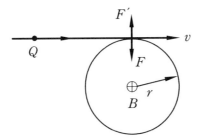

그림 8-12 자계 내의 전하운동

(2) 원형 궤도의 반지름

운동 전하가 받는 힘 F와 질량 m [kg]인 전자가 원운동할 때의 원심력 F'는 평행으
로 서로 같으며, 이때 원형 궤도의 반지름은 다음과 같다.

$$F = Q \cdot B \cdot v \ [\text{N}]$$

$$F' = \frac{mv^2}{r} \ [\text{N}]$$

$$\therefore \ r = \frac{mv}{QB} \ [\text{N}]$$

(3) 전자의 각속도

전자의 각속도는 궤도의 반지름과 전자의 속도로부터 다음과 같다.

$$\omega = \frac{v}{r} = \frac{QB}{m} \ [\text{rad/s}]$$

회전주기는 각속도로부터 다음과 같다.

$$T = \frac{2\pi}{\omega} = \frac{2\pi m}{QB} \ [\text{s}]$$

(4) 전계 내의 공간

전계 E [V/m]가 존재하는 공간에서 전하 Q [C]가 받는 전자력은 다음과 같다.

$$F = Q(E + v \times B) \ [\text{N}]$$

3-3 두 도체 사이에 작용하는 힘

평행하게 놓여진 2개의 도체에 전류를 흘리면 두 도체 사이에 흡인력 또는 반발력이 작용한다.

(1) 힘의 방향

① **전류의 방향이 같은 경우** : 그림 8-13 (a)와 같이 전류방향이 같은 경우에는 앙페르의 오른손 법칙에 의해 자계가 발생하며 두 도선 사이에는 서로 다른 극이 생기므로 흡인력이 발생한다.

② **전류의 방향이 다른 경우** : 그림 8-13 (b)와 같이 전류 방향이 다른 경우, 두 도선 사이에는 서로 같은 극이 생기므로 반발력이 발생한다.

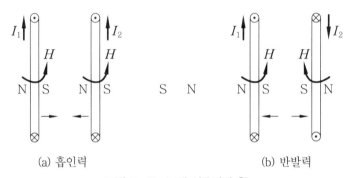

(a) 흡인력   (b) 반발력

그림 8-13 도체 상호간의 힘

(2) 자 계

그림 8-14와 같이 두 개의 평행도선에 흐르는 전류 I_1 [A], I_2 [A]가 같은 방향으로 흐르는 경우 도선 1, 2에는 앙페르의 오른나사 법칙에 의해 동심원상의 자계가 생기며, 전류 I_1 [A]에 의해 도선 2에 생기는 자계 H_1과 전류 I_2 [A]에 의해 도선 1에 생기는 자계 H_2는 다음과 같다.

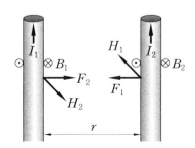

그림 8-14 두 도체 사이에 작용하는 힘

$$H_1 = \frac{I_1}{2\pi r} \ [\mathrm{AT/m}]$$

$$B_1 = \mu H_1 = \frac{\mu I_1}{2\pi r} \ [\mathrm{Wb/m^2}]$$

$$H_2 = \frac{I_2}{2\pi r} \ [\mathrm{AT/m}]$$

$$B_2 = \mu H_2 = \frac{\mu I_2}{2\pi r} \ [\mathrm{Wb/m^2}]$$

(3) 전자력

I_1과 I_2의 전류방향이 같으면 도선 2의 단위길이당 작용하는 힘은 다음과 같다.

$$F_2 = I_2 \times B_1$$

I_2와 B_1 사이의 각 $\theta = \frac{\pi}{2}$이고 진공상태이면 $\mu = \mu_0$이므로 전자력은 다음과 같다.

$$F_2 = I_2 B_1 \sin \theta = \frac{\mu_0 I_1 \cdot I_2}{2\pi r}$$

$$= \frac{2 I_1 \cdot I_2}{r} \times 10^{-7} \ [\mathrm{N}]$$

여기서, $\mu_0 = 4\pi \times 10^{-7}$이다.

3-4 기계적인 동력

평행도선에 전류가 흐르면 힘을 받게 된다. 만약 도선이 고정되어 있지 않고 운동을 한다면 기계적인 동력이 발생할 것이다.

(1) 힘

평행 도선에 전류가 흐르면 도선과 직각방향으로 힘 F가 생긴다.

$$F = I \cdot B \cdot l \ [\mathrm{N}]$$

(2) 일

도선이 고정되어 있지 않고 $x \ [\mathrm{m}]$만큼 운동한다면 일은 다음과 같다.

$$W = Fx = IBl \cdot x = \Phi I \ [\mathrm{J}]$$

$B \cdot l \cdot x$는 도체가 x인 만큼 움직일 때 자속을 끊는 자속수이므로 $\Phi = Bl \cdot x$이다.

(3) 동 력

$x \ [\mathrm{m}]$만큼 운동할 때 요하는 시간을 $t \ [\mathrm{s}]$라 하면 기계적인 동력은 다음과 같다.

$$P = \frac{W}{t} = \frac{I\Phi}{t} = F \cdot \frac{x}{t} = F \cdot v = IBl \cdot v \ [\mathrm{W}]$$

기계 내에 있는 도체의 전류가 전자력에 의하여 운동할 때 발생하는 기계적 동력으로 전동기에 이용된다.

예제 8. 간격이 10 cm 되는 무한장 평행 직선도체에 100 A의 전류가 각각 같은 방향으로 흐르고 있을 때 간격을 20 cm로 하기 위해 필요한 일을 구하시오.

[해설] 간격이 임의의 거리 x [m]만큼 떨어져 있을 때 A선에 의한 B선의 자계의 세기 및 자속은 다음과 같다.

$$H = \frac{I}{2\pi x}, \quad B = \frac{\mu_0 I}{2\pi x}$$

B선에 작용하는 단위길이당의 작용력은 흡인력이 된다.

$$F = -IBl = -\frac{\mu_0 I}{2\pi x} \cdot I \text{ [N/m]}$$

미소거리 dx만큼 이동시키는 데 필요한 에너지는 다음과 같다.

$$W = \int_{0.1}^{0.2} dw = \int_{0.1}^{0.2} \frac{\mu_0 I^2}{2\pi x}\, dx = \frac{\mu_0 I^2}{2\pi} \ln \frac{0.2}{0.1} = \frac{4 \times 3.14 \times 10^{-7} \times (100)^2}{2 \times 3.14} \times 0.6$$
$$= 1.386 \times 10^{-3} \text{ [J]}$$

3-5 핀치 효과(pinch effect)

그림 8-15와 같이 단면을 갖는 액체 도체에 전류가 흐르면 전류의 방향과 수직방향으로 원형 자계가 생겨 구심점에 전자력이 작용한다. 따라서 액체 단면이 수축하면 저항이 커져서 전류의 흐름이 작게 되고 수축력이 작아져 액체 단면이 커진다.

이때 액체 단면이 커지면 저항이 작아져 전류가 커지므로 수축력의 증가와 감소가 반복적으로 작용하는 것을 핀치 효과라 한다. 수축력의 증가와 감소를 반복작용을 이용하여 열에

그림 8-15 핀치 효과

너지를 좁은 공간에 모을 수 있으므로 저주파 유도, 초고압 수은 등에 이용한다.

3-6 홀 효과(hall effect)

도체나 반도체에 전류를 가하고 전류의 직각방향으로 압력을 가하면 도체 양면에는 직각방향으로 기전력이 발생하는데 이러한 현상을 홀 효과라 한다.

그림 8-16과 같은 가늘고 긴 도체를 z축으로 자속밀도 B [Wb/m²]인 균일한 자계 내에 놓고 x축 방향으로 전류 I [A]를 흘렸을 경우 전류 I는 음전하가 x축의 $-$방향으로 v [m/s] 속도로 운동하므로 전자는 y축의 $-$방향으로 힘 $F = evB$을 받게 된다.

전자가 받는 힘 F는 금속 도체의 자유전자를 도체의 밑면 쪽으로 미는 결과가 된다.

따라서 전자의 분포는 불균형하게 되며 도체 밑면 부근에는 많은 자유전자가 존재하게 된다. 도체 윗면 부근에는 전자가 부족한 정공상태가 되어 양전하가 존재하므로 다음과 같은 기전력이 발생한다.

$$E_H = R_H \cdot i \cdot B = R_H \frac{IB}{d}$$

여기서, E_H : 홀기전력, 전류밀도 $i = nev = \frac{I}{d}$, B : 자속밀도

R_H : 홀정수로 물질에 따라 달라지는 상수이다.

홀 효과는 전류가 일정할 때 자계에 비례하므로 자계의 측정 또는 반도체의 전자밀도 측정 등에 이용된다.

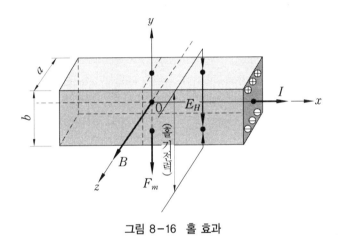

그림 8-16 홀 효과

3-7 스트레치 효과(streych effect)

자유롭게 변형이 가능한 도선에 매우 큰 전류를 흘리면 도선 상호 간에 반발력이 생긴다. 도선 상호 간의 반발력에 의하여 도선이 원으로 형상되는 현상을 스트레치 효과라 한다.

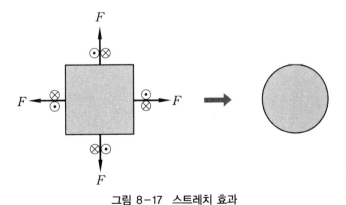

그림 8-17 스트레치 효과

∽ 연습문제 ∽

1. 서로 같은 방향으로 전류가 흐르는 두 도선 사이에 작용하는 힘을 설명하시오.

해설 흡인력이 작용한다.

2. 진공 중에 Q [C]의 전하가 B [Wb/m²]의 자계 안에서 자계와 수직방향으로 v 의 속도로 움직일 때 받는 힘을 구하시오.

해설 $F = QvB$ [N]

3. 무한장 직선 전류에 의한 자계의 크기에서 전류와 거리의 관계를 그림으로 나타낼 때 어떤 곡선으로 나타나는가?

해설 쌍곡선

4. 길이 1 cm마다 권수 50인 무한장 솔레노이드에 500 mA의 전류를 흐를 때 내부 자계를 구하시오.

해설 $H = nI = 2500$ AT/m

5. 자극의 크기가 4 Wb인 점자극으로부터 4 m 떨어진 점의 자계의 세기를 구하시오.

해설 $H = \dfrac{1}{4\pi\mu_0} \cdot \dfrac{m}{r^2} = 1.583 \times 10^4$ [AT/m]

6. 2개의 자력선이 동일한 방향으로 흐를 때 자계강도에 대하여 설명하시오.

해설 강해졌다가 약해진다.

7. 정사각형의 가요성 전선에 대전류를 흘리면 가요성 전선이 어떠한 형태로 변화하는가?

해설 원형

8. 평등자계를 얻는 방법에 대하여 설명하시오.

해설 단면적에 비하여 길이가 충분히 긴 솔레노이드에 전류를 흘린다.

9. 비오−사바르의 법칙으로 구할 수 있는 것은?

해설 자계의 세기

10. 반지름 25 cm인 원주형 도선에 π [A]의 전류가 흐를 때 도선의 중심축에서 50 cm 되는 점의 자계의 세기를 구하시오. (단, 도선의 길이 l 은 매우 길다.)

해설 $H = \dfrac{1}{2\pi r} = 1$ AT/m

9
CHAPTER

전자 유도

1820년 에르스텟(Oersted)이 발견한 전류의 자기작용과 앙페르가 발견한 전류의 상호 작용에 의해 영구자석 주위에 놓여진 코일에 전류가 흐르면 코일과 영구자석 사이에 자기력이 작용한다는 것을 알았다. 이와 반대로 도선에 전류가 흐르면 도선이 자석이 되어 도선 가까이에 있는 다른 도선에 전류가 흐르게 할 수 있는 유도 기전력이 생기는 전자 유도현상을 1830년 헨리(Henry)가 발견하였다.

1. 전자 유도현상

1-1 전자 유도현상(electro magnetic induction)

(1) 유도 기전력(induced electro motive force)

그림 9-1과 같이 두 개의 코일 A, B에 코일이 근접해 있을 때, A코일의 스위치를 개폐하여 전류에 변화를 주면 자속의 변화에 따라 B코일에 유도 기전력이 발생하여 검류계가 움직이는 현상을 전자 유도현상이라 한다.

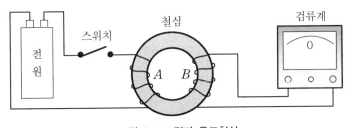

그림 9-1 전자 유도현상

(2) 패러데이 법칙

유도 기전력의 크기는 코일의 권수와 코일을 지나는 자속의 시간 변화의 곱에 비례하는 것이 전자 유도에 관한 패러데이 법칙이라 한다.

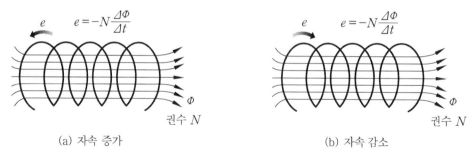

(a) 자속 증가   (b) 자속 감소

그림 9-2 패러데이 법칙

그림 9-2와 같이 권수 N인 코일을 지나는 자속 Φ [Wb]가 시간 변화 Δt [s]의 사이에 자속변화량 $\Delta \Phi$ [Wb]일 때 코일에 생기는 유도 기전력 e는 다음과 같다.

$$e = -N \frac{\Delta \Phi}{\Delta t} = -\frac{\Delta \Psi}{\Delta t} \text{ [V]}$$

여기서, Ψ(psi)는 자속 쇄교수(number of flux inter linkage)로 N과 Φ의 곱이다.

예제 1. 권수 50인 코일에 지나는 자속이 2초 동안 0에서 4×10^{-3} [Wb]로 변화하였을 때 코일에 생기는 유도 기전력 e를 구하여라. 또 이때 자속 쇄교수는 얼마인가?

해설 코일에 생기는 유도 기전력

$$e = N \frac{\Delta \Phi}{\Delta t} = 50 \times \frac{4 \times 10^{-3} - 0}{2} = 0.1 \text{ V}$$

자속 쇄교수

$$\Psi = N\Phi = 50 \times 4 \times 10^{-3} = 0.2 \text{ Wb}$$

(3) 렌츠의 법칙

패러데이의 실험장치에서 전류의 변화 대신에 그림 9-3과 같이 영구자석을 코일에 근접시켰다가 멀리할 때에도 전자 유도현상이 일어난다.

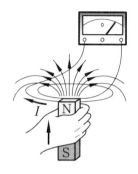
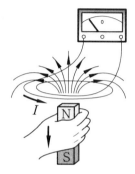

(a) 자석을 가까이할 경우   (b) 자석을 멀리할 경우

그림 9-3 렌츠의 법칙

자석을 코일에 가까이 하면 코일에서 자속 쇄교수 Ψ가 증가하므로 앙페르의 오른나사 법칙에 의해 Ψ가 감소하는 방향으로 기전력 및 전류의 방향이 결정되고 자석을 멀리하면 자속 쇄교수 Ψ가 감소하므로 Ψ가 증가하는 방향으로 기전력이 유도된다.

① 전자 유도 실험에서 자속 쇄교수의 변화에 따라 발생하는 유도 기전력은 다음과 같다.

$$e = - \frac{d\Psi}{dt} \ [\text{V}]$$

여기서 $-$부호는 렌츠의 법칙에 의해 자속의 증가를 방해하는 방향으로 기전력이 발생하는 방향이며, 자속이 1 s 동안에 1 Wb의 비율로 증가 또는 감소할 때 유도 기전력은 1 V가 된다.

② **노이만의 법칙** : 패러데이의 전자 유도법칙을 수식화한 것으로 코일을 N번 감으면 쇄교 자속수는 $N\Phi$가 되므로 유도 기전력은 다음과 같다.

$$e = - N \frac{d\Phi}{dt} \ [\text{V}]$$

(4) 플레밍의 오른손 법칙

플레밍의 왼손 법칙은 전동기 힘의 방향을 정하는 법칙인 반면에 플레밍의 오른손 법칙은 발전기 유도 기전력의 방향을 결정하는 법칙이다.

그림 9-4와 같이 자석 N극, S극에 의한 자계 H [AT/m], 도선의 길이 l인 도체를 힘 F방향으로 회전하면 도선에는 패러데이 법칙에 의해 유도 기전력이 생긴다.

도체의 길이가 l [m], 도체의 운동속도가 v [m/s]일 때 시간 Δt [s] 사이에 도체는 $v \cdot \Delta t$ [m] 거리만큼 이동하기 때문에 자속의 변화량 $\Delta\Phi = BS = Bl v \Delta t$ [Wb]이 되므로 유도 기전력 e [V]의 크기는 다음과 같다.

$$e = - \frac{\Delta\Phi}{\Delta t} = - \frac{Bl v \Delta t}{\Delta t} = - Blv \ [\text{V}]$$

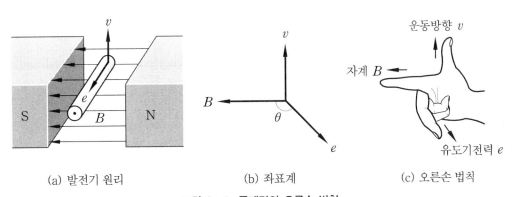

(a) 발전기 원리 (b) 좌표계 (c) 오른손 법칙

그림 9-4 플레밍의 오른손 법칙

　도체의 운동방향과 자계의 방향이 이루는 각을 θ라 하면 자계에 수직한 속도의 성분
은 $v \sin \theta$가 된다.

$$e = -Blv \sin \theta \text{ [V]}$$

1－2 와전류와 표피효과

(1) 와전류(eddy current)

　일반적으로 도체를 관통하는 자속이 변화하든가 또는 자속과 도체가 상대적으로 운동
하여 도체 내의 자속이 시간적 변화를 일으키면 자속의 변화를 방해하는 방향의 전류가
임의의 폐곡선을 따라 흐르게 되는 전류를 와전류 또는 맴돌이 전류라 한다.

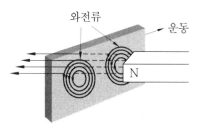

그림 9-5 플레밍의 와전류

① **와류손**(eddy current loss) : 와전류가 도체 내에 발생하면 정상 전류 분포에 영향을 주며
　와전류에 의한 줄열이 생겨 전력의 손실을 유발하는데, 이 손실을 와류손이라 한다.

$$P_e = kf^2 B_m{}^2 \text{ [W/m}^3\text{]}$$

　　여기서, f : 주파수, B_m : 최대 자속밀도이다.

② **성층 철심** : 와류손은 교류기기의 철심에서 발생하는 히스테리시스손과 함께 철손에
　속하며 와류손을 줄이기 위하여 와전류가 흐르지 못하도록 서로 절연한 얇은 철판
　을 겹쳐서 사용하는데, 이를 성층 철심이라 한다.

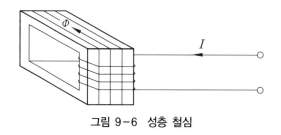

그림 9-6 성층 철심

③ **철심 재료** : 규소 강판이나 페라이트(ferrite) 등의 철심 재료는 전도도가 작으므로 전
　기 기기에 많이 사용한다.

④ **와전류의 응용** : 와전류가 생기면 자계와 전류 간에는 플레밍의 왼손 법칙에 따른 힘이 작용하고 이 힘은 도체가 움직이는 방향과 반대방향으로 작용하는 것을 이용하여 제동장치로 쓰인다.

그림 9-7 전극 사이에서의 도체 이동

그림 9-7은 자극 사이를 도체판이 이동하면 도체판에 와전류가 발생하여 제동력이 작용하는 것으로 자동 판매기에서 동전의 판별 등에 이용하고 있다. 그림 9-8은 자석을 회전 이동하면 원판이 회전하는 원리로 아라고 원리라 하며 적산 전력계에 이용되고 있다.

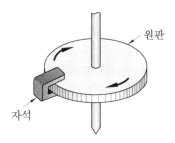

그림 9-8 아라고의 원판

(2) 표피효과(skin effect)

원주도체에 전류가 흐르면 자속이 생긴다. 자속이 통과하는 단면의 중심부일수록 쇄교하는 자속의 변화가 크므로 이 자속의 변화를 방해하는 방향으로 발생하는 역기전력도 중심부가 크다. 따라서 도체의 중심부에는 전류가 흐르기 어려우며 도체 표면 쪽으로 전류가 흐르는 현상을 표피효과라 한다.

① 원주도체뿐만 아니라 모든 도체에 교류가 흐르면 표면의 전류밀도가 커진다.
② 고주파일수록 표피효과가 크다.
③ 전류의 유효면적이 감소하여 전기저항이 증가하는 요인이 된다.
④ 중공도선을 사용한다.
⑤ 한 줄의 도체보다 여러 개의 가는 도선을 사용한다.
⑥ 표피효과를 이용하여 전계나 자계가 도체 내부에 들어가지 못하는 현상을 이용한 것이 전자 차폐현상이다.

그림 9−9(b)에서 도체의 전도도 k [H/m], 투자율 μ [H/m], 전원 주파수 f [Hz]라 할 때 표면 전류 밀도 $\dfrac{1}{e} = 0.368$ 배가 되는 표피에서부터의 깊이 δ [m]를 표피 두께 또는 침투 깊이라고 하며, 이 깊이에서 전류값이 표면 전류값의 36.8 %로 감소된다.

$$\delta = \sqrt{\frac{2}{\omega \mu k}} = \frac{1}{\sqrt{\pi f \mu k}}$$

$$= \sqrt{\frac{\rho}{\pi f \mu}} \ [\text{m}]$$

여기서, k는 전도도로 고유저항의 역수이다.

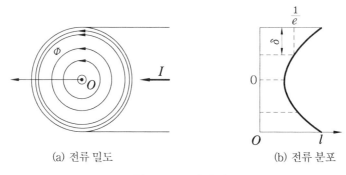

(a) 전류 밀도 　　　　　(b) 전류 분포

그림 9−9 표피 효과

예제 2. 고유저항 $\rho = 2 \times 10^{-8}$ [$\Omega \cdot$m], 투자율 $\mu = 4\pi \times 10^{-7}$ [H/m]인 동선에 60 Hz의 주파수를 갖는 전류가 흐를 때의 표피두께는 몇 m인가?

[해설] $\delta = \dfrac{1}{\sqrt{\pi f \mu k}} = \sqrt{\dfrac{\rho}{\pi f \mu}} = \sqrt{\dfrac{2 \times 10^{-8}}{\pi \times 60 \times 4\pi \times 10^{-7}}}$

$\qquad = \dfrac{1}{\sqrt{1200 \pi^2}} = 0.00919 \ \text{m} = 9.19 \ \text{mm}$

2. 인덕턴스

패러데이가 전자 유도에 관한 법칙을 발견한 후, 헨리는 자기회로의 전류 변화에 의해 자기 자신의 회로에 기전력이 유도된다는 것을 발견하였다. 즉, 임의의 회로에서 회로에 흐르는 전류가 변화하면 이 전류에 의한 자속 쇄교수도 변화할 것이므로 이 변화를 막는 방향의 기전력이 회로 내에 발생하게 되는 소자가 인덕턴스이다. 인덕턴스에는 자기 인덕턴스와 상호 인덕턴스가 있다.

2−1 자기 인덕턴스(self inductance)

그림 9−10과 같이 N회 코일에 일정한 전류 I[A]가 흐르고 있을 때 이 전류에 의해 코일에 쇄교하는 자속수 Ψ는 권수 N회와 자속 Φ의 곱에 비례하고 인덕턴스에 흐르는 전류 I에 비례한다.

$$\Psi = N\Phi = LI \text{ [Wb]}$$

여기서 L은 전류의 크기에 관계가 없고 회로의 크기, 모양 및 주위 매질의 투자율에 따라 결정되는 상수로서 자기 인덕턴스 또는 자기 유도계수라 한다.

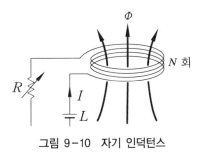

그림 9-10 자기 인덕턴스

(1) 역기전력

코일의 전류를 변화시켜 자속 쇄교수가 변화하면 패러데이 전자 유도 법칙에 의해 코일에는 역기전력 e이 발생한다.

$$\Psi = LI \text{ [Wb]}$$

$$\frac{d\Phi}{dt} = L\frac{di}{dt}$$

$$e = -\frac{d\Phi}{dt} = -L\frac{di}{dt} \text{ [V]}$$

(2) 자기 인덕턴스

$\Psi = LI$에 의하여 1 A의 전류를 흘렸을 때의 자속 쇄교수와 같고, $e = -L\dfrac{di}{dt}$에 의하여 1초 동안에 1 A의 전류를 변화시켰을 때의 역기전력 크기와 같다는 것을 알 수 있다.

(3) 단 위

회로의 전류 1 A에 대한 자속 쇄교수가 1 Wb일 때의 자기 인덕턴스를 1 H(henry)라 하고 단위는 다음과 같다.

$$\text{H} = \frac{\text{Wb}}{\text{A}} = \frac{\text{V}\cdot\text{S}}{\text{A}} = \Omega\cdot\text{s}$$

2－2 상호 인덕턴스

그림 9－11과 같이 권수 N_1인 1차 코일과 권수 N_2인 2차 코일에 전류 I_1, I_2 [A]가 흐르고 있는 경우 자속 쇄교수와 상호 인덕턴스의 관계는 다음과 같다.

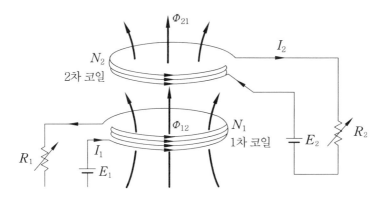

그림 9-11 상호 인덕턴스

(1) 자속 쇄교수

① 전류 I_1에 의해 발생하는 자속 중에서 2차 코일과 쇄교하는 자속 Φ_{21}이고 총 자속 쇄교수 Ψ_{21}는 I_1에 비례한다.

$$\Psi_{21} = N_1 \Phi_{21} = M_{21} I_1$$

$$\therefore M_{21} = \frac{\Psi_{21}}{I_1}$$

② 전류 I_2에 의해 발생하는 자속 중에서 1차 코일과 쇄교하는 자속 Φ_{12}이고 총 자속 쇄교수 Ψ_{12}는 I_2에 비례한다.

$$\Psi_{12} = N_1 \Phi_{12} = M_{12} I_2$$

$$\therefore M_{12} = \frac{\Psi_{12}}{I_2}$$

여기서, M_{21}, M_{12}을 두 코일 사이의 상호 인덕턴스 또는 상호 유도계수라 한다.

M_{21}은 1차 코일에 I_1 [A]의 전류를 흘렸을 때 발생하는 자속 중에서 2차 코일과 쇄교하는 자속수와 같고 M_{12}은 2차 코일 I_2 [A]의 전류를 흘렸을 때 발생하는 자속 중에서 1차 코일과 쇄교하는 자속수와 같다.

(2) 상호 인덕턴스

권수 N회, 전류 I [A]가 흐르고 있는 코일을 자계 내로 가져와 자속 쇄교수가 Ψ일 때

$$W = \Psi I \text{ [J]}$$

① 그림 9-11에서 2차 코일을 고정시켜 놓고 1차 코일을 무한히 먼 거리로부터 가져오는 데 필요한 일은 다음과 같다.

$$W_1 = \Psi_{12} I_1 \text{ [J]}$$

② 반대로 1차 코일을 고정시켜 놓고 2차 코일을 무한히 먼 거리로부터 가져오는 데 필요한 일은 다음과 같다.

$$W_2 = \Psi_{21} I_2 \text{ [J]}$$

③ 최종 상태는 에너지 보존의 법칙에 의하여 ①, ②의 W_1과 W_2는 같다.

$$W_1 = W_2$$

$$\Psi_{12} I_1 = \Psi_{21} I_2$$

$$\frac{\Psi_{12}}{I_2} = \frac{\Psi_{21}}{I_1}$$

④ 두 개의 상호 인덕턴스 M_{12}와 M_{21}은 두 코일의 모양이나 배치에 상관없이 같은 값을 갖는다.

$$M_{21} = \frac{\Psi_{21}}{I_1} \text{ [H]}$$

$$M_{12} = \frac{\Psi_{12}}{I_2} \text{ [H]}$$

$$\therefore \ M_{21} = M_{12} \text{ [H]}$$

(3) 역기전력

① 1차 코일의 전류 I_1을 변화시키면 2차 코일의 자속 쇄교수 Ψ_{21}이 변화하여 2차 코일에 역기전력 e_2가 유기된다.

$$e_2 = -\frac{d}{dt}\Psi_{21} = -\frac{d}{dt}M_{21}I_1 = -M_{21}\frac{dI_1}{dt} \text{ [V]}$$

② 2차 코일의 전류 I_2을 변화시키면 1차 코일의 자속 쇄교수 Ψ_{12}이 변화하여 1차 코일에 역기전력 e_1가 유기된다.

$$e_1 = -\frac{d}{dt}\Psi_{12} = -\frac{d}{dt}M_{12}I_2 = -M_{12}\frac{dI_2}{dt} \text{ [V]}$$

③ 상호 인덕턴스 $M_{12} = M_{21}$이므로 코일에 흐르는 전류를 1초 동안에 1 A의 비율로 변화시켰을 때 다른 코일에 유기되는 역기전력의 크기는 같다.

2-3 결합계수

두 회로에 최대 자속이 쇄교하는 경우 각각의 인덕턴스로서 상호 인덕턴스를 계산할 수 있다. 여기서 최대 자속이 쇄교한다는 것은 한 회로에서 발생한 자속이 모두 다른 회로에 쇄교하는 경우이며 그림 9-12와 같이 두 코일의 면적을 같게 하거나 환상의 코일에 겹쳐서 이층으로 다른 코일을 감으면 가능하다.

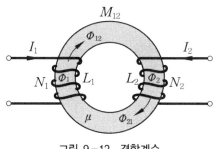

그림 9-12 결합계수

(1) 1차측

① 1차 코일에 전류 I_1를 흘렸을 때 발생하는 자속 Φ_1이 2차측 코일과 쇄교하면 1차 코일의 인덕턴스는 다음과 같다.

$$\Psi = N\Phi = LI = MI$$

$$L_1 = \frac{N_1 \Phi_1}{I_1}$$

② 2차 코일에 전류 I_2를 흘렸을 때 발생하는 자속 Φ_{12}이 1차측 코일과 쇄교하면 1차 코일의 상호 인덕턴스는 다음과 같다.

$$M_{12} = \frac{N_2 \Phi_{12}}{I_2}$$

③ 자속이 모두 다른 회로에 쇄교하면 $\Phi_1 = \Phi_{12}$이고 같은 전류를 가하므로 $I_1 = I_2$이다.

$$I_1 = \frac{N_1 \Phi_1}{L_1}$$

$$I_2 = \frac{N_2 \Phi_{12}}{M_{12}}$$

$$\frac{N_1 \Phi}{L_1} = \frac{N_2 \Phi}{M_{12}}$$

$$\therefore M_{12} = \frac{N_2}{N_1} L_1 \ [\text{H}]$$

(2) 2차측

① 2차 코일에 전류 I_2를 흘렸을 때 발생하는 자속 $\varPhi_2$이 1차 코일과 쇄교하면 2차 코일의 인덕턴스는 다음과 같다.

$$L_2 = \frac{N_2 \varPhi_2}{I_2}$$

② 1차 코일에 전류 I_1를 흘렸을 때 발생하는 자속 $\varPhi_{12}$이 2차 코일과 쇄교하면 2차 코일의 상호 인덕턴스는 다음과 같다.

$$M_{21} = \frac{N_1 \varPhi_{21}}{I_1}$$

③ 자속이 모두 다른 회로에 쇄교하면 $\varPhi_2 = \varPhi_{21}$이고 같은 전류를 가하므로 $I_1 = I_2$ 이다.

$$I_2 = \frac{N_2 \varPhi_2}{L_2}$$

$$I_2 = \frac{N_1 \varPhi_{21}}{M_{21}}$$

$$\frac{N_2 \varPhi}{L_2} = \frac{N_1 \varPhi}{M_{21}}$$

$$\therefore M_{21} = \frac{N_1}{N_2} L_2 \text{ [H]}$$

(3) 이상적인 결합회로

자속이 모두 쇄교하는 이상적인 결합회로에서 상호 인덕턴스는 모두 같으므로 $M_{12} = M_{21} = M$ 이다.

$$M_{12} \cdot M_{21} = \frac{N_2}{N_1} L_1 \times \frac{N_1}{N_2} L_2$$

$$M^2 = L_1 \cdot L_2$$

$$\therefore M = \sqrt{L_1 \cdot L_2} \text{ [H]}$$

(4) 결합계수

실제적인 결합회로인 경우에는 코일의 모양, 크기, 상대적 위치에 따라 결정되는 결합계수를 반영하여야 한다.

$$M = \pm k \sqrt{L_1 \cdot L_2} \text{ [H]}$$

여기서, k를 결합계수라 한다.

① **누설 자속** : 한개의 코일에 발생된 자속이 다른 코일과 쇄교하지 않는 자속을 누설

자속이라 하며 누설 자속에 의해 결합계수 k가 발생한다.

② 전류 I_1에 의한 자속 $\varPhi_1$과 전류 I_2에 의한 자속 $\varPhi_2$가 같은 방향이면 +값을 가지고, 반대 방향이면 −값을 갖는다.

③ 자기 인덕턴스는 항상 +값을 갖는다.

$k = 0$	자기적 결합이 없음	$M = 0$
$0 < k < 1$	자기결합상태	$M = k\sqrt{L_1 L_2}$
$k = 1$	완전한 자기결합	$M = \sqrt{L_1 L_2}$

예제 3. 두 개 코일의 자기 인덕턴스가 각각 0.5 H, 1.28 H이고, 상호 인덕턴스가 0.64 H일 때, 결합 계수 k는 얼마인가?

해설 $k = \dfrac{M}{\sqrt{L_1 L_2}} = \dfrac{0.64}{\sqrt{0.5 \times 1.28}} = 0.8$

2−4 인덕턴스의 접속

(1) 직렬 접속

인덕턴스를 직렬로 연결하였을 때 상호 유도작용이 없는 경우 전체 인덕턴스의 합은 저항의 직렬 접속관계와 같다.

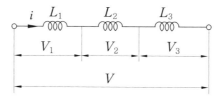

그림 9−13 직렬 접속

$$V = V_1 + V_2 + V_3$$

$$= \left(-L_1 \frac{di}{dt}\right) + \left(-L_2 \frac{di}{dt}\right) + \left(-L_3 \frac{di}{dt}\right)$$

$$= -(L_1 + L_2 + L_3)\frac{di}{dt}$$

$$= -L \frac{di}{dt} \ [\mathrm{V}]$$

$$\therefore \ L = L_1 + L_2 + L_3 \ [\mathrm{H}]$$

(2) 병렬 접속

인덕턴스를 병렬로 연결했을 때 상호 유도작용이 없는 경우 전체 인덕턴스의 합은 저항의 병렬 접속관계와 같다.

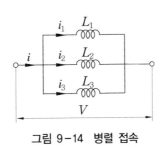

그림 9-14 병렬 접속

$$V = -L_1 \frac{di_1}{dt} = -L_2 \frac{di_2}{dt} = -L_3 \frac{di_3}{dt}$$

$$\frac{di_1}{dt} = -\frac{V}{L_1}$$

$$\frac{di_2}{dt} = -\frac{V}{L_2}$$

$$\frac{di_3}{dt} = -\frac{V}{L_3}$$

$$i = i_1 + i_2 + i_3$$

$$\frac{di}{dt} = \frac{di_1}{dt} + \frac{di_2}{dt} + \frac{di_3}{dt}$$

$$= \left(-\frac{V}{L_1}\right) + \left(-\frac{V}{L_2}\right) + \left(-\frac{V}{L_3}\right)$$

$$= -\left(\frac{1}{L_1} + \frac{1}{L_2} + \frac{1}{L_3}\right) V$$

$$\therefore L = \frac{1}{\dfrac{1}{L_1} + \dfrac{1}{L_2} + \dfrac{1}{L_3}} \ [\mathrm{H}]$$

(3) 유도 결합에 의한 직렬 접속

① **상호 자속의 합** : 1차 코일의 자속 $\varPhi_1$과 2차 코일의 $\varPhi_2$가 같은 방향일 때 전체 자속 $\varPhi = \varPhi_1 + \varPhi_2$가 된다.

• 1차 코일의 기전력

$$e_1 = L_1 \frac{di}{dt} + M \frac{di}{dt}$$

• 2차 코일의 기전력

$$e_2 = L_2 \frac{di}{dt} + M \frac{di}{dt}$$

• 전체의 기전력

$$e = e_1 + e_2$$

$$= L_1 \frac{di}{dt} + M \frac{di}{dt} + L_2 \frac{di}{dt} + M \frac{di}{dt}$$

$$= (L_1 + L_2 + 2M) \frac{di}{dt}$$

• 합성 인덕턴스

$$L = L_1 + L_2 + 2M \ [\text{H}]$$

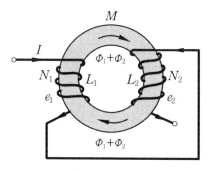

그림 9-15 상호 자속의 합

② **상호 자속의 차**:1차 코일의 자속 Φ_1과 2차 코일의 Φ_2가 다른 방향일 때 전체 자속 $\Phi = \Phi_1 - \Phi_2$가 된다.

• 1차 코일의 기전력

$$e_1 = L_1 \frac{di}{dt} - M \frac{di}{dt}$$

• 2차 코일의 기전력

$$e_2 = L_2 \frac{di}{dt} - M \frac{di}{dt}$$

• 전체의 기전력

$$e = e_1 + e_2$$

$$= L_1 \frac{di}{dt} - M \frac{di}{dt} + L_2 \frac{di}{dt} - M \frac{di}{dt}$$

$$= (L_1 + L_2 - 2M) \frac{di}{dt}$$

• 합성 인덕턴스

$$L = L_1 + L_2 - 2M \ [\text{H}]$$

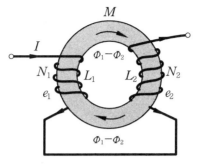

그림 9-16 상호 자속의 차

③ $L_1 = L_2$이고 결합계수 $k = 1$이면 $L = M$이 된다.

• 자속의 방향이 같은 경우의 합성 인덕턴스

$$L = L_1 + L_2 + 2M$$

$$= L + L + 2L = 4L \text{ [H]}$$

• 자속의 방향이 다른 경우의 합성 인덕턴스

$$L = L_1 + L_2 - 2M$$

$$= L + L - 2L = 0 \text{ [H]}$$

예제 4. 두 개의 자기 인덕턴스를 직렬로 접속하여 측정한 합성 인덕턴스가 150 mH, 코일 하나를 반대로 접속하여 측정한 합성 인덕턴스는 50 mH가 되었다. 이 두 코일의 상호 인덕턴스 M [mH]를 구하시오.

해설 $L^+ = L_1 + L_2 + 2M = 150 \text{ mH}$

$L^- = L_1 + L_2 - 2M = 50 \text{ mH}$

따라서 상호 인덕턴스 M은 두 식으로부터

$$M = \frac{L^+ - L^-}{4} = \frac{150 - 50}{4} = 25 \text{ mH}$$

3. 인덕턴스 계산

3-1 환상 솔레노이드

(1) 자속의 수

그림 9-17과 같은 단면적 S [m²], 투자율 μ, 권수 N회, 반지름 r인 환상 철심에 전류 I [A]를 흘렸을 때 발생하는 자속수는 다음과 같다.

$$\Phi = B \cdot S \qquad\qquad \rightarrow \; B = \mu H$$

$$= \mu H S = \frac{\mu S N I}{l} \qquad \rightarrow \; H = NI = \frac{NI}{l}$$

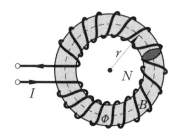

그림 9-17 환상 솔레노이드

(2) 자기 인덕턴스

자속 쇄교수 $\Psi = N\Phi = LI$에 의한 자기 인덕턴스는 다음과 같다.

$$L = \frac{N\Phi}{I}$$

$$= \frac{N}{I} \cdot \frac{\mu S N I}{l}$$

$$= \frac{\mu S N^2}{l} \qquad\qquad \rightarrow \; l = 2\pi r$$

$$= \frac{\mu S N^2}{2\pi r} \; [\mathrm{H}]$$

3-2 직선 솔레노이드

(1) 자속수

그림 9-18과 같은 단면적 $S\,[\mathrm{m^2}]$, 투자율 μ, 권수 N의 길이가 반지름 a보다 긴 직선 솔레노이드에 전류 $I\,[\mathrm{A}]$를 흘렸을 때 발생하는 내부 자속의 수는 다음과 같다.

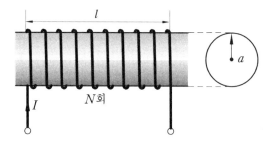

그림 9-18 직선 솔레노이드

$$\Phi = B \cdot S \qquad\qquad \rightarrow\ B = \mu H$$

$$\quad = \mu H S \qquad\qquad \rightarrow\ H = NI = \frac{NI}{l}$$

$$\quad = \frac{\mu S N I}{l}$$

(2) 자기 인덕턴스

자속 쇄교수 $\Psi = N\Phi = LI$ 에 의한 자기 인덕턴스는 다음과 같다.

$$L = \frac{N\Phi}{I} = \frac{N}{I} \cdot \frac{\mu S N I}{l}$$

$$\quad = \frac{\mu S N^2}{l} \ [\mathrm{H}]$$

3-3 무한 직선 솔레노이드

(1) 자속수

무한히 긴 솔레노이드에 있어서 단면적 $S\,[\mathrm{m^2}]$, 단위길이에 대한 권수 N회인 솔레노이드에 전류 $I\,[\mathrm{A}]$를 흘렸을 때 발생하는 단위길이에 대한 자속의 수는 다음과 같다.

$$\Psi = N\Phi$$

$$\quad = NBS \qquad \rightarrow\ B = \mu H$$

$$\quad = N\mu H S \qquad \rightarrow\ H = NI$$

$$\quad = \mu N^2 I S$$

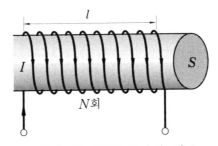

그림 9-19 무한히 긴 솔레노이드

(2) 자기 인덕턴스

자속 쇄교수 $\Psi = N\Phi = LI$ 에 의한 단위길이당 자기 인덕턴스는 다음과 같다.

$$L_0 = \frac{\Psi}{I} = \frac{\mu N^2 I S}{I}$$

$$\quad = \mu N^2 S \ [\mathrm{H}]$$

(3) 길이가 l [m]일 때 자기 인덕턴스

$$L = L_0 \cdot l = \mu N^2 S l \text{ [H]}$$

3-4 동축 케이블

그림 9-20과 같이 반지름 a, b인 동축 케이블에 전류 I [A]를 흘렸을 때 발생하는 인덕턴스를 구한다. 단, 외부 도체의 두께는 무시한다.

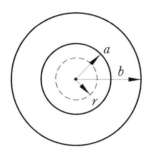

그림 9-20 동축 케이블의 내부 인덕턴스

(1) 내부 인덕턴스

① 자계의 세기 : 도체 내부의 중심에서 거리 $r(r < a)$인 점에서의 자계의 세기는 다음과 같다.

$$H = \frac{r}{2\pi r^2} I \text{ [AT/m]}$$

② 단위길이당 자계 에너지

$$
\begin{aligned}
W &= \frac{1}{2} \int_s B \cdot H dS \\
&= \frac{1}{2} \int_s \mu H^2 dS &&\rightarrow S = 2\pi r \\
&= \frac{1}{2} \int_0^a \mu \left(\frac{r}{2\pi a^2} I \right)^2 2\pi r \, dr \\
&= \frac{\mu I^2}{4\pi a^4} \int_0^a r^3 dr &&\rightarrow \int r^3 dr = \frac{1}{4} r^4 \\
&= \frac{\mu I^2}{16\pi a^4} \left[r^4 \right]_0^a \\
&= \frac{\mu I^2}{16\pi} \text{ [J/m]}
\end{aligned}
$$

③ 단위길이당 내부 인덕턴스

$$W = \frac{1}{2} L I^2$$

$$L_l = \frac{2W}{I^2} = \frac{\mu}{8\pi} \ [\text{H/m}]$$

(2) 외부 인덕턴스

① **자계의 세기** : 도체의 중심에서 거리 $r\,(a < r < b)$인 점에서의 자계의 세기는 다음과 같다.

$$H = \frac{I}{2\pi r} \ [\text{AT/m}]$$

② **자 속**

• 미소 원통 dr을 지나는 자속

$$d\varPhi = B\,dr$$

$$= \mu_0 H\,dr = \frac{\mu_0 I}{2\pi r} \ dr$$

• 두 도체 간을 지나는 자속, 즉 도체 외부의 a와 b 사이의 자속

$$\varPhi = \int_a^b d\varPhi$$

$$= \frac{\mu_0 I}{2\pi} \int_a^b \frac{1}{r} \ dr \qquad \rightarrow \quad \int \frac{1}{r} \ dr = \ln r + c$$

$$= \frac{\mu_0 I}{2\pi} \ \ln \frac{b}{a} \ [\text{Wb/m}]$$

• 단위길이당 외부 인덕턴스

$$\varPhi = LI$$

$$L_i = \frac{\varPhi}{I} = \frac{\mu_0}{2\pi} \ \ln \frac{b}{a} \ [\text{H/m}]$$

• 동축 케이블의 전체 인덕턴스

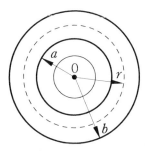

그림 9-21 동축 케이블의 외부 인덕턴스

$$L = L_l + L_i$$

$$= \frac{\mu_0}{2\pi} \ln \frac{b}{a} + \frac{\mu_0}{8\pi} \quad [\text{AT/m}]$$

3-5 평행 왕복도체

그림 9-22와 같이 원형 단면의 반지름이 a이고 선간 거리가 d인 평행 왕복도체에서 단위길이당 자기 인덕턴스를 구한다.

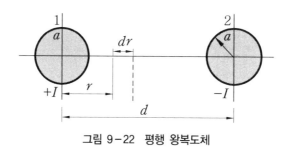

그림 9-22 평행 왕복도체

(1) 도체 1에서 거리 r인 위치의 자계의 세기

$$H = \frac{I}{2\pi} r + \frac{I}{2\pi(d-r)} \quad [\text{AT/m}]$$

(2) 거리 r 위치에서 폭 dr의 미소면적을 지나는 단위길이당 자속

$$d\Phi = B dr$$

$$= \mu_0 H dr$$

$$= \frac{\mu_0 I}{2\pi} \left(\frac{1}{r} + \frac{1}{d-r} \right) dr$$

(3) 도체 1, 2에 쇄교하는 단위길이당 자속 쇄교수

$$\Psi = \int_r^{d-r} d\Phi$$

$$= \frac{\mu_0 I}{2\pi} \int_r^{d-r} \left(\frac{1}{r} + \frac{1}{d-r} \right) dr$$

$$= \frac{\mu_0 I}{2\pi} \left[\ln r - \ln (d-r) \right]_r^{d-r}$$

$$= \frac{\mu_0 I}{\pi} \ln \frac{d-r}{r} \quad [\text{Wb/m}]$$

(4) 선간의 자기 인덕턴스

$$L = \frac{\Phi}{I}$$

$$= \frac{\mu_0}{\pi} \ln \frac{d-r}{r} \ [\mathrm{H/m}]$$

(5) 전체 인덕턴스

도체 내부의 자기 인덕턴스는 도체가 2개로 $2 \times \frac{\mu}{8\pi}$ 이므로 왕복도체에서의 전체 인덕턴스는 다음과 같다.

$$L = \frac{\mu_0}{\pi} \ln \frac{d-r}{r} + 2\frac{\mu}{8\pi}$$

$$= \frac{\mu_0}{\pi} \ln \frac{d-r}{r} + \frac{\mu}{4\pi} \ [\mathrm{H/m}]$$

만일 표피효과에 의하여 전류가 도선의 표면에만 흐른다면 내부 자기 인덕턴스 $\frac{\mu}{4\pi}$은 무시하나 안테나 및 송배전선의 자기 인덕턴스 계산 시에는 고려하여야 한다.

3-6 송전선의 인덕턴스

두 가닥의 송전선 $a-a'$와 $b-b'$로 되는 왕복회로에서 상호 인덕턴스를 구한다.

(1) 도체 a에 의한 자속

도체 a에 전류 I를 흘렸을 때 b와 b'에 쇄교하는 자속 Φ_1는 도체 a를 중심으로 동심원상이 된다.

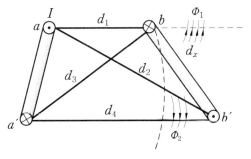

그림 9-23 송전선

$$\Phi_1 = \int_{d_1}^{d_2} B \cdot dx$$

$$= \int_{d_1}^{d_2} \mu_0 H dx \qquad\qquad \rightarrow H = \frac{I}{2\pi x} dx$$

$$= \int_{d_1}^{d_2} \mu_0 \, \frac{I}{2\pi x} \, dx$$

$$= \frac{\mu_0 I}{2\pi} \int_{d_1}^{d_2} \frac{1}{x} \, dx$$

$$= \frac{\mu_0 I}{2\pi} \ln \frac{d_2}{d_1} \ [\mathrm{Wb/m}]$$

(2) 도체 a' 에 의한 자속

도체 a' 에 의한 b 와 b' 에 쇄교하는 자속 Φ_2 는 도체 a' 를 중심으로 동심원상이 된다.

$$\Phi_2 = \int_{d_3}^{d_4} B \cdot dx$$

$$= \frac{\mu_0 I}{2\pi} \ln \frac{d_4}{d_3} \ [\mathrm{Wb/m}]$$

(3) 상호 인덕턴스

도체 a 와 a' 에 의한 b 와 b' 에 쇄교하는 자속 $\Phi = \Phi_1 - \Phi_2 = MI$ 이므로 상호 인덕턴스는 다음과 같다.

$$M = \frac{\Phi_1 - \Phi_2}{I}$$

$$= \frac{\mu_0 I}{2\pi} \ln \frac{d_2}{d_1} - \frac{\mu_0 I}{2\pi} \ln \frac{d_4}{d_3}$$

$$= \frac{\mu_0 I}{2\pi} \ln \frac{d_2 d_3}{d_1 d_4} \ [\mathrm{H/m}]$$

❧ 연습문제 ❧

1. 100회 감은 코일과 쇄교하는 자속이 0.1초 동안에 0.5 Wb에서 0.3 Wb로 감소할 때 유기되는 기전력을 구하시오.

[해설] $e = -N\dfrac{d\Phi}{dt} = 200$ V

2. 권수가 200회이고 자기 인덕턴스가 20 mH인 코일에 2 A의 전류가 흐를 때 쇄교하는 자속을 구하시오.

[해설] $N\Phi = LI = 4 \times 10^{-2}$ [Wb/T]

3. 자기회로의 자기저항이 일정할 때 코일의 권수를 반으로 줄이면 자기 인덕턴스는 몇 배가 되는가?

[해설] $L = \dfrac{\mu N^2 S}{l}$ ∴ $\dfrac{1}{4}$ 배

4. 도전율 ρ, 투자율 μ인 도체에 교류전류가 흐를 때 표피효과에 의한 침투 깊이 δ에 대하여 설명하시오.

[해설] $\delta = \sqrt{\dfrac{1}{\pi f \rho \mu}}$

5. 인덕턴스 1 H에 대하여 설명하시오.

[해설] 1 A의 전류에 대한 자속이 1 Wb이다.

6. 무한이 긴 원주 도체의 내부 인덕턴스에 설명하시오.

[해설] $L = \dfrac{\mu}{8\pi}$ [H/m]로 재질의 투자율에 비례한다.

7. 환상 철심에 권수 100회인 A코일과 권수 200회인 B코일이 있을 때, A코일의 자기 인덕턴스가 4 H일 때 상호 인덕턴스를 구하시오.

[해설] $M = \sqrt{L_1 L_2} = 8$ H

8. 지름 2 mm, 길이 25 m인 동선의 내부 인덕턴스를 구하시오.

[해설] $L = \dfrac{\mu}{8\pi} l = 1.25$ mH/km

9. 자기 인덕턴스 0.1 H에 전류 2 A가 흐를 때 축적되는 자기에너지를 구하시오.

[해설] $W = \dfrac{1}{2} LI^2 = 0.2$ J

자성체와 자기회로

CHAPTER

1. 자화현상

전류가 자계를 만드는 현상은 에르스텟에 의해 최초로 발견되었으며 암페어의 실험적 연구의 결과 전류와 자계와의 관계는 수식적으로 명백하게 밝혀졌다. 즉, 무한히 직선전류에 의하여 생기는 자계는 다음과 같은 성질이 있다.

1－1 자성체

(1) 자기 모멘트

물질을 구성하는 원자는 핵 주위에 전자가 회전하고 있는데, 이 회전하는 운동이 전류가 되어 자계를 만드므로 원자에 자기 모멘트를 가지게 된다. 자기 모멘트는 전자의 공전운동보다는 전자의 자전운동인 스핀(spin)에 의하여 전자가 일정한 방향으로 향하므로 원자는 미소한 자석인 자기적 쌍극자로 되어 자기 모멘트가 나타나게 된다.

(2) 자 구(magnetic domain)

자기 모멘트가 같은 원자들이 일정한 영역에 뭉쳐 단체적으로 행동을 하기 때문에 자성이 강해지며 이 영역을 자구(磁區)라 한다. 이 자구는 유전체에서의 전기 분극현상과 같이 소자석(자기 쌍극자)으로서 작용한다.

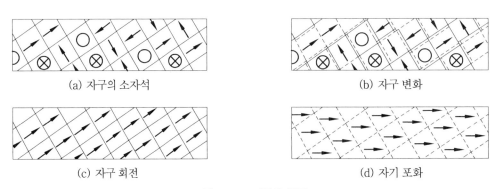

(a) 자구의 소자석   (b) 자구 변화

(c) 자구 회전   (d) 자기 포화

그림 10-1 자구의 변화

① **자구의 소자석** : 그림 10-1 (a)는 자계를 가하지 않은 경우로 자구의 소자석은 서로 다른 방향으로 향하고 있어 전체적으로 보면 자기 모멘트가 0이 된다.

② **자구 변화** : 그림 10-1 (b)는 자계를 가한 경우로 자계와 가까운 방향을 가진 자구가 변화를 일으켜 자구의 영역이 커진다.

③ **자구 회전** : 그림 10-1 (c)는 자계를 더욱 세게하면 모든 자구는 자계방향과 편향이 되도록 자구가 회전한다.

④ **자기 포화** : 그림 10-1 (d)는 자계가 강해지면 모든 자구는 자계의 방향으로 회전하여 자기 포화상태에 이른다. 그러므로 모든 물체의 자성의 근원은 전자의 배열상태에 있다고 본다.

(3) 자성체

어떤 금속에 자극이 생기는 즉, 자화되는 물질을 자성체라 하며 자화특성에 따라 상자성체, 역자성체로 구분한다.

① **상자성체** : 그림 10-2 (a)와 자계 H의 영향과 같은 방향으로 자화되는 물질을 상자성체라 하며 Al, Mn, Pt, Sn, Ir, O_2, N_2 등이 있다.

② **역자성체** : 그림 10-2 (b)와 같이 자계 H의 방향과 반대방향으로 자화되는 물질을 역자성체 또는 반자성체라 하며 Bi, C, Si, Ag, Pb, Zn, S, Cu 등이 있다.

③ **강자성체** : 상자성체 중에서 자화되는 정도가 큰 금속물질을 강자성체라 하며 Fe, Co, Ni 및 합금으로 자석의 재료로 이용한다.

(a) 상자성체　　　　　　　(b) 역자성체

그림 10-2 **자성체의 종류**

1-2 **자화의 세기**

(1) 분자자석

자석을 절단하면 자극이 분리되는 것이 아니라 새로운 자극이 나타나 2개의 자석이 된다. 따라서 자석을 세분(細分)하면 미소한 소자석이 되는데, 이것을 분자자석이라 한다.

(2) 자 화(magnetic charge)

그림 10-3의 윗부분과 같이 분자 자석들의 방향이 무질서하게 배열되어 서로의 자계

가 상쇄되어 자화현상이 나타나지 않으나 외부에 자계를 가하면 분자자석이 규칙적으로 배열되어 양 단면에 N극, S극이 나타나 자성체가 되는 것을 자화라 한다.

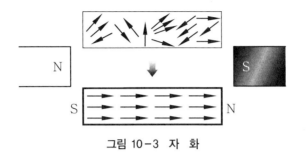

그림 10-3 자 화

(3) 자화의 세기

자성체 양 단면의 단위면적에 발생된 자기량을 그 자성체에 대한 자화의 세기 또는 자화도라 하며 이는 자성체의 자화 정도를 표시하는 것이다.

그림 10-4와 같이 자성체의 단면적 A [m²]에서 발생된 자기량을 m [Wb]이라 할 때 자화의 세기는 체적의 단면에 $J = \dfrac{m}{A}$ [Wb/m²] 나타나는 자극밀도로 표시하고 자화의 방향은 S극에서 N극으로 향하는 것을 양으로 한다.

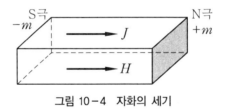

그림 10-4 자화의 세기

(4) 자기 모멘트

자극 간의 거리를 S극에 대한 N극의 위치 벡터 l [m]로 표시하면 자기 모멘트는 벡터량이 된다.

$$M = m \cdot l \ [\text{Wb} \cdot \text{m}^2]$$

자화의 세기는 단위체적 내에 발생한 자기 모멘트의 수로 정의한다.

$$J = \frac{M}{V} \ [\text{Wb} \cdot \text{m}^2]$$

여기서, V는 자성체의 체적이다.

(5) 자화선(line of magnetization)

물체가 균일하게 자화되어 있을 때 내부에는 자극이 존재하지 않고 물체의 양 단면에만 자극이 존재한다. 이때 자화의 세기는 물체의 단면에 생긴 자극밀도와 같고 자화의 방향으로 취한 벡터이므로 전계 E에 대한 전기력선의 정의와 같이 자화의 자력선을 자화선이라 한다. 자화선의 성질은 다음과 같다.

① S극에 발생하여 N극에서 소멸한다.

② 자화선의 밀도를 자화의 세기의 크기와 같다고 정의하면 S극에서 하나의 자화선이 발생하고 N극에서 소멸한다.

③ 물체의 표면은 자화에 의하여 자극이 된다.

1-3 자 속

(1) 자계에 의한 자력선

진공 중의 평등자계 H_0 내에 자성체를 놓으면 자화로 인하여 자화의 세기 J에 따르는 자극 N극, S극이 자성체의 표면에 유도되어 내부에는 외부자계 H_0와 N극, S극에 의한 반대방향의 자계(감자력) H'의 합인 자계가 작용한다.

$$H = H_0 - H' \ [\text{AT/m}], \ [\text{N/Wb}]$$

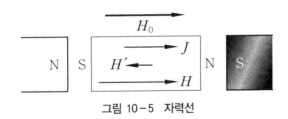

그림 10-5 자력선

(2) 자속밀도(magnetic flux density)

자성체 내부에는 자계 H에 의한 자력 $\mu_0 H$와 자화의 세기 J에 의한 자화선이 동시에 존재하며, 이를 자속밀도 또는 자기 유도라 한다.

$$B = \mu_0 H + J \ [\text{Wb/m}^2]$$

진공 중에서는 자화의 세기 $J = 0$이므로 진공 중의 자속밀도는 다음과 같다.

$$B = \mu_0 H \ [\text{Wb/m}^2]$$

(3) 자 속(magnetic flux)

자속밀도가 B인 점에서 임의의 면 S을 지나는 자속선 수를 자속이라 하며, $\varPhi$라 나타낸다.

$$\varPhi = \oint_s B \cdot n dS$$

여기서, n은 면 S에 세워진 법선의 단위 벡터이다.

1-4 자화율(susceptibility)

(1) 자화율

자성체의 자화는 자성체 내의 자계에 비례한다.

$$J = \chi H$$

여기서, χ(chi)는 자화율이라 하며 자성체의 재질에 따라 정해진다.

(2) 투자율(permeability)

$$B = \mu_0 H + J = \mu_0 H + \chi H = (\mu_0 + \chi) H = \mu H$$

여기서, μ(mu)를 자성체의 투자율이라 한다.

(3) 비투자율(relative permeability)

$$\mu_s = \frac{\mu}{\mu_0} = \frac{\mu_0 + \chi}{\mu_0} = 1 + \frac{\chi}{\mu_0} = 1 + \chi_s$$

여기서, μ_s : 자성체의 비투자율, $\chi_s = \dfrac{\chi}{\mu_0}$: 자성체의 비자하율이다.

(4) 비투자율의 값

자화율 $\chi > 0$인 경우는 자계의 영향과 동일하므로 상자성체이며, $\chi < 0$인 경우는 역자성체이다. 따라서 비투자율 $\mu_s > 1$이면 상자성체, $\mu_s < 1$이면 역자성체이다.

표 10-1 비자화율

물 질	$\dfrac{\chi}{\mu_0}$	물 질	$\dfrac{\chi}{\mu_0}$	물 질	$\dfrac{\chi}{\mu_0}$
액체산소	3.46×10^{-8}	공 기	3.65×10^{-7}	은	-2.64×10^{-5}
파라듐	8.25×10^{-4}	창 연	-16.7×10^{-5}	연	-1.69×10^{-5}
백 금	2.93×10^{-4}	수 정	-1.51×10^{-5}	동	-0.94×10^{-5}
알루미늄	2.14×10^{-4}	물	-0.08×10^{-5}	아르곤	-0.945×10^{-8}
산 소	1.79×10^{-4}	수 은	-3.23×10^{-5}	수 소	-0.205×10^{-8}

표 10-2 자화율과 내투자율

구 분	상자성체	역자성체
자 화 율	$\chi > 0$	$\chi < 0$
비투자율	$\mu_s > 1$	$\mu_s < 1$

표 10-3 비투자율

물 질	종 별	비투자율
창 연	역	0.99983
은	역	0.99998
석	역	0.999983
동	역	0.999991
진 공	무	1
공 기	상	1.0000004
알루미늄	상	1.00002
코 발 트	강	250
니 켈	강	600
철(0.2 % 불순물)	강	5,000
규소강(4 % 규소)	강	7,000
78 % 퍼멀로이	강	100,000
순 철	강	200,000
스퍼멀로이(5 % : Mo, 78 % : Ni)	강	1,000,000

예제 1. 비투자율 $\mu_s = 300$인 환상철심 내의 평균 자계의 세기가 $H = 4000$ AT/m일 때 철심 중의 자화의 세기 $J\,[\text{Wb/m}^2]$를 구하시오.

[해설] $J = \chi H = \mu_0(\mu_s - I)H$

$\qquad = 4\pi \times 10^{-7} \times (300 - 1) \times 400 \fallingdotseq 1.5 \text{ Wb/m}^2$

예제 2. 길이 40 cm, 단면의 반지름 1 cm인 자성체를 길이방향으로 균일하게 자화시켰을 때 자화의 세기가 0.2 Wb/m²일 경우 이 자성체의 자극 세기 $m\,[\text{Wb}]$를 구하시오.

[해설] $J = \dfrac{m}{S} = \dfrac{m}{\pi a^2}$

$\qquad m = J \cdot \pi a^2 = 0.2 \times 3.14 \times (1 \times 10^{-2})^2 = 6.28 \times 10^{-5} \text{ [Wb]}$

예제 3. 공기 중에 $H = 1200$ AT/cm의 자계와 60°의 각을 이루는 면적 $20 \times 40 \text{ [cm}^2]$의 구형 코일을 지나는 자속을 구하시오.

[해설] $B = \mu_0 H = 4\pi \times 10^{-7} \times \dfrac{1200}{10^{-2}} \fallingdotseq 15 \times 10^{-2} \text{ [Wb/m}^2]$

$\qquad S = 20 \times 40 \text{ [cm}^2] = 800 \times 10^{-4} = 8 \times 10^{-2} \text{ [m}^2]$

$\qquad \Phi = B \cos\theta S = 15 \times 10^{-2} \times \dfrac{1}{2} \times 8 \times 10^{-2} = 6 \times 10^{-3} \text{ [Wb]}$

1−5 자기 감자작용(self demagnetizing effect)

(1) 자기 감자력(self demagnetizing force)

자성체를 그림 10−6과 같은 평등자계 H_0 내에 놓으면 자기 유도작용에 의해서 N극, S극이 생겨서 자성체 내부에 H_0에 대한 역방향 자계 H'를 발생시킨다. 이 역방향 자계 H'를 자기 감자력이라 하고 이러한 현상을 자기 감자작용이라 한다.

$$H = H_0 - H' \text{ (상자성체)}$$

$$H = H_0 + H' \text{ (역자성체)}$$

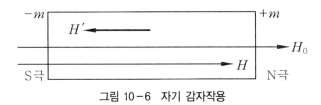

그림 10−6 자기 감자작용

(2) 감자율(demagnetization factor)

자기 감자력은 평등자화된 자성체에서 그 자화의 세기에 비례하며 자성체의 형상에 비례한다.

$$H' = \frac{N}{\mu_0} J$$

여기서, 비례상수 N을 감자율이라 하며 $0 \leq N \leq 1$의 값을 갖는다.

자성체가 가늘고 긴 것은 N이 0에 가깝고, 굵고 짧은 것은 1에 가까워진다. 만약 H와 H_0을 알고 있다면 감자율은 다음과 같이 구한다.

$$N = \frac{\mu_0 H'}{\chi H} \qquad\qquad \rightarrow H' = H_0 + H$$

$$= \frac{\mu_0}{\chi} \left(\frac{H_0}{H} - 1 \right) \qquad \rightarrow \chi = \mu - \mu_0 = \mu_s - 1$$

$$= \frac{\mu_0}{\mu_s - 1} \left(\frac{H_0}{H} - 1 \right)$$

환상 철심에서 자성체에 공극이 없는 경우에는 자극이 나타나지 않으므로 $N = 0$이 된다.

(3) 자석의 보존법

자기 감자작용은 외부 자계에 의하여 생기는 경우가 있으나 온도 및 기계적 충격 등 주위 환경으로 자기를 잃게 된다.

이것을 방지하기 위하여 그림 $10-7$ (a)와 같이 양극에 연철편을 흡입하거나 그림 $10-7$ (b)와 같이 자극의 세기가 같은 자석으로 자기적 폐회로를 만든다.

(a) 연철법

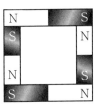

(b) 자석 연결법

그림 10-7 자석의 보존법

예제 4. 반지름 r [m], 투자율 μ [H/m]인 구자성체가 평등자계 H_0 내에 놓여있을 때 구자성체의 감자율을 구하시오. (단, 구자성체 내부의 자계는 $H=\dfrac{3\mu_0}{2\mu_0+\mu}H_0$이다.)

해설 $N=\dfrac{1}{\mu_s-1}\left(\dfrac{H_0}{H}-1\right)$

$N=\dfrac{1}{\mu_s-1}\left(\dfrac{H_0}{\dfrac{3\mu_0}{2\mu_0+\mu}H_0}-1\right)=\dfrac{1}{\mu_s-1}\left\{\dfrac{1}{\dfrac{3\mu_0}{\mu_0(2+\mu_s)}}-1\right\}$

$=\dfrac{1}{\mu_s-1}\left(\dfrac{2+\mu_2}{3}-1\right)=\dfrac{1}{\mu_s-1}\left(\dfrac{2+\mu_s-3}{3}\right)=\dfrac{1}{3}$

1-6 자계의 경계조건

투자율이 μ_1, μ_2인 두 자성체를 접하여 놓고 자계를 투사하면 경계면에 굴절이 일어난다. 이때 θ_1을 입사각, θ_2를 굴절각이라 한다.

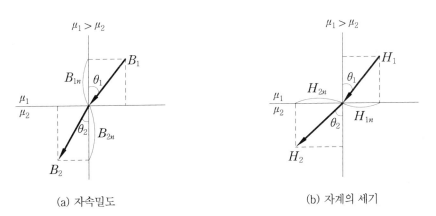

(a) 자속밀도

(b) 자계의 세기

그림 10-8 자성체의 경계조건

(1) 자속밀도

자속밀도는 그림 $10-8$ (a)와 같이 경계면 자속밀도의 수직성분은 양측이 서로 같다.

$$B_{1n} = B_{2n}$$
$$B_{1n} = B_1 \cos \theta_1$$
$$B_{2n} = B_2 \cos \theta_2$$
$$B_1 \cos \theta_1 = B_2 \cos \theta_2$$

(2) 자계의 세기

자계의 세기는 그림 $10-8$ (b)와 같으며 경계면에 평행한 성분은 경계면의 양쪽에서 서로 같다.

$$H_{1n} = H_{2n}$$
$$H_{1n} = H_1 \sin \theta_1$$
$$H_{2n} = H_2 \sin \theta_2$$
$$H_1 \sin \theta_1 = H_2 \sin \theta_2$$

(3) 굴절각

굴절각은 투자율에 비례하고 $\mu_1 > \mu_2$이면 $B_1 > B_2$, $H_1 < H_2$가 성립되므로 자속은 투자율이 높은 쪽으로 모이는 성질이 있다.

$$\frac{H_1 \sin \theta_1}{B_1 \cos \theta_1} = \frac{H_2 \sin \theta_2}{B_2 \cos \theta_2} \qquad \rightarrow B = \mu H$$

$$\frac{H_1}{\mu_1 H_1} \tan \theta_1 = \frac{H_2}{\mu_2 H_2} \tan \theta_2 \qquad \rightarrow \tan \theta = \frac{\sin \theta}{\cos \theta}$$

$$\therefore \frac{\tan \theta_1}{\tan \theta_2} = \frac{\mu_1}{\mu_2}$$

예제 5. 투자율이 μ_1, μ_2인 두 종의 자성체가 접하고 있을 때 경계면이 자계와 수직인 경우 경계면에 작용하는 힘에 대하여 설명하시오.

해설 경계면이 자계와 수직인 경우 작용하는 힘은 다음과 같다.

자속밀도 B는 연속이고 자성체 μ_1 중의 자계 $H_1 = \dfrac{B}{\mu_1}$

$$\mu_2 \text{ 중의 자계 } H_2 = \frac{B}{\mu_2}$$

자속관은 경계면에 수직이며 μ_1 중의 자속관의 수축력은 단위면적당

$$f_1 = \frac{H_1 B}{\mu_1} = \frac{B^2}{2\mu_1}$$

자속관은 경계면에 수직이며 μ_2 중의 자속관의 수축력은 단위면적당

$$f_2 = \frac{H_2 B}{2} = \frac{B^2}{2\mu_2}$$

그 차이는 다음과 같다.

$$f = f_2 - f_1 = \frac{B^2}{2}\left(\frac{1}{\mu_2} - \frac{1}{\mu_1}\right) \ [\text{N/m}^2]$$

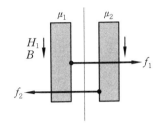

따라서, 힘은 오른쪽으로 작용하고 $\mu_2 > \mu_1$일 때는 f가 되어 힘은 왼쪽으로 작용한다.

즉, 투자율 μ가 작은 쪽으로 경계면에 끌리는 힘이 작용한다.

1-7 자기차폐(magnetic shielding)

전자 기기를 외부 자장으로부터 자기적으로 차단할 필요가 있는 경우에는 그림 10-9 처럼 철과 같은 강자성체로 차폐한 기기를 둘러싼다. 그러면 외부에서의 자속이 강자성체 속으로 들어갈 수 없고, 또 안의 자속도 밖으로 나오지 않으므로 외부 자장과 자기적으로 절연할 수 있다.

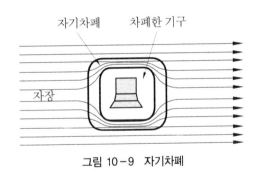

그림 10-9 자기차폐

이와 같은 작용을 자기차폐라 하며, 실제로 주파수가 낮은 경우에는 차폐가 곤란하므로 두꺼운 재료보다는 얇은 것으로 2~3겹으로 차폐하는 것이 효과적이다.

1-8 자기에너지

(1) 자계의 세기

그림 10-10 (b)와 같은 자화곡선을 갖는 자성체를 그림 (a)와 같은 환상 솔레노이드 내부에 삽입하여 자화하는 경우 환상 솔레노이드의 권수 N회, 환상 솔레노이드의 평균 길이 l [m], 단면적 S [m²]인 권선 내에 전류 i [A]를 흘렸을 때 자계의 세기는 다음과 같다.

$$H = \frac{Ni}{l} \ [\text{AT/m}]$$

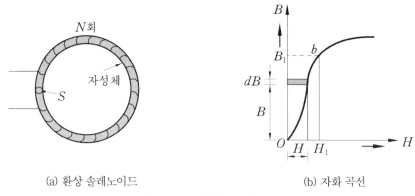

(a) 환상 솔레노이드 (b) 자화 곡선

그림 10-10 자화에 요하는 에너지

(2) 기전력

자계의 세기에 의하여 발생하는 자속밀도 B를 시간 dt [s] 내에 dB만큼 증가시키려면 $\dfrac{dB}{dt}$에 비례하는 자기유도에 의한 역기전력 e'에 반대하는 기전력 e를 솔레노이드 권선에 가해야 한다.

$$e = -e' = \frac{d\Phi}{dt} = N \cdot S \frac{dB}{dt} \text{ [V]}$$

여기서, $\Phi = N \cdot S \cdot B$이다.

(3) 전기에너지

시간 dt [s] 내에 외부에서 권선을 통하여 자성체에 공급되는 전기에너지는 다음과 같다.

$$\begin{aligned} W &= e \cdot i \cdot dt & &\rightarrow e = N \cdot S \frac{dB}{dt} \\ &= N \cdot S \cdot i \cdot dB & &\rightarrow i = \frac{H \cdot l}{N} \\ &= N \cdot S \frac{H \cdot l}{n} dB \\ &= H \cdot S \cdot l \cdot dB \text{ [J]} \end{aligned}$$

(4) 자계의 에너지 밀도

자성체의 체적 $v = S \cdot l$이므로 단위 체적당 공급하는 에너지 dW는 다음과 같다.

$$dW = \frac{W}{J} = \frac{H \cdot S \cdot l \cdot dB}{S \cdot l} = H \cdot dB \text{ [J/m}^3\text{]}$$

(5) 자화에너지

그림 10-10 (b)에서 사선 부분 면적의 $H \cdot dB$에 해당되며 강자성체에 자계를 가하여 자속밀도를 B_1까지 증가시키기 위하여 공급하여야 할 자화에너지 w는 그림 (b)의 면적 ObB_1O와 같다. 자화에너지 w는 자계의 에너지 밀도와 같다.

$$w = \int_0^{B_1} H \cdot dB \qquad\qquad \rightarrow H = \frac{B}{\mu}$$

$$= \int_0^{B_1} \frac{B}{\mu \cdot db}$$

$$= \frac{1}{2} \cdot \frac{B^2}{\mu} = \frac{1}{2}\mu H^2 \qquad \rightarrow B = \mu H$$

$$= \frac{1}{2} HB \,[\text{J/m}^3]$$

(6) 자기에너지

균일한 자계 내에 자성체의 체적 v에 축적되는 자기에너지는 다음과 같다.

$$W_M = w \cdot v \,[\text{J}] \qquad\qquad \rightarrow v = S \cdot l$$

$$= \frac{1}{2} BH \cdot S \cdot l$$

$$= \frac{1}{2} \mu H^2 \cdot S \cdot l$$

$$= \frac{1}{2} \cdot \frac{B^2}{\mu} \cdot S \cdot l \,[\text{J}]$$

(7) 단위면적당 힘

$$f = \frac{W_M}{v} = \frac{\frac{1}{2}\frac{b^2}{\mu} \cdot S \cdot l}{S \cdot l} = \frac{B^2}{2\mu} \,[\text{N/m}^2]$$

단위체적당 축적되는 자기에너지 밀도 dW는 자극의 단위면적당 작용하는 힘 f와 같고 정(+)이면 흡인력, 부(-)이면 반발력이 작용한다.

예제 6. 철심의 자속밀도가 $10\,\text{Wb/m}^2$, 비투자율이 1000인 경우 철심에 축적되는 에너지 밀도는 몇 J/m^3인가?

해설 $w = \dfrac{13^2}{2\mu} = \dfrac{13^2}{2\mu_0\mu_s} = \dfrac{10^2}{2 \times 4\pi \times 10^{-7} \times 1000}$

$\qquad = 39808.9 \,\text{J/m}^3$

2. 강자성체의 자화

지금까지는 투자율 μ, 자화율 χ가 항상 일정하다고 생각하였으나 강자성체에서는 자화의 현상이 매우 복잡하여 μ, χ가 일정하지 않은 값이다.

2-1 자화 곡선

(1) 자기포화 곡선(magnetization saturation curve)

철과 같은 강자성체에 환상 코일을 감아서 전류를 흐르게 하면 기자력 NI [AT]에 의하여 자계의 세기 H는 코일에 흐르는 전류에 비례하여 증가한다.

강자성체의 자속밀도 B는 그림 $10-11$과 같이 처음에는 자계의 세기 H에 비례하여 직선적으로 증가하는 b점을 지나면 포화상태에 도달하여 자화의 세기가 거의 증가하지 않는다. 이러한 곡선을 $B-H$ 곡선 또는 자기포화 곡선이라 한다.

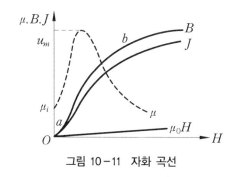

그림 10-11 자화 곡선

(2) 최대 투자율(maximum permeability)

강자성체에서는 B와 H 사이에 정비례가 성립되지 않는 비선형 관계로 투자율 μ는 일정하지 않고 H의 작은 값에서는 급격히 증가한 다음 최대값에 도달한 후, 감소하게 된다. 투자율 μ의 최대값 μ_m을 최대 투자율이라 한다.

(3) 미분 투자율(differential permeability)

자화곡선에서 자계의 세기 H의 증분 dH에 대한 자속밀도 B의 증분 dB의 관계를 미분 투자율이라 한다.

$$\mu_d = \frac{dB}{dH}$$

(4) 초기 투자율(initial permeability)

$H=0$에서의 미분 투자율을 초기 투자율이라 한다.

$$\mu_i = \left| \frac{dB}{dH} \right|_{H=0}$$

(5) 비투자율

자화곡선상의 임의의 점에서의 비투자율은 다음과 같다.

$$\mu_s = \frac{B}{\mu_0 H} \qquad\qquad \rightarrow B = \mu H$$

$$= \frac{1}{4\pi \times 10^{-7}} \cdot \frac{B}{H}$$

$$= 7.9 \times 10^5 \frac{B}{H}$$

(6) 임계온도

강자성체의 자화 곡선은 온도의 영향을 받아서 일반적으로 온도가 오르면 자화가 급격히 감소된다. 예를 들면, 순철에서 790 ℃로 되면 급히 강자성을 읽고 강자성체로 되는 현상이 있다. 이와 같이 강자성체의 자기적 특성이 급히 변하는 온도를 임계 온도 또는 퀴리점(curie point)이라 한다.

2－2 히스테리시스 현상

(1) 히스테리시스 현상(hysteresis phenomenon)

강자성체의 자속밀도 B는 어느 일정한 자계의 세기 H에 대하여 값이 결정되는 것이 아니고 현재의 자화상태에 도달하기까지의 이력에 따라 달라지는 현상을 히스테리시스 현상 또는 자기 이력현상(magnetic hysteresis)이라 한다.

(2) 잔류 자기(residual magnetism)

그림 10－12와 같이 전혀 자화되어 있지 않는 강자성체에 자계 H를 가하여 자속밀도 B를 증가시킨다. a점까지 자계 H를 증가한 후, 자계 H를 역으로 감소시키면 자속밀도 B는 ao 곡선으로 오지 않고 ob 곡선을 따라서 감소하여 자계 $H=0$이 되어도 자속밀도 B는 0이 되지 않고 ob만큼의 B_r이 남는다. 이를 잔류 자기라 한다.

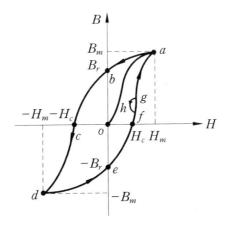

그림 10－12 히스테리시스 곡선

(3) 히스테리시스 곡선(hysteresis loop)

자계를 역방향으로 더욱 증가시키면 점 d에서 포화하며 점 d에서 자계 H를 양의 방향으로 증가시키면 def 곡선을 따라 점 a에 도달한다. 이와 같이 자계를 정(+)방향에서 부(-)방향으로 한 사이클 변화시키면 $B-H$ 곡선은 하나의 폐곡선을 그리게 된다. 이 곡선을 히스테리시스 곡선이라 한다.

(4) 보자력(coersive force)

자계 H를 역방향으로 가하면 bc 곡선으로 이동하여 점 c의 H_c값에서 자속밀도 $B = 0$이 된다. 이때 $B = 0$이 되도록 가한 자계 $H_c(of = bc)$를 보자력이라 한다.

(5) 자성 재료

히스테리시스 곡선은 자성 재료에 따라 그 형상이 다르며 잔류 자기 B_r과 보자력 H_c의 특성에 따라 다음과 같이 사용한다.

표 10-4 자성 재료

구 분	잔류 자기(B_r)	보자력(H_c)	철 재료
전 자 석	크다	작다	연철
영구자석	작다	크다	강철

2-3 히스테리시스손

강자성체가 자화될 때 자속이 ΔB만큼 증가할 때 단위체적당 주어지는 에너지는 다음과 같다.

$$\Delta W = H \cdot \Delta B$$

(1) 분해도

① 점 a에서 점 b까지의 과정에서 필요한 에너지는 그림 10-13 (a)와 같은 $abha$ 사선 면적에 해당된다. 즉, 면적 $abha$에 해당하는 에너지가 자계로부터 전원 측으로 반환되는 것이다.

$$W_1 = \int_a^b H \cdot dB = -(\text{면적 } abha)$$

여기서, -부호는 $H > 0$이지만 $dB < 0$로 감소하기 때문이다.

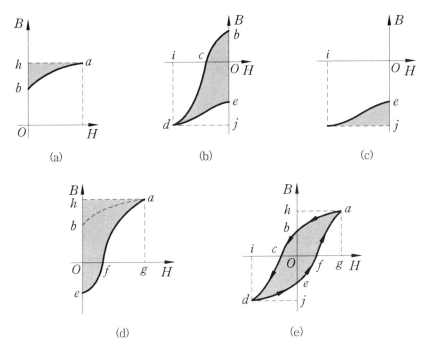

그림 10-13 히스테리시스 분해도

② 점 b에서 점 c를 통하여 점 d까지의 과정에서 필요한 에너지는 그림 (b)와 같은 $bcdjeb$ 사선 면적에 해당된다.

$$W_2 = - \int_b^d H \cdot dB = + (\text{면적} \ bdjb)$$

여기서, $+$부호는 $H < 0$, $dB < 0$이기 때문이다.

③ 점 d에서 점 e까지의 과정에서 필요한 에너지는 그림 (c)와 같은 $dejd$ 사선 면적에 해당된다.

$$W_3 = \int_d^e H \cdot dB = - (\text{면적} \ dejd)$$

여기서, $-$부호는 $H < 0$, $dB < 0$이기 때문이다.

④ 점 e에서 점 f를 통하여 점 a까지의 과정에서 필요한 에너지는 그림 (d)와 같은 $efahbe$ 사선 면적에 해당된다.

$$W_4 = \int_e^a H \cdot dB = + (\text{면적} \ eahe)$$

여기서, $+$부호는 $H > 0$, $dB > 0$이기 때문이다.

⑤ 히스테리시스 곡선을 일주하는 데 필요한 단위체적당 에너지는 다음과 같이 히스테리시스 곡선의 면적에 해당된다.

$$W_h = W_1 + W_2 + W_3 + W_4$$

$$= \int_a^b H \cdot dB + \int_b^d H \cdot dB + \int_d^e H \cdot dB + \int_e^a H \cdot dB$$
$$= -(abha) + (bdjb) - (dejd) + (eahe) = abcdefa(\text{면적})$$
$$\therefore W_h = \oint H dB \ [\text{J/m}^3]$$

(2) 히스테리시스손(hysteresis loss)

순환적으로 변화하는 외부 자계로 강자성체를 자화하는 경우 단위체적에 대하여 히스테리시스 곡선의 면적으로 표시되는 에너지가 요구된다. 그런데 일주 순환 후의 자성체는 원상태로 복구되어 있으므로 이 에너지는 열이 되어 자성체의 온도를 상승시킨다.

이를 자기적 에너지에서 볼 때 일종의 손실이므로 이것을 히스테리시스손이라 한다.

① **철손**(iron loss) : 교류용 전기기기의 철심에서 히스테리시스손으로 온도 상승을 일으켜 절연 재료의 성능을 열화시키므로 기기의 수명을 단축시키는 원인이 되며 손실이 철심에서 발생하므로 철손이라 한다.

철손을 줄이기 위하여 규소강 또는 퍼멀로이(permalloy) 등의 히스테리시스손이 적은 강자성체를 사용한다. 1초 동안의 f [Hz]에서 발생하는 전력이 열로 변한다.

$$P = f W_h \ [\text{W/m}^3]$$

② **스타인메츠의 실험식** : 단위체적의 히스테리시스손 W_h와 교번 자계에 의하여 자화될 때의 최대 자속밀도 B_m 사이의 관계식은 다음과 같다.

$$W_h = \eta B_m^{1.6} \ [\text{J/m}^3]$$

여기서, η(eta) : 히스테리시스 상수(자성체에 따라 정해지는 상수),
지수 1.6 : 스타인메츠 상수이다.

③ **히스테리시스손** : 자성체의 체적은 v [m³]이며 교류자계의 주파수가 f[Hz]일 때 히스테리시스손은 다음과 같이 발생한다.

$$P_h = f v \eta B_m^{1.6} \ [\text{W}]$$

2−4 영구자석

영구자석은 잔류 자기보다 보자력이 큰 강자성체인 자석광 등을 사용한다.

(1) 영구자석 만드는 법

그림 10−14 (a)와 같은 강자성체에 강한 자석을 문질러도 되나 공업적인 방법으로는 그림 (b)와 같이 강력한 전자석의 극간에 자석광을 끼우고 자화한 후 보자편을 자석의 극간에 흡인한 후 떼어낸다.

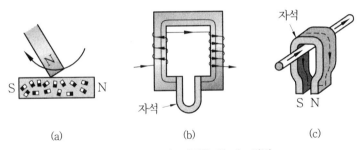

(a)   (b)   (c)

그림 10-14 영구자석을 만드는 방법

또 전기 기계 등에 사용하는 영구자석을 만들 때에는 그림 (c)와 같이 굵은 구리선에 여러 개의 자석광을 걸어 놓고 순간적으로 큰 전류를 통해서 자화한다. 이때 최대의 자화력은 보자력의 5배 정도가 필요하다.

(2) 자성 재료

다음 표는 주요 자성재료의 특성과 용도를 나타내고 있다.

표 10-5 자성재료

재 료	보자력 H_c [kAT/m]	잔류 자속밀도 B_r [T]	최대 에너지곱 BH_{max} [kT/m]	용 도
alnico 5	50	1.3	40	계기, 해상레이더, 스테핑 모터
alnico 8	110	0.9	40	서보 모터
alnico 11	120	1.0	75	제어기기
Ba ferrite	160 200	0.40 0.35	30 25	스피커, 발전기, 발화기
Sr ferrite	200 280	0.42 0.35	31 25	
Sm_2Co_{17}	500	1.05	220	소형 모터
Nd-Fe-B	800	1.2	290	MRI, VCM

① **alnico계 자석** : MK강, NKS강을 기초로 개발한 재료로 이방성의 alnico 5이라 할 수 있다. 이것은 주조에 의해 만들어지며 자계 중에서 열처리하는 방식에 의해 자계의 방향으로 자성을 갖게 된다. 또한 alnico 8 및 11은 Ti를 첨가하여 보자력의 향상을 도모하였으며 일반적으로 alnico계 자석은 자성의 온도 변화가 작고 안정하기 때문에 계측기용으로 많이 이용되고 있다.

② **페라이트계(ferrite) 자석** : BaO · 6 Fe_2O_3와 SrO · 6 Fe_2O_3가 조성된 Ba 페라이트와 Sr 페라이트를 프레스 소결하는 방법으로 공업용 자석으로 이용한다. 이방성(異方性)

Sr 페라이트는 Ba 페라이트에 비해 보자력이 다소 높기 때문에 각종 스피커, 발전기용 자석으로 많이 이용되고 있다.

③ **희토류(希土流) 자석** : 희토류 자석은 $SmCo_5$에서 $Sm_2(Co, Fe, Du, Zr)_{17}$의 조성으로 페라이트 자석과 같이, 분말을 자계 중에서 프레스 소결시키는 방법으로 매우 높은 자성이 필요로 하는 소형 전자기기에 이용한다.

희토류 자석의 조성은 $Nd_2-F_{14}-B_1$으로 된다. 제조법으로는 희토류 자석과 같은 제조방법과, 급랭에 의해 합금 분말을 만들고 그것을 소결(燒結)한 후 소성가공(塑性加工)을 하여 이방성(異方性)을 줌으로써 자성을 향상시키는 방법이 있다.

(3) 소자법

자화에 의한 자성을 소실시키는 방법에는 다음과 같은 방법이 있다.

① **직류법** : 처음에 가한 자계와 반대방향의 직류자계를 가하는 조작방법을 반복하여 감소시킨다.

② **교류법** : 자화할 때와 같은 정도의 교류자계를 가하고 자성의 값이 0이 될 때까지 교류자계를 계속 가한다.

③ **가열법** : 강자성체의 온도를 퀴리점 이상이 될 때까지 상승시킨다.

3. 자기회로

자성체를 사용하여 만든 전기 기기에서 자성체 각 부분의 자속 분포를 구하는데 전기회로의 전류 분포와 같이 생각하여 전류가 흐르는 통로를 전기회로라고 하는 것처럼 자속이 통하는 통로를 자기회로(magnetic circuit) 또는 자로라고 한다.

3-1 자기저항

(1) 기자력

그림 10-15와 같은 자기회로는 코일의 권수 N회, 전류 I [A], 자로 l [m], 투자율 μ, 자속밀도 B [Wb/m²], 자속 $\varnothing$ [Wb]일 때 기자력을 구한다.

① 암페어의 주회적분 법칙에 의하여 기자력을 구한다.

$$\mathcal{F} = \int_c H \cdot dl = NI \text{ [AT]}$$

여기서, NI를 기자력이라 하며 $\mathcal{F}$의 문자로 표시하고 단위는 AT이다.

② 일정한 면적 S를 수직으로 통과하는 자속밀도 B의 총량 $\varnothing$를 자속이라 하며, 면적

S를 빠져나가는 자력선의 총수를 의미한다.

$$\Phi = B \cdot S = \mu H \cdot S \qquad\qquad \to B = \mu H$$

$$\therefore H = \frac{\Phi}{\mu S}$$

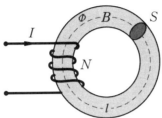

그림 10-15 자기저항

(2) 자기저항

전기회로의 전기저항$\left(R = \rho \dfrac{l}{s}\right)$에 해당되는 양으로 자기회로에 대한 자기저항을 구하여 보자. 먼저 자기력과 자속에 대응하는 전기회로는 전압과 전류이다.

$$\mathcal{F} = \oint_c H \cdot dl \qquad\qquad \to H = \frac{\Phi}{\mu_s}$$

$$= \oint_c \frac{\Phi}{\mu_s} dl$$

$$= \Phi \oint_c \frac{dl}{\mu_s}$$

$$= \Phi \frac{l}{\mu_s} \qquad\qquad \to \mathcal{F} = V, \ \Phi = I$$

$$= \mathcal{R} \Phi \ [\text{AT}]$$

$\mathcal{R} = \dfrac{l}{\mu_s}$을 자기저항이라 하며 단위는 AT/Wb이다. $\mathcal{R}$의 역수를 퍼미언스라 하고 전기회로의 컨덕턴스에 대응한다.

예제 7. 환상 솔레노이드 내에 철심을 삽입하였더니 2000 AT의 기자력에 의해 10^{-4} Wb의 자속이 통하였다. 이때 철심 내부의 자기 저항은 몇 AT/Wb인가?

해설 $\mathcal{R} = \dfrac{\mathcal{F}}{\Phi} = \dfrac{NI}{\Phi} = \dfrac{2000}{10^{-4}} = 2 \times 10^7 \ [\text{AT/Wb}]$

3-2 자기회로

(1) 키르히호프(Kirchhoff)의 법칙

자기회로와 전기회로는 표 10-6과 같은 대응성을 가지며 전기회로에서 쓰이는 여러 법칙이나 계산법이 자기회로에서도 쓰인다. 즉, 자기회로에서도 전기회로와 같이 키르히호프의 법칙이 성립한다.

① 자기회로에서 임의의 결합점으로 유입하는 자속의 대수합은 0이다.

$$\sum_{i=1}^{n} \Phi_i = 0$$

표 10-6 전기회로와 자기회로의 대응관계(쌍대성)

전기회로		자기회로	
전 류	I [A]	자 속	Φ [Wb]
전 계	E [V/m]	자 계	H [AT/m]
기 전 력	V [V]	기 자 력	$\mathcal{F}$ [AT]
전류밀도	J [A/m^2]	자속밀도	B [Wb/m^2]
전기저항	R [Ω]	자기저항	$\mathcal{R}$ [AT/Wb]
도 전 율	k [℧/m]	투 자 율	μ [H/m]

② 임의의 폐자로에서 각부의 자기저항과 자속의 곱의 대수합은 그 폐자로에 있는 기자력의 대수합과 같다.

$$\sum_{i=1}^{n} \mathcal{R} \Phi_i = \sum_{i=1}^{n} N_i I_i$$

(2) 직·병렬 자기회로

① 자기저항의 직렬접속

$$\mathcal{R} = \mathcal{R}_1 + \mathcal{R}_2 + \mathcal{R}_3 + \cdots \mathcal{R}_n$$

② 자기저항의 병렬접속

$$\mathcal{R} = \cfrac{1}{\dfrac{1}{\mathcal{R}_1} + \dfrac{1}{\mathcal{R}_2} + \dfrac{1}{\mathcal{R}_3} \cdots \dfrac{1}{\mathcal{R}_n}}$$

3-3 공극이 있는 자기회로

그림 10-16 (a)와 같이 공극이 있는 자기회로의 자로는 투자율 μ인 강자성체와 투자율 μ_0인 공극으로 구성되어 있다. 일반적으로 자로에서는 전류의 경우와 달리 자속의 누설이 발생하므로 누설 자속의 양을 고려해야 하나 누설 자속이 없는 것으로 가상하면 그림 (b)와 같은 자기회로를 구할 수 있다.

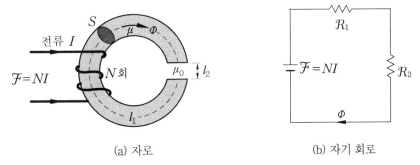

(a) 자로　　　　　　(b) 자기 회로

그림 10-16 공극이 있는 자로와 자기회로

(1) 자기저항

자로의 단면적 S가 일정할 때 각부에서의 자기저항은 다음과 같다.

$$\mathcal{R}_1 = \frac{l_1}{\mu S} \ \ [\text{AT/Wb}]$$

$$\mathcal{R}_2 = \frac{l_2}{\mu_0 S} \ \ [\text{AT/Wb}]$$

(2) 자 속

$$\varPhi = \frac{NI}{\mathcal{R}} = \frac{NI}{\mathcal{R}_1 + \mathcal{R}_2} = \frac{NIS}{\dfrac{l_1}{\mu} + \dfrac{l_2}{\mu_0}} \ \ [\text{Wb}]$$

(3) 자 계

① 강자성체에서의 자계

$$H_1 = \frac{\varPhi}{\mu \cdot S} \ \ [\text{AT/m}]$$

② 공극에서의 자계

$$H_2 = \frac{\varPhi}{\mu_0 \cdot S} \ \ [\text{AT/m}]$$

③ $H_1 - H_2$의 관계

$$\varPhi = \mu \cdot S \cdot H_1 = \mu_0 \cdot S \cdot H_2$$

$$\therefore H_2 = \frac{\mu}{\mu_0} H_1 = \mu_s \cdot H_1$$

비투자율 μ_s가 큰 경우 공극 부분의 자계는 강자성체에 비하여 μ_s에 비례하므로 상당히 큰 값이 된다.

$$Hl = NI = \mathcal{F}$$

$$H_1 = \frac{NI}{l_1} = \frac{\varPhi_1}{\mu_s}$$

$$\varPhi_1 = \frac{NI}{\dfrac{l_1}{\mu_s}} = \frac{NI\mu_s}{l_1}$$

3−4 포화 특성 철심의 자기회로

(1) 내철심형 자기회로

그림 10−17은 변압기 등에서 볼 수 있는 내철형 회로로서 내부의 자로에 코일이 감겨지며 코일을 통하여 기자력 $\mathcal{F} = NI$가 인가된다.

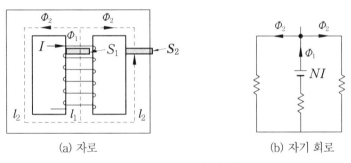

(a) 자로   (b) 자기 회로

그림 10−17 변압기의 자기회로

① **자로의 단면적** : 기자력 $\mathcal{F}$에 의해 발생되는 자속은 두 개의 자속 $\varPhi_1$, $\varPhi_2$로 나뉘어지므로 자로의 자속밀도가 같도록 하기 위하여 중앙 자로의 단면적 S_1은 양측 자로의 단면적 S_2보다 2배가 되도록 한다.

$$S_1 = 2S_2 \ [\mathrm{m^2}]$$

② **자기저항** : 중앙 자로의 단면적을 S_1, 길이를 l_1, 양측 자로의 단면적을 S_2, 길이를 l_2라 할 때 각각의 자기저항은 다음과 같다.

$$\mathcal{R}_1 = \frac{l_1}{\mu S_1} \ [\mathrm{AT/Wb}]$$

$$\mathcal{R}_2 = \frac{l_2}{\mu S_2} \ [\mathrm{AT/Wb}]$$

③ **자속** : 권선에 기자력 $\mathcal{F}$를 인가하였을 경우 중앙 자로의 자속은 양측 자로의 2배가 되며 각 자로의 기자력 합이 된다.

$$\Phi_1 = 2\Phi_2$$

$$\mathcal{F} = NI = \Phi_1 \mathcal{R}_1 + \Phi_2 \mathcal{R}_2$$

$$= \Phi_1 \left(\mathcal{R}_1 + \frac{1}{2} \mathcal{R}_2 \right)$$

$$= \Phi_2 (2\mathcal{R}_1 + \mathcal{R}_2)$$

$$\therefore \ \Phi_1 = \frac{\mathcal{F}}{\mathcal{R}_1 + \dfrac{1}{2} \mathcal{R}_2} \ [\text{Wb}]$$

$$\Phi_2 = \frac{\mathcal{F}}{2\mathcal{R}_1 + \mathcal{R}_2} \ [\text{Wb}]$$

(2) 직류기의 자기회로

그림 10-18은 직류 발전기 혹은 직류 전동기의 자기회로로 중앙에 있는 원통형 부분이 기전력이 발생하는 전기자로 회전하는 회전자이고, 바깥쪽 부분은 자속을 만드는 계자로 고정된 고정자이다.

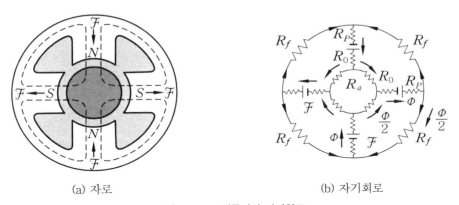

(a) 자로　　　　　　　　　　　　(b) 자기회로

그림 10-18　직류기의 자기회로

① **자로의 단면적** : 자극 부분의 단면적 S_1은 계철 부분의 단면적 S_2의 2배로 하여 자속밀도가 균일하게 한다.

$$S_1 = 2S_2$$

② **자기회로** : 전기자저항을 R_a, 공극저항을 R_0, 자극저항을 R_P, 계철저항을 R_f라 하면 자기회로는 그림 (a)에서 공극 → 전기자 → 공극 → 자극 → 계철 → 자극 → 공극 순으로 자기회로가 구성된다.

③ **기자력**
   - 4극 직류기의 자로를 그림 10-18 (b)와 같이 자기회로를 그릴 수 있다. 키르히호

프 법칙의 기자력 법칙을 적용하여 기자력을 구한다.

$$\mathcal{F} = R_0 \Phi + R_P \Phi + R_f \frac{\Phi}{2} + R_P \Phi + R_0 \Phi + R_a \frac{\Phi}{2}$$

$$= \Phi \left(2R_0 + 2R_P + \frac{R_f}{2} + \frac{R_a}{2} \right)$$

$$\therefore \mathcal{F} = \Phi \left(R_0 + R_P + \frac{R_f}{4} + \frac{R_a}{4} \right)$$

- $\mathcal{R} = \dfrac{l}{\mu s}$ 이므로 공극의 투자율을 μ_0, 자극의 투자율을 μ_p, 계철의 투자율을 μ_f, 전기자의 투자율을 μ_a이라 하고, 마찬가지로 각 자로의 평균 길이를 l, 평균 단면적을 S라고 하면 다음과 같다.

$$\mathcal{F} = \Phi \left(\frac{l_0}{\mu_0 S_0} + \frac{l_f}{\mu_p S_p} + \frac{l_f}{4\mu_f S_f} + \frac{l_a}{4\mu_a S_a} \right) \ [\text{AT}]$$

- $H = \dfrac{B}{\mu} = \dfrac{\Phi}{\mu_s}$ 을 적용하면 다음과 같다.

$$\mathcal{F} = H_0 l_0 + H_p l_p + \frac{H_f l_f}{4} + \frac{H_a l_a}{4} \ [\text{AT}]$$

∽ **연습문제** ∾

1. 영구자석의 재료로 적당한 조건을 설명하시오.

  해설 잔류 자속밀도와 보자력이 모두 커야 한다.

2. 일반적으로 자구를 가지는 자성체를 무엇이라 하는가?

  해설 강자성체

3. 자성체의 자화현상을 설명하시오.

  해설 전자의 자전운동과 핵의 자전운동에 의해 전기 쌍극자가 된다.

4. 길이 20 cm인 단면적에 반지름 10 cm인 원통이 길이방향으로 균일하게 자화되어 자화의 세기가 200 Wb/m²인 경우 전자극의 세기를 구하시오.

  해설 $m = J \times \pi r^2 = 2\pi$ [Wb]

5. 투자율이 다른 두 자성체가 평면으로 접하고 있는 경계면에서 전류밀도가 0일 때 성립되는 경계조건을 설명하시오.

  해설 $\mu_2 \tan \theta_1 = \mu_1 \tan \theta_2$

6. 투자율이 다른 두 자성체의 경계면에서 굴절각과 투자율의 관계를 설명하시오.

  해설 투자율에 비례한다.

7. 자화된 철의 온도를 높일 때 자화가 서서히 감소하다가 급격히 강자성이 상자성으로 변하면서 강자성을 잃어버리는 온도를 무엇이라 하는가?

  해설 퀴리(Curie) 온도

8. 히스테리시스 곡선의 횡축과 종축에 대하여 설명하시오.

  해설 횡축은 자계(보자력), 종축은 자속밀도(잔류자기)를 나타낸다.

9. 변압기의 철심으로 규소강판을 사용하는 이유를 설명하시오.

  해설 와류손을 적게 하기 위해서

10. 강자성체의 히스테리시스 루프의 면적의 무엇을 의미하는가?

  해설 강자성체의 단위 체적당 필요한 에너지이다.

11. 도체계에서 임의의 도체는 일정 전위의 도체로 완전 포위하면 전계를 차단할 수 있는데 이것을 무엇이라 하는가?

  해설 자기차폐현상

11

CHAPTER

전 자 계

쿨롱은 전자기에 관한 연구를 시작하였고 전지의 발명으로 전류 실험을 가능하게 하였으며, 암페어는 전류가 자기와 등가임을 증명하였다.

패러데이는 전하 및 전류 간에 작용하는 힘을 역학적으로 설명하였고 전자기 현상을 계(field) 개념을 도입하여 전자기 현상을 설명하였다. 자속이 시간에 따라 변화하면 자속 주위에 전계가 발생한다는 이 실험은 전계와 자계의 관계를 이해하는 결정적인 공헌을 하였다.

1. 전자파

패러데이의 실험적 결과를 공식화하는 과정에서 맥스웰은 전자파를 예언하였다. 맥스웰의 전자방정식을 실험적으로 성공한 것은 독일의 헤르츠(Hertz, 1888년)가 전자파의 존재를 실증하였다.

그 후 1895년 이탈리아의 마르코니(Marconi)는 헤르츠에 의해 발견된 전자파와 프랑스의 학자 브랜리(Branly)가 연구한 검파기에 자기가 고안한 공중선(antenna)과 어스(earth)를 결합하여 전파를 이용한 무선통신을 발명하였다.

1−1 전자파의 분류

(1) 파 장

자유 공간에서 주파수 f [Hz]와 파장의 관계는 주파수가 높은 전자파에서 파장이 짧아진다.

$$\lambda = \frac{C}{f} = \frac{3 \times 10^8}{f} \text{ [m]}$$

(2) 전자파의 분류

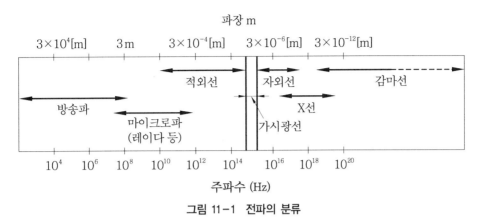

그림 11-1 전파의 분류

(3) 주파수에 따른 전자파의 분류

표 11-1 파장에 따른 전자파의 분류

명 칭	파장의 범위	주파수의 범위
장 파	30 km ~ 3 km	10 kHz ~ 100 kHz
중 파	3 km ~ 200 m	100 kHz ~ 1500 kHz
중 단 파	200 m ~ 50 m	1.5 MHz ~ 6 MHz
단 파	50 m ~ 10 m	6 MHz ~ 30 MHz
초 단 파	10 m ~ 1 m	30 MHz ~ 300 MHz
극초단파	1 m ~ 1 cm	300 MHz ~ 30 GHz
마이크로파	30 cm ~ 1 cm	1 GHz ~ 30 GHz

1-2 전 류

(1) 전도전류(conduction current)

　도체 내에 흐르는 전류는 자유전자(free election)의 이동에 의한 것으로 이를 전도전류(傳導電流)라 하며, 그 크기는 옴의 법칙에 의하여 결정되고, 그 도체 주위에 자계(磁界)가 생긴다. 이 자계의 세기와 방향은 비오-사비르(Biot-Savart)의 법칙에 의하여 정해진다.

(2) 변위전류(displacement current)

　그림 11-2 (a)의 저항회로에서 저항 R 대신에 그림 (b)와 같이 콘덴서 C로 바꾸어 놓았을 경우에 콘덴서 내의 절연물 때문에 자유 전자가 이동하지 못하므로 전도전류가 흐르지 않는다.

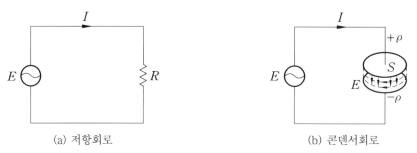

(a) 저항회로   (b) 콘덴서회로

그림 11-2   변위전류

그러나 전원전압이 시간적으로 변화하는 교류전압을 가하면 콘덴서 내의 구속전자의 변위에 의해서 전류가 흐를 수 있다. 이와 같이 전극 사이의 유전체 내에 존재하는 구속전자의 변위에 의한 전류를 변위전류(變位電流)라 한다.

이것은 1865년 맥스웰(Maxwell)이 가정하였으며, "변위전류도 전도전류와 같은 자기작용(磁氣作用)이 있으나 에너지 소비는 없다."고 하였다.

2. 맥스웰의 전자방정식

에르스텟(Oersted)이 전류에 의하여 나침반의 자침이 움직이는 것을 발견한 후 패러데이(Faraday)는 2개의 코일을 감고 코일 1에는 전원과 스위치를, 코일 2에는 검류계(galvanometer)를 달아 코일 1의 스위치를 넣는 순간 검류계의 지침이 움직이는 것을 실험하였다.

2-1   패러데이 법칙

그림 11-3에서 스위치를 넣는 순간 검류계의 지침이 움직이는 현상은 자계를 시간적으로 변화시키면 코일 2에 기전력이 발생하기 때문이다.

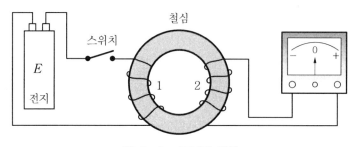

그림 11-3   패러데이 법칙

(1) 유도 기전력

기전력은 시간당 자속의 변화량을 방해하는 방향으로 발생한다.

$$e = -\frac{d\Phi}{dt}$$

여기서, e : 유도 기전력, Φ : 자속, t : 시간이다.

(2) 기전력

기전력은 전계 $\boldsymbol{E}$ 를 폐루트를 따라 선적분한 값이다.

$$e = \oint_c \boldsymbol{E} \cdot dl$$

여기서, $\boldsymbol{E}$ 는 전계의 세기이다.

(3) 자 속

자속은 자속밀도 $\boldsymbol{B}$ 를 면적분한 값이다.

$$\Phi = \int_s \boldsymbol{B} \cdot dS$$

여기서, $\boldsymbol{B}$ 는 자속밀도이다.

(4) 스토크스(Stokes)의 정리

선적분을 면적분으로 변환하거나 면적분을 선적분으로 변환하는 것으로 S 를 공간에서의 곡면이라 하고 S 경계를 구분하는 폐곡선을 C 라 할 때 다음과 같이 나타낼 수 있다.

$$\oint_c \boldsymbol{E} \cdot dl = \int_s (\nabla \times \boldsymbol{E}) \, dS$$
$$= \int_s rot \, \boldsymbol{E} \cdot dS$$

(5) 맥스웰의 전자방정식

$$e = \oint_c \boldsymbol{E} \, dS$$
$$= -\frac{d\Phi}{dt}$$
$$= -\frac{d}{dt} \int_s \boldsymbol{B} \cdot dS$$
$$= -\int_s \frac{d\boldsymbol{B}}{dt} \, dS$$

좌변을 스토크스 정리에 의하여 다음과 같이 정리한다.

$$\oint_c \boldsymbol{E} \, dl = \int_s (\nabla \times \boldsymbol{E}) \cdot dS \qquad \rightarrow \quad \nabla \times \boldsymbol{E} = rot \, \boldsymbol{E}$$

$$= \int_s rot\, \boldsymbol{E} \cdot dS$$

$$= -\int_s \frac{d\boldsymbol{B}}{dt} \cdot dS \qquad \rightarrow \ \boldsymbol{B} = \mu\,\boldsymbol{H}$$

$$= -\int_s \mu\,\frac{d\boldsymbol{H}}{dt} \cdot dS$$

패러데이 법칙으로부터 유도된 맥스웰의 전자방정식은 다음과 같다.

$$rot\,\boldsymbol{E} = \nabla \times \boldsymbol{E}$$

$$= -\frac{\partial \boldsymbol{B}}{\partial t} = -\mu\,\frac{\partial \boldsymbol{H}}{\partial t}$$

2-2 암페어의 주회적분 법칙

(1) 자 계

도선에 전류가 흐르면 도선 주위에 발생하는 자계는 임의의 폐곡선에 대한 자계의 선적분으로 폐곡선에 흐르는 전류와 같으며 임의의 폐곡면에 흐르는 전류밀도의 면적분과도 같다.

$$\oint_c \boldsymbol{H} \cdot dl = I = \int_s i\,dS$$

(2) 전 류

전류 i는 도체에 흐르는 전도전류밀도 $\boldsymbol{J}$와 유전체 내의 변위전류밀도 i_d의 합이다.

$$\oint_c \boldsymbol{H} \cdot dl = \int_S \boldsymbol{J}\,dS + \int_s i_d \cdot dS$$

여기서, $i_d = \dfrac{\partial \boldsymbol{D}}{\partial t}$ 이다.

(3) 전 계

스토크 정리에 의해 선적분을 면적분으로 나타내면 다음과 같다.

$$\int_s (\nabla \times \boldsymbol{H}) \cdot dS = \int_s rot\,\boldsymbol{H} \cdot dS$$

$$= \int_s \left(\boldsymbol{J} + \frac{\partial \boldsymbol{D}}{\partial t} \right) \cdot dS$$

$$\nabla \times \boldsymbol{H} = \boldsymbol{J} + \frac{\partial \boldsymbol{D}}{\partial t} \qquad \rightarrow \ \boldsymbol{D} = \varepsilon \boldsymbol{E}$$

$$= \boldsymbol{J} + \varepsilon\,\frac{\partial \boldsymbol{E}}{\partial t}$$

그러므로 전계의 시간적 변화에 의하여 자계를 발생시킨다.

2-3 가우스 정리

(1) 전속에 대한 가우스 정리

① 전속에 의한 가우스 정리의 적분형

$$\int_s \boldsymbol{D} \cdot dS = Q$$

여기서, dS는 S상의 미소면적, $\boldsymbol{D}$는 전속밀도, Q는 폐곡면 내의 전하를 나타낸다.

② **전속에 의한 가우스 정리의 미분형** : 전하가 폐곡면 S 내의 체적 V에 체적밀도 ρ의 비율로 분포되어 있다.

$$div \ \boldsymbol{D} = \nabla \cdot \boldsymbol{D} = \rho$$

$$\int_v div \ \boldsymbol{D} \cdot dV = \int_v \rho \cdot dV$$

(2) 자속에 대한 가우스 정리

유도 자계에서는 전하에 해당하는 물질이 존재하지 않으므로 자속이 없다.

$$\oint_s \boldsymbol{B} \cdot dS = 0$$

$$div \ \boldsymbol{B} = \nabla \cdot \boldsymbol{B} = 0$$

여기서, S는 자계 내의 임의의 폐곡면, dS는 미소면적, $\boldsymbol{B}$는 자속밀도이다.

2-4 맥스웰 방정식의 벡터 표시

(1) 맥스웰 방정식

$$rot \ \boldsymbol{E} = \nabla \times \boldsymbol{E} = -\frac{\partial \boldsymbol{B}}{\partial t} = -\mu_0 \frac{\partial \boldsymbol{H}}{\partial t}$$

$$rot \ \boldsymbol{H} = \nabla \times \boldsymbol{H} = \boldsymbol{J} + \frac{\partial \boldsymbol{D}}{\partial t} = \varepsilon_0 \frac{\partial \boldsymbol{E}}{\partial t}$$

$$div \ \boldsymbol{D} = \nabla \cdot \boldsymbol{D} = \rho$$

$$div \ \boldsymbol{B} = \nabla \cdot \boldsymbol{B} = 0$$

$$\boldsymbol{D} = \varepsilon_0 \boldsymbol{E}$$

$$\boldsymbol{B} = \mu_0 \boldsymbol{H}$$

(2) 맥스웰 방정식의 벡터 표시

① **맥스웰 제1방정식** : 전계가 시간적으로 변화할 때 발생하는 자계의 크기

$$rot \ \boldsymbol{H} = \nabla \times \boldsymbol{H}$$

$$= \begin{vmatrix} \boldsymbol{i} & \boldsymbol{j} & \boldsymbol{k} \\ \dfrac{\partial}{\partial x} & \dfrac{\partial}{\partial y} & \dfrac{\partial}{\partial z} \\ H_x & H_y & H_z \end{vmatrix}$$

$$= \boldsymbol{i}\left(\frac{\partial H_z}{\partial y} - \frac{\partial H_y}{\partial z}\right) + \boldsymbol{j}\left(\frac{\partial H_x}{\partial z} - \frac{\partial H_z}{\partial x}\right) + \boldsymbol{k}\left(\frac{\partial H_y}{\partial x} - \frac{\partial H_x}{\partial y}\right)$$

$$= \varepsilon_0\left(\frac{\partial E_x}{\partial t}\,\boldsymbol{i} + \frac{\partial E_y}{\partial t}\,\boldsymbol{j} + \frac{\partial E_z}{\partial t}\,\boldsymbol{k}\right)$$

② **맥스웰 제 2 방정식** : 자계가 시간적으로 변화할 때 발생하는 전계의 크기

$$rot\ \boldsymbol{E} = \nabla \times \boldsymbol{E}$$

$$= \begin{vmatrix} \boldsymbol{i} & \boldsymbol{j} & \boldsymbol{k} \\ \dfrac{\partial}{\partial x} & \dfrac{\partial}{\partial y} & \dfrac{\partial}{\partial z} \\ E_x & E_y & E_z \end{vmatrix}$$

$$= \boldsymbol{i}\left(\frac{\partial E_z}{\partial y} - \frac{\partial E_y}{\partial z}\right) + \boldsymbol{j}\left(\frac{\partial E_x}{\partial z} - \frac{\partial E_z}{\partial x}\right) + \boldsymbol{k}\left(\frac{\partial E_y}{\partial x} - \frac{\partial E_x}{\partial y}\right)$$

$$= -\mu_0\left(\frac{\partial H_x}{\partial t}\,\boldsymbol{i} + \frac{\partial H_y}{\partial t}\,\boldsymbol{j} + \frac{\partial H_z}{\partial t}\,\boldsymbol{k}\right)$$

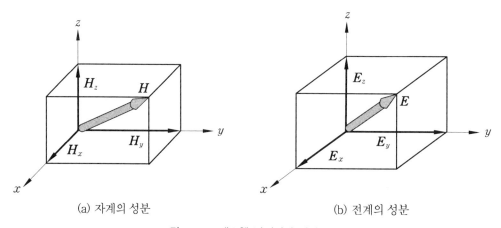

(a) 자계의 성분   (b) 전계의 성분

그림 11-4 맥스웰 방정식의 벡터 표시

3. 전자파 발생

맥스웰은 상호작용하는 전기장과 자기장의 변화가 공간을 통해 전파해 나가는 전자파를 만들게 된다는 것을 알았다.

3-1 직류전원

그림 11-5 (a)와 같은 안테나로 사용되는 두 도체 막대에 직류전원을 연결하여 스위치를 닫으면 위 막대는 양으로 대전되고 아래 막대는 음으로 대전된다.

따라서 전기력선이 그림 (b)와 같이 형성되며 전하가 이동하면 자기력선의 방향은 암페어의 오른손 법칙에 따라 도선 주위에 원을 형성한다.

막대 오른쪽에서는 ⊗방향, 왼쪽에서는 ⊙방향으로 형성된다.

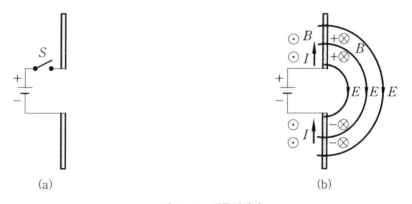

그림 11-5 **직류전자파**

3-2 교류전원

그림 11-6 (a)와 같이 교류전원을 가하면 전기력선이 위에서 아래로 흐른다.

교류전원의 방향이 바뀌면 그림 (b)와 같이 전기력선이 아래에서 위로 흐르며 그림 (a)에서 발생한 자기장은 사라지지 않고 계속 전파되어 나간다.

다시 교류전원의 방향이 바뀌면 그림 (c)와 같이 자기장이 계속 발생하여 전자파가 진행방향으로 발생한다.

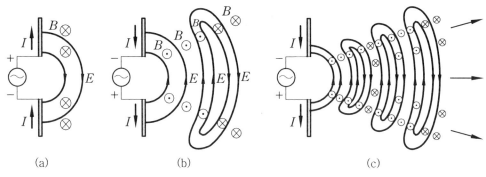

(a)   (b)   (c)

그림 11-6 교류전자파

3-3 전자파의 전파 모형

교류전원의 기전력 E가 sin함수이면 자기장의 세기도 그림 11-7과 같이 파의 진행 방향 x, 기전력선 방향 y일 때 자기장 B의 방향은 z 방향으로 B와 E가 서로 수직으로 진행하는 전자파의 전파 모형이 된다.

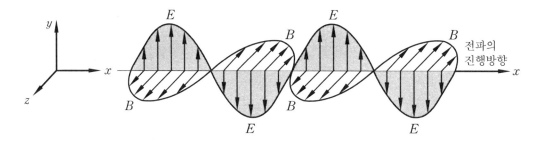

그림 11-7 전자파의 모형

⟫ 연습문제 ⟪

1. 15 MHz의 전자파의 파장은 얼마인가?

해설 $\lambda = \dfrac{C}{f} = 20 \text{ m}$

2. 안테나에서 파장 40 cm의 평면파가 자유공간에 방사될 때 발신 주파수는 얼마인가?

해설 $f = \dfrac{C}{\lambda} = 750 \text{ MHz}$

3. 어떤 공간의 비투자율 및 비유전율이 $\mu_s = 0.99$, $\varepsilon_s = 80.7$이라 할 때 전자파의 진행 속도를 구하시오.

해설 $v = \dfrac{1}{\sqrt{\varepsilon\mu}} = C_0 \dfrac{3\times10^8}{\sqrt{\varepsilon_s\mu_s}} = 3.36\times10^7 \text{ [m/s]}$

4. 맥스웰의 기본방정식을 설명하시오.

해설 제 1 방정식 $rot\,H = \nabla\times H = J + \dfrac{\partial D}{\partial t} = \varepsilon_0 \dfrac{\partial E}{\partial t}$

제 2 방정식 $rot\,E = \nabla\times E = -\dfrac{\partial B}{\partial t} = -\mu_0 \dfrac{\partial H}{\partial t}$

5. 공기 중에서 전계의 진행파 전력이 10 mV/m일 때 자계의 진행파 전력은 얼마인가?

해설 $H = E\times\sqrt{\dfrac{\varepsilon_0}{\mu_0}} = 26.5\times10^{-6} \text{ [AT/m]}$

6. 시변계수에서 전계의 세기 E는 얼마인가? (단, A는 벡터 퍼텐셜, V는 전위, H는 자계의 세기이다.)

해설 $E = -gard\,V - \dfrac{\partial A}{\partial t}$

7. 전계 E [V/m], 자계 H [AT/m]의 전자계가 평면파를 이루고 자유공간으로 전파될 때 단위시간의 단위면적당 에너지를 구하시오

해설 $P = E\times H \text{ [W/m}^2\text{]}$

8. 자유 공간에서 변위전류가 만드는 것은 무엇인가?

해설 전계

9. 높은 주파수의 전자파가 전파될 때 일기가 좋은 날보다 비오는 날 전자파의 감쇠가 심한 원인을 설명하시오.

해설 도전율이 낮아지기 때문이다.

10. 전자파에 대하여 설명하시오.

해설 전계와 자계가 동시에 존재한다.

11. 전자파의 진행방향에 대하여 설명하시오.

해설 $E \times H$ 방향과 같다.

12. 수평전파에 대하여 설명하시오.

해설 대지에 대해서 전계가 수평면에 있는 전자파이다.

13. 전계와 자계의 위상관계를 설명하시오.

해설 위상이 서로 같다.

14. 변위전류에 의하여 전자파가 발생되었을 때 전자파의 위상관계를 설명하시오.

해설 변위전류보다 $90°$ 늦다.

15. 도전율 σ, 유전율 ε인 매질에 교류전압을 가할 때 전도전류와 변위전류가 같아지는 주파수를 구하시오.

해설 $f = \dfrac{\sigma}{2\pi\varepsilon}$

16. 지름이 $2\,\mathrm{mm}$인 동선에 $\pi\,[\mathrm{A}]$의 전류가 균일하게 흐를 때 전류밀도를 구하시오.

해설 $i_d = \dfrac{I}{S} = \dfrac{I}{\pi r^2} = 10^6\ \mathrm{A/m^2}$

부록

E·l·e·c·t·r·i·c·i·t·y M·a·g·n·e·t·i·s·m

1. 문자와 상수

(1) 그리스 문자

대문자	소문자	명 칭		대문자	소문자	명 칭	
A	α	알 파	alpha	N	ν	뉴	nu
B	β	베 타	beta	Ξ	ξ	크 시	xi
Γ	γ	감 마	gamma	O	o	오미크론	omikron
Δ	δ	델 타	delta	Π	π	파 이	pi
E	ε	엡실론	epsilon	P	ρ	로	rho
Z	ζ	제 타	zeta	Σ	σ	시그마	sigma
H	η	에 타	eta	T	τ	타 우	tau
Θ	θ	세 타	theta	Υ	υ	입실론	upsilon
I	ι	요 타	iota	Φ	ϕ	피	phi
K	κ	카 파	kappa	X	χ	카이	chi
Λ	λ	람 다	lambda	Ψ	ϕ	프시	psi
M	μ	뮤	mu	Ω	ω	오메가	omega

(2) 상 수

[기본 물리 상수]

이 름	기 호	값
빛의 속력	c	2.99792458×10^{8} m/s
전자의 전하량	e	$1.602173(49) \times 10^{-19}$ C
중력 상수	G	$6.67259(85) \times 10^{-11}$ N·m^2/kg^2
Planck 상수	h	$6.6260755(40) \times 10^{-34}$ J·s
Boltzmann 상수	k	$1.380658(12) \times 10^{-23}$ J/k
Avogadro 수	N_A	$6.0221367(36) \times 10^{23}$ mol^{-1}
기체 상수	R	$8.314510(70)$ J/mol·K
전자의 질량	m_e	$9.1093897(54) \times 10^{-31}$ kg
중성자의 질량	m_n	$1.6749286(10) \times 10^{-27}$ kg
양성자의 질량	m_p	$1.6726231(10) \times 10^{-27}$ kg
자유 공간의 유전율	$\varepsilon_0 = 1/\mu_o c^2$	$8.854187817 \times 10^{-12}$ C^2/N·m^2
	$1/4\pi\varepsilon_0$	$8.987551787 \times 10^{9}$ N·m^2/C^2
자유 공간의 투자율	μ_0	$4\pi \times 10^{-7}$ Wb/A·m

[다른 유용한 상수]

이 름	기 호	값
열의 일당량		4.186 J/cal(15 calorie)
표준 대기압력	1 atm	1.01325×10^5 Pa
절대영도	0 K	-273.15 C
전자볼트	1 eV	$1.60217733(49) \times 10^{-19}$ J
원자 질량단위	1 u	$1.6605402(10) \times 10^{-27}$ kg
전자의 정지에너지	$m_e c^2$	0.51099906(15) Me V
이상 기체의 부피(0℃ 1기압)		22.41410(19) L/mol
중력 가속도(표준)	g	9.80665 m/s^2

(3) 수의 지수 표기

10의 지수	접두사	약 어	발 음	10의 지수	접두사	약 어	발 음
10^{-24}	yocto −	y	*yoc* − toe	10^3	kilo−	k	*kil* − oe
10^{-21}	zepto −	z	*zep* − toe	10^6	mega−	M	*meg* − a
10^{-18}	atto −	a	*at* − toe	10^9	giga−	G	*gig* − a
10^{-15}	femto −	f	*fem* − toe	10^{12}	tera−	T	*ter* − a
10^{-12}	pico −	p	*pee* − koe	10^{15}	peta−	P	*pet* − a
10^{-9}	nano −	n	*nan* − oe	10^{18}	exa−	E	*ex* − a
10^{-6}	micro −	μ	*my* − crow	10^{21}	zetta−	Z	*zet* − a
10^{-3}	milli −	m	*mil* − i	10^{24}	yotta−	Y	*yot* − a
10^{-2}	centi −	c	*cen* − ti				

(4) 수의 한자 표기

한 자	발 음	10의 지수	한 자	발 음	10의 지수	한 자	발 음	10의 지수
毛	모	10^{-4}	百	백	10^2	垓	해	10^{20}
里	리	10^{-3}	千	천	10^3	抒	서	10^{24}
分	분	10^{-2}	萬	만	10^4	穰	양	10^{28}
割	할	10^{-1}	億	억	10^8	溝	구	10^{32}
一	일	10^0	兆	조	10^{12}	澗	간	10^{36}
十	십	10^1	京	경	10^{16}	正	정	10^{40}

(5) 원소의 주기율표

주기율표 설명:

원자량 → 55.847 | 2 ← 고딕글자는 보다 안정한 원자가
원소기호 → **Fe** | 3
원자번호 → 26
원소명 → 철

- 양쪽성 원소
- 금속 원소
- 비금속 원소
- 전이원소, 나머지는 전형원소

[ ] 안은 원자량은 가장 안정한 동위체의 질량수

철족 원소(위 3개)
배금족 원소(아래 6개)

족\주기	1A 알칼리 금속원소	2A 알칼리 토금속원소	3A	4A	5A	6A	7A	8			1B 구리족원소	2B 아연족원소	3B 붕소족원소	4B 탄소족원소	5B 질소족원소	6B 산소족원소	7B 할로겐족원소	0 비활성기체
1	1.00797 1 **H** 1 수소																	4.0026 0 **He** 2 헬륨
2	6.939 1 **Li** 3 리튬	9.0122 2 **Be** 4 베릴륨											10.811 3 **B** 5 붕소	12.0115 ±4 **C** 6 탄소	14.0067 ±3 +4,5 **N** 7 질소	15.9994 −2 **O** 8 산소	18.9984 −1 **F** 9 플루오르	20.179 0 **Ne** 10 네온
3	22.9898 1 **Na** 11 나트륨	24.312 2 **Mg** 12 마그네슘											26.9815 3 **Al** 13 알루미늄	28.086 4 **Si** 14 규소	30.9738 ±3 +4,5 **P** 15 인	32.064 −2 +4,6 **S** 16 황	35.453 −1 +1,3,5,7 **Cl** 17 염소	39.948 0 **Ar** 18 아르곤
4	39.098 1 **K** 19 칼륨	40.08 2 **Ca** 20 칼슘	44.956 3 **Sc** 21 스칸듐	47.9 3,4 **Ti** 22 티탄	50.942 3,5 **V** 23 바나듐	51.996 3,6 **Cr** 24 크롬	54.9380 2,3,7 **Mn** 25 망간	55.847 2,3 **Fe** 26 철	58.9332 2,3 **Co** 27 코발트	58.7 2,3 **Ni** 28 니켈	63.546 1,2 **Cu** 29 구리	65.38 2 **Zn** 30 아연	69.72 3 **Ga** 31 갈륨	72.59 2,4 **Ge** 32 게르마늄	74.9216 ±3,5 **As** 33 비소	78.96 −2,4,6 **Se** 34 셀렌	79.904 −1,5 **Br** 35 브롬	83.8 0 **Kr** 36 크립톤
5	85.47 1 **Rb** 37 루비듐	87.62 2 **Sr** 38 스트론튬	88.905 3 **Y** 39 이트륨	91.22 4 **Zr** 40 지르코늄	92.906 4 **Nb** 41 니오브	95.94 6 **Mo** 42 몰리브덴	[97] 6 **Tc** 43 테크네튬	101.07 6 **Ru** 44 루테늄	102.905 4 **Rh** 45 로듐	106.4 2,4 **Pd** 46 팔라듐	107.868 1 **Ag** 47 은	112.40 2 **Cd** 48 카드뮴	114.82 3 **In** 49 인듐	118.69 2,4 **Sn** 50 주석	121.75 ±3,5 **Sb** 51 안티몬	127.6 −2,4,6 **Te** 52 텔루르	126.9044 −1,5 **I** 53 요오드	131.3 0 **Xe** 54 크세논
6	132.905 1 **Cs** 55 세슘	137.34 2 **Ba** 56 바륨	란탄계열 57~71	178.49 4 **Hf** 72 하프늄	180.948 4 **Ta** 73 탄탈	183.85 6 **W** 74 텅스텐	186.2 6 **Re** 75 레늄	190.2 4 **Os** 76 오스뮴	192.2 4 **Ir** 77 이리듐	195.09 2,4 **Pt** 78 백금	196.967 1,3 **Au** 79 금	200.59 1,2 **Hg** 80 수은	204.37 1,3 **Tl** 81 탈륨	207.19 2,4 **Pb** 82 납	208.980 3,5 **Bi** 83 비스무트	[209] 2,4 **Po** 84 폴로늄	[210] 1 **At** 85 아스타틴	[222] 0 **Rn** 86 라돈
7	[223] 1 **Fr** 87 프랑슘	[226] 2 **Ra** 88 라듐	악티늄계열 89~															

⊙ 란탄계열

138.91 3 **La** 57 란탄	140.12 3 **Ce** 58 세륨	140.907 3 **Pr** 59 프라세오디뮴	144.24 3 **Nd** 60 네오디뮴	[145] 3 **Pm** 61 프로메튬	150.35 3 **Sm** 62 사마륨	151.96 3 **Eu** 63 유로퓸	157.25 3 **Gd** 64 가돌리늄	158.925 3 **Tb** 65 테르븀	162.5 3 **Dy** 66 디스프로슘	164.93 3 **Ho** 67 홀뮴	167.26 3 **Er** 68 에르븀	168.934 3 **Tm** 69 툴륨	173.04 2,3 **Yb** 70 이테르븀	174.97 3 **Lu** 71 루테튬

◈ 악티늄계열

[227] **Ac** 89 악티늄	232.038 4 **Th** 90 토륨	[231] **Pa** 91 프로트악티늄	238.03 4 **U** 92 우라늄	[237] **Np** 93 넵투늄	[244] 4 **Pu** 94 플루토늄	[243] **Am** 95 아메리슘	[247] 3 **Cm** 96 퀴륨	[247] **Bk** 97 버클륨	[251] **Cf** 98 칼리포르늄	[254] **Es** 99 아인시타이늄	[257] **Fm** 100 페르뮴	[258] **Md** 101 멘델레븀	[259] **No** 102 노벨륨	[260] **Lr** 103 로렌슘

2. 단위계

(1) SI 기본 단위

양	단위의 명칭	단위 기호	정 의
길 이	미 터 (meter)	m	1 m는 빛이 진공에서 299,792,458 분의 1초 동안 진행한 경로의 길이이다.
질 량	킬로그램 (kilogram)	kg	킬로그램은 질량의 단위이며, 1 kg은 킬로그램 국제원기의 질량과 같다.
시 간	초 (second)	s	1초는 세슘 −133 원자의 바닥 상태에 있는 두 초미세 준위 사이의 천이에 대응하는 복사선의 9,192,631,770 주기의 지속 시간이다.
전 류	암페어 (ampere)	A	1 A는 진공 중에 1 m의 간격으로 평행하게 놓여 있는 무한히 작은 원형 단면적을 갖는 무한히 긴 2 개의 직선 모양의 도체의 각각에 일정한 전류를 통하게 하여 이들 도체의 길이 1 m당 2×10^{-7} 뉴턴의 힘이 미치는 전류를 말한다.
열역학적 온도	켈 빈 (kelvin)	K	1켈빈은 물의 삼중점에서 열역학적 온도의 $\dfrac{1}{273.16}$ 이다.
몰질량	몰 (mol)	mol	1몰은 탄소 −12의 0.012 kg에 존재하는 원자 수와 같은 수의 요소 입자(원자, 분자, 이온, 전자, 그 밖의 입자) 또는 요소 입자의 집합체(조성이 명확하지 않는 것에 한함)로서 구성된 계의 몰질량이다.
광 도	칸델라 (candela)	cd	1칸델라는 주파수 540×10^{12} Hz의 단색 복사를 방출하고, 소정의 방향에서 복사 강도가 매 스테라디안당 $\dfrac{1}{683}$ W일 때의 광도이다.

(2) SI 유도 단위

양	단위의 명칭	단위 기호	양	단위의 명칭	단위 기호
면 적	평방미터	m^2	전류밀도	암페어매평방미터	A/m^2
체 적	입방미터	m^3	자계의 세기	암페어매미터	A/m
속 도	미터매초	m/s	농 도	몰매입방미터	mol/m^3
가속도	미터매초제곱	m/s^2	휘 도	칸델라매입방미터	cd/m^2
파 수	매미터당개수	m^{-1}	각속도	라디안매초	rad/s
밀 도	킬로그램매입방미터	kg/m^3	각가속도	라디안매초제곱	rad/s^2
비체적	입방미터매킬로그램	m^3/kg			

(3) SI 보조 단위

양	단위의 명칭	단위 기호	정 의
평면각	라디안 (radian)	rad	라디안은 원의 원주상에서 반지름의 길이와 같은 길이의 호를 잘랐을 때 이루는 2개의 반지름 사이에 포함된 평면각이다.
입체각	스테라디안 (steradian)	sr	스테라디안은 구의 중심을 꼭지점으로 하여 그 구의 반지름을 일 변으로 하는 정방형 면적과 같은 면적을 그 구의 표면에서 절취한 입체각이다.

(4) 고유 명칭을 가진 SI 유도 단위

양	명 칭	기 호	다른 표기법	SI 기초 단위에 의한 표기법
인덕턴스	헨 리	H	Wb/A	$m^2 \cdot kg \cdot s^{-2} \cdot A^{-2}$
섭씨온도	섭씨도	℃		K
광 속	루 멘	lm	lm/m^2	$cd \cdot sr$
광 조 도	럭 스	lx		$m^{-2} \cdot cd \cdot sr$
방 사 능	베크렐	Bq		s^{-1}
흡수선량	그레이	Gy	J/kg	$m^2 \cdot s^{-2}$
선량당량	시버트	Sv	J/kg	$m^2 \cdot s^{-2}$

(5) 단위의 환산표

양	환 산	양	환 산
길 이	$1\,m = 3.28\,ft = 39.37\,in$ $1\,in = 2.54\,cm$ $1\,ft = 0.3048\,m$ $1\,mile = 1.609\,km$	힘(중량)	$1\,N = 10^5\,dyn$ $1\,lb = 4.448\,N$ $1\,kgf = 9.8\,N$
질 량	$1\,g = 10^{-3}\,kg$ $1\,slug = 14.59\,kg$	에너지 (열, 일)	$1\,Btu = 1,054\,J$ $1\,J = 10^7\,erg$ $1\,cal = 4.186\,J$
속 도	$1\,m/s = 3.6\,km/h$ $1\,mile/s = 0.447\,m/s$		$1\,ft \cdot lb = 1.356\,J$ $1\,kW \cdot h = 3.6 \times 10^6\,J$
가속도	$1\,ft/s^2 = 0.3048\,m/s^2$ $g = 9.807\,m/s^2$	일 률	$1\,Btu/s = 1,054\,W$ $1\,ft \cdot lb/s = 1.356\,W$
면 적	$1\,acre(에이커) = 4,047\,m^2$ $1\,ft^2 = 9.29 \times 10^{-2}\,m^2$ $1\,mile^2 = 2.59 \times 10^6\,m^2$		$1\,hp = 746\,W$ $1\,ps = 736\,W$
밀 도	$1\,g/cm^3 = 10^3\,kg/m^3$ $1\,slug/ft^3 = 515.4\,kg/m^3$	압 력	$1\,atm = 1.013 \times 10^5\,Pa$ $1\,bar = 10^5\,Pa$ $1\,mmHg = 1\,Torr$ $\quad = 133.32\,Pa$
체 적	$1\,ft^3 = 2.832 \times 10^{-2}\,m^2$ $1\,gal(갤런) = 3.8 \times 10^{-3}\,m^3$ $1\,in^3 = 1.64 \times 10^{-5}\,m^3$ $1\,l = 10^{-3}\,m^3$		$1\,lb/in^2(psi) = 6,895\,Pa$ $1\,dyn/cm^2 = 10^{-1}\,Pa$ $1\,lb/ft^2 = 47.88\,Pa$

(6) MKS 단위와 차원

차원명과 양		기 호	MKS 단위와 약어	등가 단위	차 원
기본 단위	전 류	I, i	암페어 (A)	C/s	I
	길 이	L, l	미터 (m)	1000 mm = 100 cm	L
	질 량	M, m	킬로그램 (kg)	1000 g = 0.001 t	M
	시 간	T, t	초 (s)	1/60 min = 1/3600 h	T
역학 단위	가 속 도	a	미터/초² (m/s²)	N/kg	L/T^2
	면 적	A, S	미터² (m²)		L^2
	에 너 지	W	줄 (J)	N·m = W·s = V·C	ML^2/T^2
	힘	F	뉴턴 (N)	kg·m/s² = J/m	ML/T^2
	주 파 수	f	헤르츠 (Hz)	사이클/S	I/T
	임피던스	Z	뉴턴·초/킬로그램·미터	N·S/kg·m	I/T
	주 기	T	초 (s)		T
	전 력	P	와트 (W)	J/s = N·m/s = kg·m²/s³	ML^2/T^3
	속 도	v	미터/초 (m/s)		L/T
	체 적	V	미터³ (m³)		L^3
전기 단위	정전용량	C	페러드 (F)	C/V = C²/J = As/J	I^2T^4/ML^2
	전 하	Q, q	쿨롱 (C)	6.25×10^{18}전하량 = A·s	IT
	전하밀도(체적)	ρ	쿨롱/미터³ (C/m³)	A·s/m³	IT/L^3
	도 전 율	k	모호/미터 (1/Ωm)	1/Ω·m	I^2T^3/ML^3
	전류밀도	J	암페어/미터² (A/m²)	C/s·m²	I/L^2
	쌍극자모멘트	M	쿨롱/미터 (C·m)	A·s·m	LIT
	기 전 력	e	볼트 (V)	Wb/s = J/C	ML^2/IT^3
	전계강도	E	볼트/미터 (V·m)	N/C = J/C·m	ML/IT^3
	전 속	ψ	쿨롱 (C)	A·s	IT
	전속밀도	D	쿨롱/미터 (C/m)	A·s/m²	IT/L^2
	유 전 율	ε	페러드/미터 (F/m)	C/v·m	I^2T^4/ML^3
	분 극	P	쿨롱/미터² (C/m²)	A·s/m²	LT/L^2
	전 위	V	볼트 (V)	J/C = N·m/C = W·s/C = W/A = Wb/s	ML^2/IT^3
	저 항	R	옴 (Ω)	V/A = J·s/C²	ML^3/I^2T^3
	고유저항	ρ	옴/미터 (Ω/m)	V·m/A	ML^3/I^2T^3
	파 장	λ	미터 (m)		L
자기 단위	쌍극자모멘트	M	암페어·미터² (A·m²)	C·m²/s	IL^2
	자 속	Φ	웨버 (Wb)	V·s = N·m/A	ML^2/IT^2
	자속밀도	B	웨버/미터² (Wb/m²) = 테슬라	V·s/m² = N/A·m	M/IT^2
	쇄교자속	Ψ	웨버·권선 (Wb·tum)		ML^2/IT^2
	자계강도	H	암페어턴/미터 (AT/m)	N/Wb = W/V·m	I/L
	인덕턴스	L	헨리 (H)	Wb/AT = J/AT² = Ω·S	ML^2/I^2T^2
	자화의 세기	J	웨버/미터 (Wb/m²)	VS/m² = N/AT·m	M/IT^2
	기 자 력	$\mathcal{F}$	암페어·권선 (AT)	C/s	
	투 자 율	μ	헨리미터 (H/m)	Wb/AT·m = V·S/AT·m	ML/I^2T^2
	자 위	U	암페어·권선 (AT)	J/Wb = W/V = C/s	I
	자기저항	$\mathcal{R}$	1/헨리 (1/H)	AT/Wb	I^2T^2/ML^2

(7) 각 단위계의 관계식

SI단위 (MKS 유리단위)	CGS 정전 단위	CGS 전자 단위	가우스 단위	비 고
$F = \dfrac{Q_1 Q_2}{r^2}$ $F = \dfrac{m_1 m_2}{4\pi\mu_0 r^2}$ $dH = \dfrac{I \sin\theta \, dS}{4\pi r^2}$	$F = \dfrac{Q_1 Q_2}{r^2}$ $F = \dfrac{m_1 m_2}{\mu_0 r^2}$ $dH = \dfrac{I \sin\theta \, dS}{4\pi r^2}$	$F = \dfrac{Q_1 Q_2}{\varepsilon_0 r^2}$ $F = \dfrac{m_1 m_2}{r^2}$ $dH = \dfrac{I \sin dS\theta}{r^2}$	$F = \dfrac{Q_1 Q_2}{r^2}$ $F = \dfrac{m_1 m_2}{r^2}$ $dH = \dfrac{I \sin dS\theta}{c_0 r^2}$	• 진공 중 전하 사이의 힘 • 진공 중 자극 사이의 힘 • 비오—사바르의 법칙
$\displaystyle\int D_n \, dS = Q\,[\mathrm{C}]$ $div\, D = \rho\,[\mathrm{C}]$	$div\, D = 4\pi\rho$ $\displaystyle\int D_n \, dS = 4\pi Q$	$div\, D = 4\pi\rho$ $\displaystyle\int D_n \, dS = 4\pi Q$	$div\, D = 4\pi\rho$ $\displaystyle\int D_n \, dS = 4\pi Q$	• 전기에 대한 가우스의 법칙
$\varepsilon = \varepsilon_s \varepsilon_0\,[\mathrm{F/m}]$ $\mu = \mu_s \mu_0\,[\mathrm{H/m}]$ $D = \varepsilon E\,[\mathrm{C/m^2}]$ $B = \mu H\,[\mathrm{T}]$	$\varepsilon = \varepsilon_s$ $\mu = \mu_s \mu_0$ $D = \varepsilon E$ $B = \mu H$	$\varepsilon = \varepsilon_s \varepsilon_0$ $\mu = \mu_s$ $D = \varepsilon E$ $B = \mu H$ (gauss)	$\varepsilon = \varepsilon_s$ $\mu = \mu_s$ $D = \varepsilon E$ $B = \mu H$	
$E = \dfrac{Q}{4\pi\varepsilon_0 r^2}$ $[\mathrm{V/m^2}]$ $C = \dfrac{\varepsilon S}{d}\,[\mathrm{F}]$	$E = \dfrac{Q}{r^2}$ $C = \dfrac{\varepsilon S}{4\pi d}$	$E = \dfrac{Q}{\varepsilon_0 r^2}$ $C = \dfrac{\varepsilon S}{4\pi d}$	$E = \dfrac{Q}{r^2}$ $C = \dfrac{\varepsilon S}{4\pi d}$	• 점전하에 의한 전계 • 평행판 사이의 정전용량
$rot\, H = J\,[\mathrm{A}]$ $\displaystyle\oint H \cdot dS = I$	$rot\, H = 4\pi J$ $\displaystyle\oint H \cdot dS = 4\pi I$	$rot\, H = 4\pi J$ $\displaystyle\oint H \cdot dS = 4\pi I$ (gilbert)	$rot\, H = \dfrac{1}{c_0}4\pi J$ $\displaystyle\oint H \cdot dS = \dfrac{1}{c_0}4I$	• 주회적분의 법칙
$H = nI\,[\mathrm{A}]$ $L = \dfrac{\mu N^2 S}{l}\,[\mathrm{H}]$	$H = 4\pi nI$ $L = \dfrac{4\pi\mu N^2 S}{l}$	$H = 4\pi nI$ (Oersted) $L = \dfrac{4\pi\mu N^2 S}{l}$	$H = \dfrac{1}{c_0}4\pi nI$ $L = \dfrac{4\pi\mu N^2 S}{l}$	• n회 / 단위 길이 의 솔레노이드의 자계 • n권의 환상 솔레노이드
$\varPhi = \dfrac{NI}{Rm}\,[\mathrm{Wb}]$ $R_m = \dfrac{l}{\mu}S$	$\varPhi = \dfrac{NI}{Rm}$ $R_m = \dfrac{l}{\mu S}$	$\varPhi = \dfrac{NI}{Rm}$ $R_m = \dfrac{l}{\mu S}$	$\varPhi = \dfrac{NI}{c_0 Rm}$ $R_m = \dfrac{l}{\mu S}$	• 자기회로 • 자기저항

3. 수학공식

(1) 대수 공식

지 수	$a^m a^n = a^{m+n}$ $(a^m)^n = a^{mn}$ $a^{\frac{m}{n}} = \sqrt[n]{a^m} = (\sqrt[n]{a})^m$	$\dfrac{a^m}{a^n} = a^{m-n}$ $a^{-n} = \dfrac{1}{a^n}$ $\sqrt[m]{\sqrt[n]{a}} = \sqrt[mn]{a}$
대 수	$a^x = b \rightarrow x \log ab$ $\log_a a = 1$ $\log_e x = \ln x = 2.306$ $\log_{10} x = $ 상용대수	$\log_a 1 = 0$ 자연대수 $e = 2.7182818285$
2차 방정식	$ax^2 + bx + c = 0$	$x = \dfrac{-b \pm \sqrt{b^2 - 4ac}}{2a}$
행렬식	$a_1 x + b_1 y + c_1 z = d_1$ $a_2 x + b_2 y + c_2 z = d_2$ $a_3 x + b_3 y + c_3 z = d_3$ $x = \dfrac{1}{\Delta} \begin{vmatrix} d_1 & b_1 & c_1 \\ d_2 & b_2 & c_2 \\ d_3 & b_3 & c_3 \end{vmatrix}$ $y = \dfrac{1}{\Delta} \begin{vmatrix} a_1 & d_1 & c_1 \\ a_2 & d_2 & c_2 \\ a_3 & d_3 & c_3 \end{vmatrix}$ $z = \dfrac{1}{\Delta} \begin{vmatrix} a_1 & d_1 & d_1 \\ a_2 & d_2 & d_2 \\ a_3 & d_3 & d_3 \end{vmatrix}$	$\Delta = \begin{vmatrix} a_1 & b_1 & c_1 \\ a_2 & b_2 & c_2 \\ a_3 & b_3 & c_3 \end{vmatrix}$ $= a_1 \begin{vmatrix} b_2 & c_2 \\ b_3 & c_3 \end{vmatrix} - a_2 \begin{vmatrix} b_1 & c_1 \\ b_3 & c_3 \end{vmatrix} + a_3 \begin{vmatrix} b_1 & c_1 \\ b_2 & c_2 \end{vmatrix}$ $= a_1 b_2 c_3 + a_2 b_3 c_1 + a_3 b_1 c_2$ $\quad - a_1 b_3 c_2 - a_2 b_1 c_3 - a_3 b_2 c_1$

(2) 삼각함수

정　의	$\sin\theta=\dfrac{높이}{빗변}\,,\quad \cos\theta=\dfrac{밑변}{빗변}$ $\tan\theta=\dfrac{높이}{밑변}$	$\operatorname{cosec}\theta=\dfrac{1}{\sin\theta}\,,\quad \sec\theta=\dfrac{1}{\cos\theta}$ $\cot\theta=\dfrac{1}{\tan\theta}=\dfrac{\cos\theta}{\sin\theta}$
정　리	$\sin(-\theta)=-\sin\theta$ $\cos(-\theta)=\cos\theta$ $\tan(-\theta)=-\tan\theta$ $\sin(90°+\theta)=\cos\theta$ $\cos(90°+\theta)=-\sin\theta$ $\tan(90°+\theta)=-\cot\theta$ $\sin(180°+\theta)=-\sin\theta$ $\cos(180°+\theta)=-\cos\theta$ $\tan(180°+\theta)=\tan\theta$ $\sin^2\theta+\cos^2\theta=1$ $1+\tan^2\theta=\sec^2\theta$ $1+\cot^2\theta=\csc^2\theta$	$\operatorname{cosec}(-\theta)=-\csc\theta$ $\sec(-\theta)=\sec\theta$ $\cot(-\theta)=-\cot\theta$ $\sin(90°-\theta)=\cos\theta$ $\cos(90°-\theta)=\sin\theta$ $\tan(90°-\theta)=\cot\theta$ $\sin(180°-\theta)=\sin\theta$ $\cos(180°-\theta)=-\cos\theta$ $\tan(180°-\theta)=-\tan\theta$ $\sin(2\pi n+\theta)=\sin\theta$ $\cos(2\pi n+\theta)=\cos\theta$ $\tan(2\pi n+\theta)=\tan\theta$
배각 / 반각	$\sin 2\theta=2\sin\theta\cos\theta$ $\cos 2\theta=\cos^2\theta-\sin^2\theta$ $\qquad=2\cos^2\theta-1$ $\qquad=1-2\sin^2\theta$ $\tan 2\theta=\dfrac{2\tan\theta}{1-\tan^2\theta}$	$\sin\dfrac{1}{2}\theta=\pm\sqrt{\dfrac{1-\cos\theta}{2}}$ $\cos\dfrac{1}{2}\theta=\pm\sqrt{\dfrac{1+\cos\theta}{2}}$ $\tan\dfrac{1}{2}\theta=\pm\sqrt{\dfrac{1-\cos\theta}{1+\cos\theta}}$ $\qquad=\dfrac{\sin\theta}{1+\cos\theta}=\dfrac{\cos\theta}{1-\cos\theta}$
덧셈정리	$\sin(A\pm B)=\sin A\cos B\pm\cos A\sin B$ $\tan(A\pm B)=\dfrac{\tan A\pm\tan B}{1\mp\tan A\tan B}$ $\cos(A\pm B)=\cos A\cos B\mp\sin A\sin B$	
합공식	$\sin A+\sin B=2\sin\dfrac{1}{2}(A+B)\cos\dfrac{1}{2}(A-B)$ $\sin A-\sin B=2\cos\dfrac{1}{2}(A+B)\sin\dfrac{1}{2}(A-B)$ $\cos A+\cos B=2\cos\dfrac{1}{2}(A+B)\cos\dfrac{1}{2}(A-B)$ $\cos A-\cos B=2\sin\dfrac{1}{2}(A+B)\sin\dfrac{1}{2}(A-B)$	
곱공식	$\sin A\cos B=\dfrac{1}{2}\{\sin(A+B)+\sin(A-B)\}$ $\cos A\sin B=\dfrac{1}{2}\{\cos(A-B)-\cos(A+B)\}$ $\cos A\cos B=\dfrac{1}{2}\{\cos(A+B)+\cos(A-B)\}$ $\sin A\sin B=\dfrac{1}{2}\{\cos(A-B)-\cos(A+B)\}$	

(3) 원

구 분	크 기	구 분	크 기	구 분	크 기
원의 둘레	$2\pi r$	구의 면적	$4\pi r^2$	원 기둥의 둘레	$2\pi r$
원의 면적	$4\pi r^2$	구의 체적	$\dfrac{4}{3}\pi r^3$	원 기둥의 표면	$2\pi r \cdot l$
				원 기둥의 체적	$4\pi r^2 \cdot l$

(4) 기 호

기 호	설 명	기 호	설 명	기 호	설 명
$\pm$	플러스 또는 마이너스	$>$	보다 크다	$\propto$	비례한다
$\mp$	마이너스 또는 플러스	$\geqq$	보다 크거나 같다	∞	무한대
$=$	같다	$<$	보다 작다	$/\!/$	평행이다
$\neq$	같지 않다	$\leqq$	보다 작거나 같다	$\overline{AB}$	선분 AB
$\approx$	거의 같다	$\sim$	닮다	$\overset{\frown}{AB}$	호 AB
$\rightarrow$	접근한다	$\perp$	수직이다	$\times$	곱하기
		$\sqrt{}$	제곱근	$\div, /$	나누기
		$\sqrt[n]{}$	n 승근	$\angle a$	각 a, 호 AB

(5) 삼각 공식

구 분	0°	30°	45°	60°	90°	120°	135°	150°	180°
sin	0	$\dfrac{1}{2}$	$\dfrac{1}{\sqrt{2}}$	$\dfrac{\sqrt{3}}{2}$	1	$\dfrac{\sqrt{3}}{2}$	$\dfrac{1}{\sqrt{2}}$	$\dfrac{1}{2}$	0
cos	1	$\dfrac{\sqrt{3}}{2}$	$\dfrac{1}{\sqrt{2}}$	$\dfrac{1}{2}$	0	$-\dfrac{1}{2}$	$-\dfrac{1}{\sqrt{2}}$	$-\dfrac{\sqrt{3}}{2}$	-1
tan	0	$\dfrac{1}{\sqrt{3}}$	1	$\sqrt{3}$	∞	$-\sqrt{3}$	-1	$-\dfrac{1}{\sqrt{3}}$	0
cot	∞	$\sqrt{2}$	1	$\dfrac{1}{\sqrt{3}}$	0	$-\dfrac{1}{\sqrt{3}}$	-1	$-\sqrt{3}$	∞
sec	1	$\dfrac{2}{\sqrt{3}}$	$\sqrt{2}$	2	∞	-2	$-\sqrt{2}$	$\dfrac{-2}{\sqrt{3}}$	-1
cosec	∞	2	$\sqrt{2}$	$\dfrac{2}{\sqrt{3}}$	1	$\dfrac{2}{\sqrt{3}}$	$\sqrt{2}$	2	∞

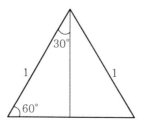
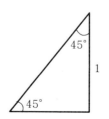

(6) 제곱, 세제곱, 세제곱근 값

n	n^2	n^3	$\sqrt{n}$	$\dfrac{1}{n}$	n	n^2	n^3	$\sqrt{n}$	$\sqrt[3]{n}$
1	1	1	1.0000	1.00000	51	2601	132651	7.1414	3.7084
2	4	8	1.4142	0.50000	52	2704	140608	7.2111	3.7325
3	9	27	1.7321	0.33333	53	2809	148877	7.2801	3.7563
4	16	64	2.0000	0.25000	54	2916	157464	7.3485	3.7798
5	25	125	2.2361	0.20000	55	3025	166375	7.4162	3.8030
6	36	216	2.4495	0.16667	56	3136	175616	7.4833	3.8259
7	49	343	2.6458	0.14286	57	3249	189193	7.5498	3.8485
8	64	512	2.8284	0.12500	58	3364	195112	7.6158	3.8709
9	81	729	3.0000	0.11101	59	3481	205379	7.6811	3.8930
10	100	1000	3.1623	0.10000	60	3600	216000	7.7460	3.9149
11	121	1331	3.3166	0.09091	61	3721	226981	7.8102	3.9365
12	144	1728	3.4641	0.08333	62	3844	238328	7.8740	3.9579
13	169	2197	3.6056	0.07692	63	3969	250047	7.9373	3.9791
14	196	2744	3.7417	0.07143	64	4096	262144	8.0000	4.0000
15	225	3375	3.8730	0.06667	65	4225	274625	8.0623	4.0207
16	256	4096	4.0000	0.06250	66	4356	289496	8.1240	4.0412
17	289	4913	4.1231	0.05882	67	4489	300763	8.1854	4.0615
18	324	5832	4.2426	0.05556	68	4624	314432	8.2462	4.0817
19	361	6859	4.3589	0.05263	69	4761	328509	8.3066	4.1016
20	400	8000	4.4721	0.05000	70	4900	343000	8.3666	4.1213
21	441	9261	4.5826	0.04762	71	5041	357911	8.4261	4.1408
22	484	10648	4.6904	0.04545	72	5184	373248	8.4853	4.1602
23	529	12167	4.7958	0.04348	73	5329	389017	8.5440	4.1793
24	576	13824	4.8990	0.04167	74	5476	405524	8.6023	4.1983
25	625	15625	5.0000	0.04000	75	5625	421875	9.6603	4.2172
26	676	17576	5.0990	0.03846	76	5776	438976	8.7178	4.2358
27	729	19683	5.1962	0.03704	77	5929	456533	8.7750	4.2543
28	784	21952	5.2915	0.03751	78	6084	474552	8.8318	4.2727
29	841	24389	5.3852	0.03448	79	6241	493039	8.8882	4.2908
30	900	27000	5.4772	0.03333	80	6400	512000	8.9443	4.3089
31	961	29791	5.5678	0.03226	81	6561	531441	9.0000	4.3267
32	1024	32768	5.6569	0.03125	82	6724	551368	9.0554	4.3445
33	1089	35937	5.7446	0.03030	83	6889	571787	9.1104	4.3621
34	1156	39304	5.8310	0.02941	84	7056	592704	9.1652	4.3795
35	1225	42875	5.9161	0.02847	85	7225	614125	9.2195	4.3968
36	1296	46656	6.0000	0.02778	86	7396	636056	9.2736	4.4140
37	1369	50653	6.0828	0.02703	87	7569	658503	9.3274	4.4310
38	1444	54872	6.1644	0.02632	88	7744	681472	9.3808	4.4480
39	1521	59319	6.2450	0.02564	89	7921	704969	9.4340	4.4647
40	1600	64000	6.3246	0.02500	90	8100	729000	9.4868	4.4814
41	1681	68921	6.4031	0.02439	91	8281	753571	9.5394	4.4949
42	1764	74088	6.4807	0.02381	92	8464	778688	9.5917	4.5144
43	1849	79507	6.5574	0.02326	93	8649	804357	9.6437	4.5307
44	1936	85184	6.6322	0.02273	94	8836	830584	9.6954	4.5468
45	2025	91125	6.7082	0.02222	95	9025	857375	9.7468	4.5629
46	2116	977336	6.7823	0.02174	96	9216	884736	9.7980	4.5789
47	2209	103823	6.8557	0.02128	97	9409	912673	9.8489	4.5947
48	2304	110592	6.9282	0.02083	98	9604	941192	9.8995	4.6104
49	2401	117649	7.0000	0.02041	99	9801	970299	9.9499	4.6261
50	2500	125000	7.0711	0.02000	100	10000	100000	10.0000	4.6416

(7) 삼각함수값

라디안	도	sin	cos	tan	cot	도	라디안
0.0000	0°	.0000	1.0000	.0000	∞	90°	1.5708
0.0175	1°	.0175	.9998	.0175	57.290	89°	1.5533
0.0349	2°	.0349	.9994	.0349	28.636	88°	1.5359
0.0524	3°	.0523	.9986	.0524	19.081	87°	1.5184
0.0698	4°	.0698	.9976	.0699	14.301	86°	1.5010
0.0873	5°	.0872	.9962	.0875	11.430	85°	1.4835
0.1047	6°	.1045	.9945	.1051	9.5144	84°	1.4661
0.1222	7°	.1219	.9925	.1228	8.1443	83°	1.4486
0.1396	8°	.1392	.9903	.1405	7.1154	82°	1.4312
0.1571	9°	.1564	.9877	.1584	6.3138	81°	1.4137
0.1745	10°	.1736	.9848	.1763	5.6713	80°	1.3963
0.1920	11°	.1908	.9816	.1944	5.1446	79°	1.3788
0.2094	12°	.2079	.9781	.2126	4.7046	78°	1.3614
0.2269	13°	.2250	.9744	.2309	4.3315	77°	1.3439
0.2443	14°	.2419	.9703	.2493	4.0108	76°	1.3265
0.2618	15°	.2588	.9659	.2679	3.7321	75°	1.3090
0.2793	16°	.2756	.9613	.2867	3.4874	74°	1.2915
0.2967	17°	.2924	.9563	.3057	3.2709	73°	1.2741
0.3142	18°	.3090	.9511	.3249	3.0777	72°	1.2566
0.3316	19°	.3256	.9455	.3443	2.9042	71°	1.2392
0.3491	20°	.3420	.9397	.3640	2.7475	70°	1.2217
0.3665	21°	.3584	.9336	.3839	2.6051	69°	1.2043
0.3840	22°	.3746	.9272	.4040	2.4751	68°	1.1868
0.4014	23°	.3907	.9205	.4245	2.3559	67°	1.1694
0.4189	24°	.4067	.9135	.4452	2.2460	66°	1.1519
0.4363	25°	.4226	.9063	.4663	2.1445	65°	1.1345
0.4538	26°	.4384	.8988	.4877	2.0503	64°	1.1170
0.4712	27°	.4540	.8910	.5095	1.9626	63°	1.0996
0.4897	28°	.4695	.8829	.5317	1.8807	62°	1.0821
0.5061	29°	.4848	.8746	.5543	1.8040	61°	1.0647
0.5236	30°	.5000	.8660	.5774	1.7321	60°	1.0472
0.5411	31°	.5150	.8572	.6009	1.6643	59°	1.0297
0.5585	32°	.5299	.8480	.6249	1.6003	58°	1.0123
0.5760	33°	.5446	.8387	.6494	1.5399	57°	0.9948
0.5934	34°	.5592	.8290	.6745	1.4826	56°	0.9774
0.6109	35°	.5736	.8192	.7002	1.4281	55°	0.9559
0.6283	36°	.5878	.8090	.7265	1.3764	54°	0.9425
0.6458	37°	.6018	.7986	.7536	1.3270	53°	0.9250
0.6632	38°	.6157	.7880	.7513	1.2799	52°	0.9076
0.6807	39°	.6293	.7771	.8098	1.2349	51°	0.8901
0.6981	40°	.6428	.7660	.8391	1.1918	50°	0.8727
0.7156	41°	.6561	.7547	.8693	1.1504	49°	0.8552
0.7330	42°	.6691	.7431	.9004	1.1106	48°	0.8378
0.7505	43°	.6820	.7314	.8325	1.0724	47°	0.8203
0.7679	44°	.6947	.7193	.9657	1.0355	46°	0.8029
0.7854	45°	.7071	.7071	1.0000	1.0000	45°	0.7854

(8) 벡 터

단위 벡터	$A = i a_1 + j a_2 + k a_3$
합 차	$C = A \pm B$ $C_1 = a_1 \pm b_1$ $C_2 = a_2 \pm b_2$ $C_3 = a_3 \pm b_3$
이 동	$A + B = B + A$ $A + (B + C) = (A + B) + C$
스칼라곱	$A \cdot B = (AB)$ $= \lvert A \rvert \lvert B \rvert \cos \theta$ $= a_1 b_1 + a_2 b_2 + a_3 b_3$
벡 터 곱	$A \times B = [AB]$ $= \lvert A \rvert \lvert B \rvert \sin \theta$ $= \begin{vmatrix} i & j & k \\ a_1 & a_2 & a_3 \\ b_1 & b_2 & b_3 \end{vmatrix}$
구 배 (gradient) ∇ (nabla)	$grad\, f = \nabla f$ $= \dfrac{\partial f}{\partial x} i + \dfrac{\partial f}{\partial x} j + \dfrac{\partial f}{\partial z} k$
발 산 (divergence)	$div\, A = \nabla \cdot A$ $= \dfrac{\partial}{\partial x} a_1 + \dfrac{\partial}{\partial y} a_2 + \dfrac{\partial}{\partial z} a_3$
회 전 (rotation, curl)	$rot\, A = \nabla \cdot A$ $= \begin{vmatrix} i & j & k \\ \dfrac{\partial}{\partial x} & \dfrac{\partial}{\partial y} & \dfrac{\partial}{\partial z} \\ a_1 & a_2 & a_3 \end{vmatrix}$

(9) 미 · 적분 공식

미분 공식(differentiation)	적분 공식(integration)
$(cu)' = cu'$ (c constant)	$\int uv'\,dx = uv - \int u'v\,dx$
$(u+v)' = u' + v'$	$\int x^n\,dx = \dfrac{x^{n+1}}{n+1} + c$ ($n \neq -1$)
$(uv)' = u'v + v'u$	$\int \dfrac{1}{x}\,dx = \ln \mid x \mid + c$
$\left(\dfrac{u}{v}\right)' = \dfrac{u'v - v'u}{v^2}$	$\int e^{ax}\,dx = \dfrac{1}{a}\,e^{ax} + c$
$\dfrac{du}{dx} = \dfrac{du}{dy} \cdot \dfrac{dy}{dx}$ (chain rule)	$\int \sin x\,dx = -\cos x + c$
	$\int \cos x\,dx = \sin x + c$
$(x^n)' = nx^{n-1}$	$\int \tan x\,dx = -\ln \mid \cos x \mid + c$
$(e^x)' = e^x$	$\int \cot x\,dx = \ln \mid \sin x \mid + c$
$(a^x)' = a^x \ln a$	$\int \sec x\,dx = \ln \mid \sec x + \tan x \mid + c$
$(\sin x)' = \cos x$	$\int \csc x\,dx = \ln \mid \csc x - \cot x \mid + c$
$(\cos x)' = -\sin x$	$\int \dfrac{dx}{x^2 + a^2} = \dfrac{1}{a} \arctan \dfrac{x}{a} + c$
$(\tan x)' = \sec^2 x$	$\int \dfrac{dx}{\sqrt{a^2 - x^2}} = \arcsin \dfrac{x}{a} + c$
$(\cot x)' = -\csc^2 x$	$\int \dfrac{dx}{\sqrt{x^2 + a^2}} = \sinh^{-1} \dfrac{x}{a} + c$
$(\sinh x)' = \cosh x$	$\int \dfrac{dx}{\sqrt{x^2 - a^2}} = \cosh^{-1} \dfrac{x}{a} + c$
$(\cosh x)' = \sinh x$	$\int \sin^2 x\,dx = \dfrac{1}{2} x - \dfrac{1}{4} \sin 2x + c$
$(\ln x)' = \dfrac{1}{x}$	$\int \cos^2 x\,dx = \dfrac{1}{2} x + \dfrac{1}{4} \sin 2x + c$
$(\log_a x)' = \dfrac{\log_a e}{x}$	$\int \tan^2 x\,dx = \tan x - x + c$
$(\arcsin x)' = \dfrac{1}{\sqrt{1 - x^2}}$	$\int \cot^2 x\,dx = -\cot x - x + c$
$(\arccos x)' = -\dfrac{1}{\sqrt{1 - x^2}}$	$\int \ln x\,dx = x \ln x - x + c$
$(\arctan x)' = \dfrac{1}{1 + x^2}$	$\int e^{ax} \sin bx\,dx$ $\quad = \dfrac{e^{ax}}{a^2 + b^2}(a \sin bx - b \cos bx) + c$
$(\operatorname{arc\,cot} x)' = -\dfrac{1}{1 + x^2}$	$\int e^{ax} \cos bx\,dx$ $\quad = \dfrac{e^{ax}}{a^2 + b^2}(a \cos bx + b \sin bx) + c$

(10) 라플라스(Laplace) 변환표

라플라스 변환 $F(s)$	시간 함수 $f(t)$
1	단위 임펄스 함수 $\delta(t)$
$\dfrac{1}{s}$	단단위 계단 함수 $u_s(t)$
$\dfrac{1}{s^2}$	단위 램프 함수 t
$\dfrac{n!}{s^{n+1}}$	$t^n(\,n=$양의 정수$)$
$\dfrac{1}{s+\alpha}$	$e^{-\alpha t}$
$\dfrac{n!}{(s+\alpha)^{n+1}}$	$te^{-\alpha t}$
$\dfrac{n!}{(s+\alpha)^{n+1}}$	$t^n(\,n=$양의 상수$)$
$\dfrac{1}{(s+\alpha)(s+\beta)}$	$\dfrac{1}{\beta-\alpha}(e^{-\alpha t}-e^{-\beta t})\quad(\alpha\neq\beta)$
$\dfrac{s}{(s+\alpha)(s+\beta)}$	$\dfrac{1}{\beta-\alpha}(\beta e^{-\beta t}-\alpha e^{-\alpha t})\quad(\alpha\neq\beta)$
$\dfrac{1}{s(s+\alpha)}$	$\dfrac{1}{\alpha}(1-e^{-\alpha t})$
$\dfrac{1}{s(s+\alpha)^2}$	$\dfrac{1}{\alpha^2}(1-e^{-\alpha t}-\alpha te^{-\alpha t})$
$\dfrac{1}{s^2(s+\alpha)}$	$\dfrac{1}{\alpha^2}(\alpha t-1+e^{-\alpha t})$
$\dfrac{1}{s^2(s+\alpha)^2}$	$\dfrac{1}{\alpha^2}\left\{t-\dfrac{1}{\alpha}+\left\{\left(t+\dfrac{2}{\alpha}\right)e^{-\alpha t}\right\}\right.$

라플라스 변환 $F(s)$	시간 함수 $f(t)$
$\dfrac{s}{(s+\alpha)^2}$	$(1-\alpha t)e^{-\alpha t}$
$\dfrac{\omega_n^2}{s^2+\omega_n^2}$	$\sin \omega_n t$
$\dfrac{s}{s^2+\omega_n^2}$	$\cos \omega_n t$
$\dfrac{\omega_n^2}{s(s^2+\omega_n^2)}$	$1-\cos \omega_n t$
$\dfrac{\omega_n^2(s+\alpha)}{s^2+\omega_n^2}$	$\omega_n\sqrt{\alpha^2+\omega_n^2}\,\sin(\omega_n t+\theta)$ 여기서, $\theta = \tan^{-1}(\omega_n/\alpha)$
$\dfrac{\omega_n}{(s+\alpha)(s^2+\omega_n^2)}$	$\dfrac{\omega_n}{\alpha^2+\omega_n^2}\,e^{-\alpha t}+\dfrac{1}{\sqrt{\alpha^2+\omega_n^2}}\,\sin(\omega_n t-\theta)$ 여기서, $\theta = \tan^{-1}(\omega_n/\alpha)$
$\dfrac{\omega_n^2}{s^2+2\zeta\omega_n s+\omega_n^2}$	$\dfrac{\omega_n}{\sqrt{1-\zeta^2}}\,e^{-\zeta\omega_n t}\sin\omega_n\sqrt{1-\zeta^2}\,t \quad (\zeta<1)$
$\dfrac{\omega_n^2}{s(s^2+2\zeta\omega_n s+\omega_n^2)}$	$1-\dfrac{1}{\sqrt{1-\zeta^2}}\,e^{-\zeta\omega_n t}\sin(\omega_n\sqrt{1-\zeta^2}\,t+\theta)$ 여기서, $\theta = \cos^{-1}\zeta \quad (\zeta<1)$
$\dfrac{s\omega_n^2}{s^2+2\zeta\omega_n s+\omega_n^2}$	$\dfrac{-\omega_n^2}{\sqrt{1-\zeta^2}}\,e^{-\zeta\omega_n t}\sin(\omega_n\sqrt{1-\zeta^2}\,t-\theta)$ 여기서, $\theta = \cos^{-1}\zeta \quad (\zeta<1)$
$\dfrac{\omega_n^2(s+\alpha)}{s^2+2\zeta\omega_n s+\omega_n^2}$	$\omega_n\sqrt{\dfrac{\alpha^2-2\alpha\zeta\omega_n+\omega_n^2}{1-\zeta^2}}\,e^{-\zeta\omega_n t}\sin(\omega_n\sqrt{1-\zeta^2}\,t+\theta)$ 여기서, $\theta = \tan^{-1}\dfrac{\omega_n\sqrt{1-\zeta^2}}{\alpha-\zeta\omega_n} \quad (\zeta<1)$
$\dfrac{\omega_n^2}{s^2(s^2+2\zeta\omega_n s+\omega_n^2)}$	$t-\dfrac{2\zeta}{\omega_n}+\dfrac{1}{\omega_n^2\sqrt{1-\zeta^2}}\,e^{-\zeta\omega_n t}\sin(\omega_n\sqrt{1-\zeta^2}\,t+\theta)$ 여기서, $\theta = \cos^{-1}(2\zeta^2-1) \quad (\zeta<1)$

찾아보기